山东典型金矿床标本及光薄片图册

SHANDONG DIANXING JINKUANGCHUANG BIAOBEN JI GUANGBAOPIAN TUCE

高明波　马　明　常洪华　高继雷　李亚东　等著
李志民　李　洁　冯园园　王　威

内容简介

本书简述了山东省金矿共26个典型矿床的矿区地质特征、矿体特征、矿石特征、共伴生矿产评价、矿体围岩和夹石、成因模式，系统描述了典型金矿床的选录标本及其镜下鉴定特征等内容。共选录了144张标本照片和262张镜下鉴定照片，对矿床不同构造位置特征有较为直观的反映。

本书图文配合，图件清晰美观，文字简明扼要，可供岩矿鉴定工作者和从事金矿地质矿产勘查及研究的人员参考使用。

图书在版编目(CIP)数据

山东典型金矿床标本及光薄片图册/高明波等著．—武汉：中国地质大学出版社，2022.8
ISBN 978-7-5625-5319-9

Ⅰ.①山… Ⅱ.①高… Ⅲ.①金矿床-矿物标本-山东-图集 Ⅳ.①P578.1-64

中国版本图书馆 CIP 数据核字(2022)第117790号

山东典型金矿床标本及光薄片图册		高明波 等著
责任编辑:舒立霞　　选题策划:毕克成　段　勇		责任校对:张咏梅　武慧君
出版发行:中国地质大学出版社(武汉市洪山区鲁磨路388号)		邮政编码:430074
电　　话:(027)67883511　　传　真:(027)67883580		E-mail:cbb@cug.edu.cn
经　　销:全国新华书店		http://cugp.cug.edu.cn
开本:880毫米×1230毫米 1/16		字数:475千字　　印张:15
版次:2022年8月第1版		印次:2022年8月第1次印刷
印刷:湖北新华印务有限公司		
ISBN 978-7-5625-5319-9		定价:228.00元

如有印装质量问题请与印刷厂联系调换

山东省第一地质矿产勘查院
山东省地矿局富铁矿找矿与资源评价重点实验室
山东省富铁矿勘查开发工程实验室

科技成果出版指导委员会

主　任　金振民
副主任　李建威　张照录
委　员　（以姓氏拼音为序）
　　　　　曹艳玲　常洪华　丁正江　高继雷
　　　　　高明波　金振民　李建威　彭　凯
　　　　　宋明春　王　威　于学峰　张照录

科技成果出版编辑委员会

主　任　常洪华
副主任　李志民　朱瑞法　王玉吉　吕昕冰
　　　　　谭　庆　彭　凯　董　娜
委　员　（以姓氏拼音为序）
　　　　　常洪华　陈　珂　董　辰　冯启伟
　　　　　冯园园　付厚起　付　伟　高继雷
　　　　　高明波　耿安凯　管宏梓　郭　嘉
　　　　　郭　中　韩　姗　郝晓丰　侯运蒙
　　　　　江　睿　靳立杰　荆　路　李大兜
　　　　　李　建　李　洁　李晓明　李雪妮
　　　　　李亚东　李永强　李志民　李志强
　　　　　刘文龙　刘文心　卢文东　吕　超
　　　　　马　聪　马　明　牛志祥　渠　涛
　　　　　宋　波　宋福景　宋其峰　孙　爽
　　　　　孙晓涛　王　辉　王丽娜　王荣柱
　　　　　王胜章　王　威　王修良　王　妍
　　　　　王玉峰　王　泽　吴　涛　杨能上
　　　　　于　超　于　杰　张　鼎　张同德
　　　　　张振飞　赵宝聚　赵体群　郑德超
　　　　　周永刚

前　言

金素以"金属之王"而著称，是一种人类开发利用历史悠久的贵金属矿产资源。其主要用途为承担货币职能，黄金储备的多少是衡量一个国家综合国力的重要标志。金矿是山东省的优势矿产资源，其储量约占全国的1/3，产量约占全国的1/4。特别是近年来，在胶东地区发现多个世界级金矿床，使其成为世界第三大金矿区。山东金矿地质勘查程度较高，经过广大地质工作者近70年的金矿地质勘查工作，基本查明了山东金矿的分布、储量、成因和类型，其勘查深度、开采深度和理论研究均位于国内外前列，为山东乃至中国黄金产业的总体布局和发展提供了资源保障。

山东省地质矿产勘查开发局第一地质大队（山东省第一地质矿产勘查院）是山东金矿地质勘查工作的主力军，自建队以来，发现了泰安化马湾绿岩带型金矿、莱芜三岔河矽卡岩型金矿以及莱州三山岛、海阳鑫泰破碎带蚀变岩型金矿等20余处大中型金矿床，共探明了100多吨金矿资源储量，相继开展了山东省金矿矿产资源国情调查、鲁西地区金矿成矿预测等科研工作，积累了丰富的金矿地质勘查和科学研究成果，为《山东典型金矿床标本及光薄片图册》的撰写提供了很好的基础条件。本书典型金矿床的标本采集、光薄片鉴定及矿床研究工作均由山东省第一地质矿产勘查院技术骨干完成。笔者拟通过图册这一载体，将山东省26个代表性强、资料丰富的典型金矿床标本及其相应的薄片、光片等展现出来，充分展示其所蕴含的地质信息，以供岩矿鉴定工作者和从事金矿地质矿产勘查及研究的人员参考使用。

《山东典型金矿床标本及光薄片图册》共分5章。第一章由高明波撰写；第二章第一节由李大兜、赵宝聚、张鼎撰写，第二节由李亚东、张振飞撰写，第三节由冯启伟、管宏梓撰写，第四节由高明波、郭中撰写，第五节由赵宝聚撰写；第三章第一节由王威、牛志祥撰写，第二节由高明波、郝晓丰、牛志祥撰写，第三节由宋波撰写，第四节由马明、李建撰写；第四章由付厚起、赵体群、李永强撰写；第五章由高继雷、刘文龙、渠涛、韩姗撰写。典型金矿床标本由马明、郭中、李大兜、王荣柱、卢文东、董辰、李建、郝晓丰、李亚东、耿安凯、王威、陈珂、张振飞、李志强、张鼎、王辉、吴涛、于超、孙晓涛采集；光薄片由李洁、孙爽、郭嘉、刘文龙、牛志祥鉴定；插图由冯园园、付伟、江睿、刘文心、王妍绘制；全书由高明波、常洪华统撰定稿。

山东省自然资源厅、山东省地质矿产勘查开发局、烟台市自然资源和规划局、威海市自然资源和规划局、泰安市自然资源和规划局、潍坊市自然资源和规划局、临沂市自然资源和规划局、莱州市自然资源和规划局、招远市自然资源和规划局、栖霞市自然资源和规划局、乳山市自然资源局、烟台市牟平区自然资源局、烟台市福山区自然资源局、临朐县自然资源和规划局、山东省第六地质矿产勘查院、山东省第八地质矿产勘查院、山东省鲁南地质工程勘察院、山东黄金归来庄矿业有限公司、山东黄金矿业（沂南）有限公司等单位的领导和专家对研究及撰写工作给予了大力支持，在此表示衷心的感谢。

本书未对山东省伴生金矿床标本及其相应的薄片、光片进行研究，部分典型金矿床（含砂金）由于各种原因未采集到含金标本。由于作者水平有限，本书难免存在疏漏和不足之处，敬请读者批评指正。

著者

2022年3月

目 录

第一章 山东金矿概况 ·· 1
　第一节 山东金矿的分布 ··· 1
　第二节 山东金矿床类型 ··· 1
第二章 与新元古代及中生代燕山期花岗岩有关的岩浆-热液型金矿床 ···································· 3
　第一节 焦家式金矿床 ·· 3
　　一、莱州焦家金矿 ··· 3
　　二、莱州三山岛金矿 ··· 14
　　三、海阳鑫泰金矿 ··· 24
　　四、沂水龙泉站金矿 ··· 42
　第二节 玲珑式金矿床 ·· 51
　　一、招远玲珑金矿 ··· 51
　　二、平度旧店金矿 ··· 60
　　三、栖霞马家窑金矿 ··· 68
　第三节 金牛山式金矿床 ·· 77
　　一、乳山市金青顶金矿 ·· 77
　　二、牟平邓格庄金矿 ··· 85
　第四节 蓬家夼式金矿床 ·· 92
　　一、乳山蓬家夼金矿 ··· 93
　　二、牟平发云夼金矿 ··· 100
　第五节 辽上式金矿床 ··· 108
第三章 与中生代燕山期潜火山岩及浅成侵入岩有关的热液型及接触交代型金矿床 ·················· 119
　第一节 归来庄式金矿床 ·· 119
　　一、平邑归来庄金矿 ··· 119
　　二、五莲七宝山金矿 ··· 127
　第二节 磨坊沟式金矿床 ·· 135
　　一、平邑磨坊沟金矿 ··· 135
　　二、沂源金星头金矿 ··· 142
　　三、福山杜家崖金矿 ··· 150
　第三节 龙宝山式金矿床 ·· 165

第四节　铜井式金矿床 172
　　　一、沂南铜井金矿 172
　　　二、钢城三岔河铁金矿 182
　　　三、临朐寺头金矿 188
第四章　与早前寒武纪变质沉积作用有关的热液型金矿床 195
　　第一节　泰安化马湾金矿 195
　　第二节　新泰泉河金矿 204
第五章　与新生代沉积作用有关的河流冲积型金矿床 212
　　第一节　新近纪河床砾岩型金矿床 212
　　第二节　第四纪河流冲积型金矿床 216
　　　一、临朐寺头砂金矿 216
　　　二、汶上兴化寺砂金矿 223
主要参考文献 227

第一章 山东金矿概况

第一节 山东金矿的分布

金矿是山东省的优势矿产资源,其储量占全国的1/3,产量占全国的1/4。山东省金矿资源由岩金、砂金和有色金属等矿产中的伴生金3种类型构成,以岩金为主,占全省金矿资源的98.85%,砂金仅占0.35%,伴生金占0.80%。已查明金矿资源储量分布于10个地市,其中烟台市最多,其次为威海市、青岛市和临沂市。

山东省金矿资源分布有两大特点,一是分布广泛且相对集中,二是鲁西地区和鲁东地区差别大。山东金矿主要集中分布在鲁东地区东北部的胶西北地区,该地区集中了山东省90%以上的金矿资源,整体分布格局为东西成带、南北成串、集中分布。这一地区内的3条主要金矿成矿带集中了该区近80%的金矿资源,分别为三山岛-仓上金矿带(西岭、三山岛北部海域、三山岛、仓上、新立大型金矿)、龙口-莱州金矿带(焦家、纱岭、东季-南吕、南吕-欣木、新城、河东、河西、望儿山等大型金矿)、招远-平度金矿带(玲南、水旺庄、东风171、玲珑、大尹格庄、夏甸等大型金矿)。在焦家金矿带及下盘望儿山金矿带之间的12km范围内,金矿床大多以1~5km的间距密集产出,成串、成群、成片分布,具有高度集中产出的特点。鲁西地区金矿主要分布于沂沭断裂以西的平邑、沂南、沂水、临朐、莱芜、泰安、苍山等县市,已探明的金矿资源储量仅占全省的2.12%,除平邑归来庄为大型金矿外,其余全部为中、小型金矿床,且以小型居多。除平邑、沂南地区外,金矿产地的集中度较差,分散分布特征明显。

山东省金矿床规模特点是大、中型规模矿区少,小型规模矿区多。虽然大、中型矿床数量较少,但是它们集中了全省93%以上的查明金资源量,反映了其分布广泛又相对集中的特点。

截至2020年底,山东累计查明各类金矿床300处(岩金272处,伴生金19处,砂金9处),累计查明金资源储量5692t,其中保有资源储量4216t,位居全国第一。

第二节 山东金矿床类型

山东省不同地质单元内地层、构造、岩浆活动的差异性较大,因此金矿成矿地质条件及矿床成因明显不同,参照国内有关金矿床分类方案(徐恩寿等,1994;裴荣富,1995;朱奉三,1989;陈光远等,1989;李兆龙和杨敏之,1993;于学峰,2001;路东尚等,2002)及近70年来在山东所取得的金矿勘查、科研等成果,以矿床产出围岩条件和矿体产状为基础,将山东金矿床划分为四大类、12种类型(表1-1)。

胶东地区分布的金矿类型主要为破碎带蚀变岩型(焦家式)和石英脉型(玲珑式),其次为硫化物石英脉型(金牛山式);此外尚有分布局限的层间蚀变角砾岩型(蓬家夼式)、变质热液石英脉型(盘马式)及新生代冲积型砂金矿床。

鲁西地区金矿类型较多,主要为发育在新太古代变质岩系分布区与变质火山沉积作用有关的变质热液绿岩带型(化马湾式)金矿床,发育在古生代盖层及中生代侵入岩分布区与中生代燕山期潜火山岩及浅成侵入岩有关的隐爆角砾岩型(归来庄式)金矿床、接触交代型(铜井式)金矿床、碳酸盐岩微细浸染型(磨坊沟式)金矿床、潜火山热液石英脉型(龙宝山式)金矿床,发育在岩金矿区下游地区与新生代沉积作用有关的河流冲积型砂金矿床。

表 1-1 山东省金矿床类型

大类	类型
与新元古代及中生代燕山期花岗岩有关的岩浆-热液型金矿床	破碎带蚀变岩型(焦家式)金矿床
	石英脉型(玲珑式)金矿床
	硫化物石英脉型(金牛山式)金矿床
	层间蚀变角砾岩型(蓬家夼式)金矿床
与中生代燕山期潜火山岩及浅成侵入岩有关的热液型及接触交代型金矿床	隐爆角砾岩型(归来庄式)金矿床
	碳酸盐岩微细浸染型(磨坊沟式)金矿床
	潜火山热液石英脉型(龙宝山式)金矿床
	接触交代(矽卡岩)型(铜井式)金矿床
与早前寒武纪变质沉积作用有关的热液型金矿床	变质热液绿岩带型(化马湾式)金矿床
	变质热液石英脉型(盘马式)金矿床
与新生代沉积作用有关的河流冲积型金矿床	新近纪河床砾岩型金矿床
	第四纪河流冲积型金矿床

第二章 与新元古代及中生代燕山期花岗岩有关的岩浆-热液型金矿床

第一节 焦家式金矿床

焦家式金矿床(破碎带蚀变岩型)是山东省最重要的一种金矿床类型,以矿体规模大、形态简单、延伸较为稳定、品位变化较均匀、含矿程度高等突出特点,成为山东省金矿主要的勘查和开采目标类型。本类型金矿主要分布于胶东西北部的莱州至招远西北部及招远南部至平度北部地区,在大地构造位置上居于胶北隆起的西北部。新太古代基底变质岩系、多期次多成因岩浆活动和以北东向断裂构造为主的构造格架,构成了本区金矿的成矿地质背景。金矿床严格受断裂构造控制,矿床主要赋存在区内北北东向、北东向断裂构造的交会部位或断裂带走向、倾向的转弯部位,矿体主要赋存于断裂带的下盘。多数金矿床赋存于三山岛、焦家、招平三大断裂带及其间的次级断裂内。金矿体主要分布于这3条断裂带主断裂面的下盘,玲珑岩体的内接触带及其边缘,部分位于岩体内部。

一、莱州焦家金矿

焦家金矿位于烟台莱州市东北部 32km 处的焦家村西,行政区划隶属莱州市金城镇。其大地构造位置位于华北板块(Ⅰ)胶辽隆起区(Ⅱ)胶北隆起(Ⅲ)胶北断隆(Ⅳ)胶北凸起(Ⅴ)。金矿床赋存于焦家断裂中段—中南段,断裂构造控制了矿体的产出。焦家金矿包括寺庄深部矿区、焦家深部(东季—南吕)矿区、东郭—李家矿区、纱岭矿区、前陈矿区。矿区累计查明金金属量超过1200t,矿床规模属超大型。

1. 矿区地质特征

区内地表普遍被第四纪松散沉积物覆盖,其下伏主要为新太古代胶东变质杂岩(主要有 TTG 质片麻岩、斜长角闪岩和黑云变粒岩等)和侏罗纪玲珑型花岗岩,其东北部新城一带见有白垩纪郭家岭型花岗岩,基岩中有伟晶岩、细晶岩、石英闪长玢岩、闪长玢岩、辉绿玢岩和煌斑岩等脉岩;附近分布有较多北东走向的断裂和破碎蚀变带,也有近南北走向的断裂(图 2-1)。

焦家深部金矿床位于焦家断裂中南段。以主裂面为界,东侧为侏罗纪玲珑型花岗岩,西侧(北段)为胶东变质杂岩的斜长角闪岩(变辉长岩)和玲珑型花岗岩(南段)。

焦家断裂在矿区内的控制长度约 6.7km,宽 80~600m,工程控制最大斜深 4040m,最大垂深 2012m;平面或剖面上呈 S 形延伸,走向 15°~325°,总体走向为 35°~40°;倾向西—北西,倾角较缓,一般 16°~45°,焦家附近的浅部断裂倾角较陡,为 60°~70°,系统勘查工程揭示该断裂倾角具有上陡(60°~70°)下缓(16°~30°)、北陡(60°~80°)南缓(25°~30°)的特点。

断裂主裂面附近(主要是下盘)以及沿走向、倾向产状变化部位或"入"字形构造交会部位都是金矿化有利地段。此外,伴生裂隙构造对金的富集也起着重要作用。

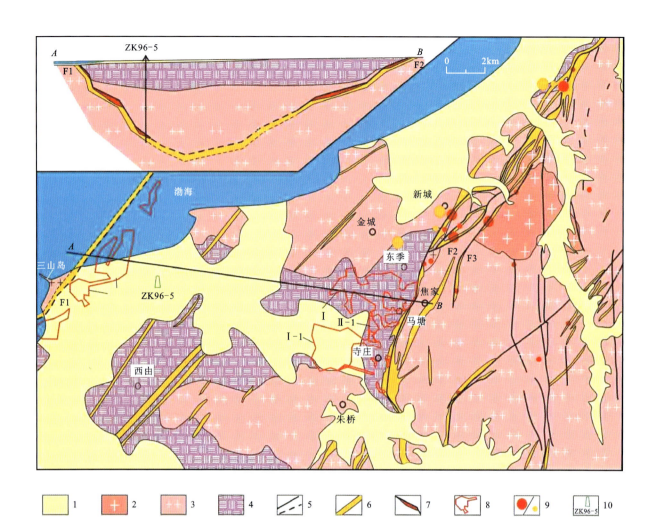

F1.三山岛断裂;F2.焦家断裂;F3.望儿山断裂;1.第四系;2.白垩纪郭家岭型花岗岩;3.侏罗纪玲珑型花岗岩;4.新太古代胶东变质杂岩;5.断层/隐伏断层;6.矿化蚀变带;7.金矿体;8.焦家—纱岭深部(右侧)和三山岛—三山岛北部海域(左侧)金矿床主要金矿体水平投影位置和编号;9.大型—超大型金矿床/中小型金矿床(红色和黄色分别代表浅部和深部金矿床);10.钻孔位置及孔号。

图2-1　焦家金矿区域地质简图(据宋英昕等,2017)

2. 矿体特征

焦家深部(东季—南吕)矿区内共圈定82个金矿体及7个矿化体。矿体分布于$-365\sim-1325$m标高之间,矿体按受不同蚀变岩带控制,分为Ⅰ、Ⅱ、Ⅳ、Ⅴ号4个矿(化)体群。将紧靠主裂面之下(局部之上)的黄铁绢英岩化碎裂岩带和黄铁绢英岩化花岗质碎裂岩带内控制的矿体划为Ⅰ号矿体群,其内圈定矿体1个,编号为Ⅰ,是区内主矿体。

Ⅰ号主矿体与焦家中浅部的Ⅰ-1号主矿体在104~128线相连,即Ⅰ号矿体为中浅部Ⅰ-1号矿体的下延部分。矿体最大走向长1160m,平均854m;最大倾斜长2470m,平均1591m。深部矿体最大走向长960m,平均750m;最大倾斜长1370m,平均870m。最大控制垂深1120m,最低见矿工程标高为-1080m。

矿体呈似层状、大脉状,具分支复合、膨胀夹缩等特点(图2-2),产状与主裂面基本一致,走向30°,倾向北西,倾角在15°~44°之间变化。-850m标高以下倾角逐渐变缓,由30°左右变至缓处的16°,矿体厚大部位位于由陡变缓转折点下部,即倾角较缓部位。

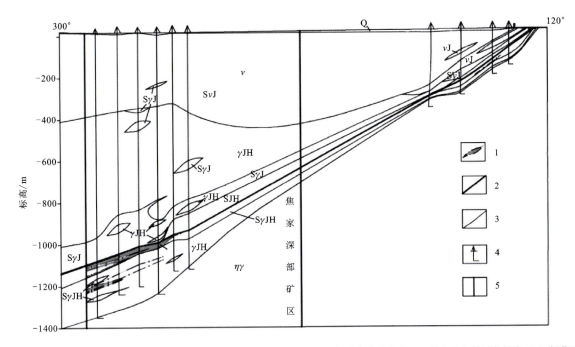

Q.第四系;ν.斜长角闪岩(新太古代胶东杂岩);ηγ.玲珑二长花岗岩;γJ.绢英岩化花岗岩;νJ.绢英岩化斜长角闪岩;SνJ.绢英岩化斜长角闪岩质碎裂岩;SγJ.绢英岩化花岗质碎裂岩;γJH.黄铁绢英岩化花岗岩;SγJH.黄铁绢英岩化花岗质碎裂岩;SJH.黄铁绢英岩化碎裂岩;1.矿体;2.焦家断裂主裂面;3.地质界线;4.钻孔;5.矿区边界。

图 2-2 焦家金矿 152 号勘探线剖面图(据宋明春等,2013)

3. 矿石特征

矿石矿物成分由金属矿物、非金属矿物组成。其中金属矿物主要有自然金和金属硫化物,金属硫化物以黄铁矿为主,黄铜矿、方铅矿、闪锌矿次之,磁黄铁矿等少量,其含量在 1%~5% 之间变化,最高达 10%;非金属矿物主要有石英、绢云母、长石等。矿石中有益组分以金为主,其次为伴生组分银、硫,部分矿体中伴生组分达到综合评价要求。

矿石结构以晶粒状结构为主,其次有碎裂结构、填隙结构、包含结构、交代残余结构、交代假象结构、文象结构和乳滴状结构等。矿石构造以浸染状、脉状、细脉浸染状以及斑点状构造为主,其次为角砾状及交错脉状构造。

矿石自然类型全部为原生矿石。依据矿石物质成分、结构构造、矿物组合特征、蚀变碎裂程度等因素,将原生矿石划分为细粒浸染状黄铁绢英岩化碎裂岩型,浸染状-细脉状-脉状黄铁绢英岩化花岗质碎裂岩型,细脉-网脉状、脉状黄铁绢英岩化花岗岩型。矿石工业类型属低硫型金矿石。

4. 共伴生矿产评价

其伴生有益组分银、硫可以综合回收利用,伴生有益组分铜、铅、锌含量低,达不到综合回收利用标准。

银主要分布在银金矿、自然金中,银平均品位 5.81g/t,可以回收利用。硫平均含量为 1.34%,达不到综合利用的工业要求,但焦家金矿实际选矿过程中可进一步富集回收。

5. 矿体围岩和夹石

矿体顶底板围岩为黄铁绢英岩化碎裂岩、黄铁绢英岩化花岗质碎裂岩,底板局部为黄铁绢英岩化花岗岩。

夹石可分为包含于矿体内的和与围岩相通的两种类型。矿床共有包含于矿体内的夹石6个，与围岩相通的夹石13个。

6. 成因模式

（1）陆壳重熔——矿源岩的形成。胶东地区太古宙岩浆活动强烈，唐家庄岩群、胶东岩群、官地洼序列、马连庄序列和来自地壳深部的TTG岩系组成的栖霞序列，构成了胶东地区花岗-绿岩建造，该建造中金的丰度较高，成为胶东金矿原生矿源岩。中生代构造岩浆活动强烈，胶东陆壳发生大规模重熔，原生矿源层中的金成矿元素在浅部岩浆房中富集，岩浆冷凝结晶后形成富金花岗岩——玲珑花岗岩、郭家岭花岗岩，成为胶东金矿直接矿源岩。

（2）流体活化——金元素迁移、富集。长期、多次热流体活动是金元素活化、迁移、富集成矿的重要因素。胶东地区3次大规模构造变动事件——新元古代造山作用、三叠纪碰撞构造、侏罗纪—白垩纪岩石圈减薄，造成了多次流体活动和多期金元素活化、迁移成矿作用。3次构造变动事件均伴随着大规模岩浆活动，它们是成矿热液多期活动的热源。在多期构造岩浆活动过程中，变质基底中的金活化再分配，造成金的预富集。金最终富集成矿与中生代岩石圈减薄峰期引起的花岗质岩浆活动和同期的幔源中基性岩浆活动有关，大规模岩浆活动造成流体异常活跃，流体萃取矿源岩中的金元素，形成含金热液。含金热液由深部向地表迁移至较浅部位时，与大气降水混合，形成了一个新的流体-成矿系统。

（3）伸展拆离——矿体定位。中生代构造体制转折、幔隆作用、岩石圈减薄，导致的大规模岩浆活动和广泛的伸展拆离构造是引起金矿爆发式成矿的直接原因。伸展构造既为成矿流体运移提供了良好的通道，又为成矿流体富集、矿体定位提供了有利的空间。成矿流体进入伸展拆离构造中，以渗流方式运移，通过与构造岩发生交代作用形成以细脉浸染状蚀变岩为主的矿体，即焦家式金矿。主成矿期年龄122～113Ma。

综上所述，焦家金矿床的成矿，经历了一个复杂而漫长的演化过程，其成矿物质主要来源于围岩，成矿热液的水源主要是大气降水和岩浆水。矿床成因类型属混合岩化-重熔岩浆热液型金矿床（图2-3）。

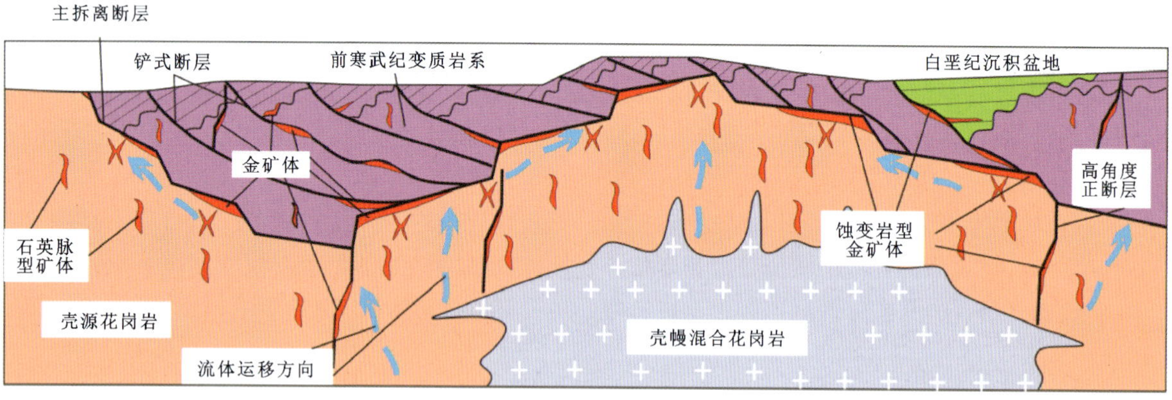

图2-3　胶东金矿"热隆-伸展"成矿理论模型剖面示意图（据宋明春等，2013）

7. 矿床系列标本简述

本次标本采自焦家金矿床巷道、矿石堆及渣石堆，采集标本6块，岩性分别为黄铁绢英岩化花岗岩、黄铁绢英岩化花岗质碎裂岩、黄铁绢英岩、斜长花岗岩、变粒岩和钾化二长花岗岩（表2-1），较全面地采集了焦家金矿床的矿石和围岩标本。

第二章 与新元古代及中生代燕山期花岗岩有关的岩浆-热液型金矿床

表 2-1 焦家金矿采集标本一览表

序号	标本编号	光/薄片编号	标本名称	标本类型
1	JJ-B1	JJ-g1/JJ-b1	黄铁绢英岩化花岗岩	矿石
2	JJ-B2	JJ-g2/JJ-b2	黄铁绢英岩化花岗质碎裂岩	矿石
3	JJ-B3	JJ-g3/JJ-b3	黄铁绢英岩	矿石
4	JJ-B4	JJ-b4	斜长花岗岩	围岩
5	JJ-B5	JJ-b5	变粒岩	围岩
6	JJ-B6	JJ-b6	钾化二长花岗岩	围岩

注：JJ-B代表焦家金矿标本，JJ-g代表该标本光片编号，JJ-b代表该标本薄片编号。

8. 图版

（1）标本照片及其特征描述

JJ-B1

黄铁绢英岩化花岗岩。岩石呈灰白色，半自形粒状变晶结构，块状构造。主要成分为石英、黄铁矿和方解石。石英：灰白色，他形粒状，玻璃光泽，粒径<1.2mm，含量约55%。黄铁矿：浅铜黄色，自形—半自形晶粒状结构，金属光泽，局部呈脉状分布，粒径<2.0mm，含量约25%。方解石：灰白色，半自形粒状，玻璃光泽，呈脉状穿插分布，粒径<2.0mm，含量约20%。

JJ-B2

黄铁绢英岩化花岗质碎裂岩。岩石呈灰绿色，半自形鳞片粒状变晶结构，块状构造。主要成分为石英、斜长石和绢云母。石英：灰白色，他形粒状，玻璃光泽，粒径<2.0mm，含量约50%。斜长石：灰白色，半自形粒状，玻璃光泽，白色条痕，粒径<2.0mm，含量约30%。绢云母：浅绿色，极其细小鳞片状集合体，丝绢光泽，粒径细小，含量约20%。

JJ-B3

黄铁绢英岩。岩石呈灰白色，半自形粒状变晶结构，块状构造。主要成分为石英和黄铁矿。石英：灰白色，他形粒状，玻璃光泽，粒径<1.0mm，含量约55%。黄铁矿：浅铜黄色，自形—半自形晶粒状结构，金属光泽，粒径<1.0mm，含量约45%。

JJ-B4

斜长花岗岩。岩石新鲜面呈浅肉红色，块状构造。主要成分为石英、钾长石、斜长石和黑云母，可见少量黄铁矿，可见绢云母化蚀变。石英：多呈他形颗粒，油脂光泽，粒径<1.0mm，含量约30%。钾长石为肉红色，斜长石为灰白色，两类长石含量大致相同，粒径均<1.0mm，含量均为30%。黑云母：褐色，他形片状，粒径<1.0mm，含量约10%。

JJ-B5

变粒岩。岩石新鲜面呈灰色—浅灰色，局部呈黄绿色，鳞片变晶结构，块状构造。主要成分为石英、绢云母和黄铁矿，可见少量斜长石、钾长石。石英：呈油脂光泽，颗粒较为细小，粒径<1.0mm，含量约35%。绢云母：呈细小鳞片状，粒径<1.0mm，含量约35%。黄铁矿：呈浸染状分布于岩石中，可见少量黄铁矿自形晶发育，具强金属光泽，粒径<1.0mm，含量约20%。钾长石及斜长石呈他形粒状，粒径<1.0mm，含量较少，共约10%。

JJ-B6

钾化二长花岗岩。岩石新鲜面呈浅肉红色,粒状变晶结构,块状构造。主要成分为石英、钾长石、斜长石和黑云母,可见少量黄铁矿,钾长石多见绢云母化。石英:可见自形晶,呈油脂光泽,颗粒较为细小,粒径<1.0mm,含量约35%。钾长石为肉红色,斜长石为灰白色,二者粒径均<1.0mm,含量分别为40%、15%。黑云母呈褐色他形片状,粒径<1.0mm,含量约10%。黄铁矿呈星点状分布于岩石中,具强金属光泽,粒径<1.0mm,含量较少。

(2)标本镜下鉴定照片及特征描述

JJ-g1

黄铁绢英岩化花岗岩。自形—半自形粒状结构。金属矿物为黄铁矿(Py)、黄铜矿(Cp)、方铅矿(Ga)、辉铜矿(Cc)、自然金(Ng)。黄铁矿:浅黄色,自形—半自形晶粒状,也可见碎裂状集合体,具高反射率,硬度较高,不易磨光;可见自形晶粒状黄铁矿发育,与黄铁矿集合体为两个世代,自形晶黄铁矿颗粒交代黄铜矿、方铅矿及辉铜矿,粒径0.05~0.2mm,含量20%~25%;黄铁矿集合体裂隙发育,可见黄铜矿脉穿插,也可见少量自然金发育在裂隙中。黄铜矿:铜黄色,他形粒状,可见集合体,显均质性,较易磨光;黄铜矿颗粒多呈细小他形粒状零星分布,可见黄铜矿交代方铅矿颗粒,也可见黄铜矿呈乳滴状固溶体分离物分布在辉铜矿中;粒径0.1~0.4mm,集合体多>0.5mm,含量5%~10%。方铅矿:纯白色,自形—半自形粒状,也可见他形粒状集合体,显均质性,易磨光;可见三组解理相交而呈黑三角孔;可见黄铜矿及自形晶黄铁矿交代方铅矿颗粒;自形晶粒径0.1~0.4mm,集合体多>0.5mm,含量约5%。辉铜矿:灰色,不规则粒状,弱非均质性,易磨光;多为集合体,可见黄铜矿呈固溶体分离结构分布于辉铜矿集合体中,也可见自形晶黄铁矿交代辉铜矿集合体;集合体粒径>0.5mm,含量约5%。自然金:亮黄色,多为不规则粒状,显均质性,易磨光,为黄铁矿颗粒中的晶隙金,粒径0.01~0.02mm,含量较少。

矿石矿物生成顺序:黄铁矿集合体→方铅矿→辉铜矿、黄铜矿→自形晶黄铁矿→自然金。

JJ - g2

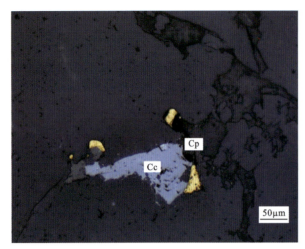
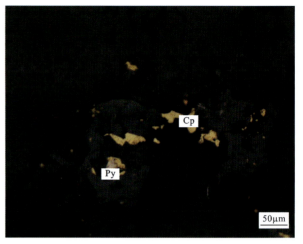

　　黄铁绢英岩化花岗质碎裂岩。自形—半自形粒状结构。金属矿物为黄铁矿（Py）、黄铜矿（Cp）、闪锌矿（Sph）、辉铜矿（Cc）。黄铁矿：浅黄色，自形—半自形晶粒状，具高反射率，硬度较高，不易磨光；黄铁矿自形晶颗粒交代黄铜矿、闪锌矿，粒径0.05～0.2mm，含量约5%。黄铜矿：铜黄色，他形粒状，显均质性，较易磨光；黄铜矿颗粒多呈细小他形粒状零星分布，可见黄铜矿交代辉铜矿颗粒，也可见黄铁矿自形晶颗粒交代黄铜矿颗粒；粒径0.05～0.1mm，含量约1%。闪锌矿：灰色，呈他形粒状颗粒，显均质性，易磨光，具褐色至黄褐色内反射；可见黄铁矿自形晶颗粒交代闪锌矿；粒径0.1～0.2mm，含量较少。辉铜矿：灰色，不规则粒状，弱非均质性，易磨光；可见他形粒状黄铜矿交代辉铜矿颗粒；粒径0.1～0.2mm，含量较少。

　　矿石矿物生成顺序：（闪锌矿）→辉铜矿→黄铜矿→（闪锌矿）→黄铁矿。

JJ - g3

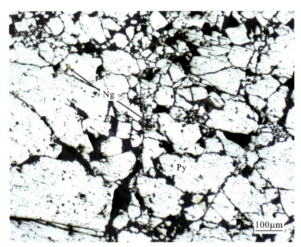

　　黄铁绢英岩。自形—半自形粒状结构。金属矿物为黄铁矿（Py）和自然金（Ng）。黄铁矿：浅黄色，自形—半自形晶粒状，也可见碎裂状集合体，具高反射率，硬度较高，不易磨光；可见自形晶粒状黄铁矿发育，与黄铁矿集合体为两个世代，自形晶黄铁矿颗粒交代黄铜矿、方铅矿及辉铜矿，粒径0.05～0.2mm，含量20%～25%；黄铁矿集合体裂隙发育，可见黄铜矿脉穿插，也可见少量自然金发育在裂隙中。自然金：亮黄色，多为不规则粒状，显均质性，易磨光；金矿物赋存状态主要为黄铁矿颗粒中的裂隙金及透明矿物间的晶隙金，粒径0.01～0.05mm，含量约1%。

　　矿石矿物生成顺序：黄铁矿→自然金。

JJ-b1

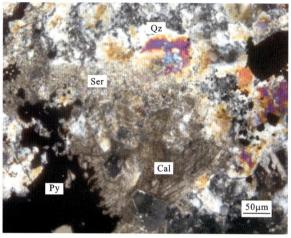

黄铁绢英岩化花岗岩。半自形粒状变晶结构。主要成分为石英(Qz)、金属矿物、方解石(Cal)和绢云母(Ser)。石英：无色，板条状、细小粒状集合体，为硅化作用形成，表面光洁，具波状消光现象，一级黄白干涉色，粒径0.1～1.0mm，最小不足0.02mm，含量50%～55%。金属矿物：黑色，为自形—半自形粒状，推测为黄铁矿(Py)，粒径0.05～1.6mm，含量25%～30%。方解石：无色，为半自形—他形粒状，高级白干涉色，闪突起明显，粗大的方解石呈脉状分布，细小他形方解石填隙分布于石英集合体之间，粒径0.1～1.2mm，脉宽可达2.0mm，含量15%～20%。绢云母：无色，细小鳞片状集合体，干涉色鲜艳，局部集中分布，粒径细小，含量较少。

JJ-b2

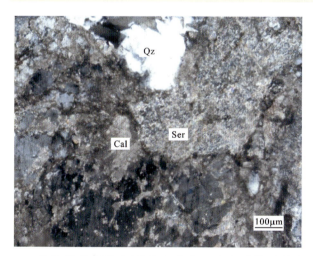
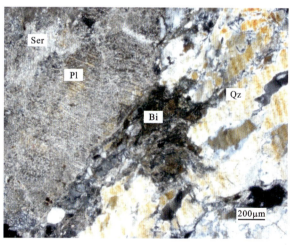

黄铁绢英岩化花岗质碎裂岩。半自形鳞片粒状变晶结构。主要成分为石英(Qz)、斜长石(Pl)、绢云母(Ser)、方解石(Cal)和黑云母(Bi)。石英：无色，半自形粒状，局部呈板条状，表面光洁，具波状消光现象，一级黄白干涉色，裂隙发育，裂隙中填充方解石，粒径0.4～2.0mm，含量45%～50%。斜长石：无色，半自形粒状，一级灰白干涉色，普遍具绢云母化蚀变，裂隙发育，裂隙中填充方解石，粒径0.4～2.2mm，含量20%～25%。绢云母：无色，细小鳞片状集合体，干涉色鲜艳，交代斜长石而呈斜长石假象，粒径细小，含量20%～25%。方解石：无色，半自形—他形粒状，高级白干涉色，闪突起明显，呈细脉状或分布于长英质矿物裂隙中，粒径0.1～0.4mm，含量<5%。黑云母：褐色，半自形片状，可见一组完全解理，普遍具绿泥石化蚀变，局部集中分布，粒径0.2～0.8mm，含量5%左右。

JJ-b3

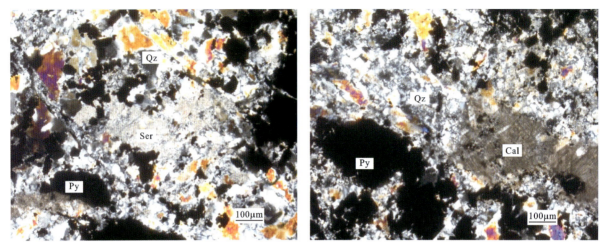

黄铁绢英岩。半自形粒状变晶结构。主要成分为石英(Qz)、金属矿物、方解石(Cal)和绢云母(Ser)。石英：无色，板条状、细小粒状集合体，为硅化作用形成，表面光洁，具波状消光现象，一级黄白干涉色，粒径一般为 0.1~0.8mm，最小不足 0.02mm，含量 50%~55%。金属矿物：黑色，自形—半自形粒状，推测为黄铁矿(Py)，粒径 0.05~0.6mm，集合体可达 3.0mm，含量 35%~40%。方解石：无色，半自形—他形粒状，高级白干涉色，闪突起明显，呈细脉状局部可见，粒径 0.1~0.6mm，脉宽不足 1.0mm，含量 5%~10%。绢云母：无色，细小鳞片状集合体，干涉色鲜艳，局部集中分布，粒径细小，含量较少。

JJ-b4

斜长花岗岩。中细粒不等粒结构。主要成分为石英(Qz)、钾长石(Kf)、斜长石(Pl)、黑云母(Bi)，可见绢云母化及高岭土化蚀变。岩石中钾长石与斜长石含量相近，黑云母及长石多发生蚀变。石英：无色，多为细小的他形粒状，也可见板条状半自形—自形晶颗粒，无解理，正低突起，表面光洁，具波状消光现象，一级白干涉色，粒径为 0.2~0.4mm，含量 25%~30%。钾长石：无色，多呈他形，负低突起，一级灰白干涉色；钾长石多发生绢云母化及高岭土化蚀变，部分钾长石强烈交代斜长石，斜长石在钾长石中呈不规则状，局部形成交代残余的条纹长石，粒径为 0.2~0.6mm，含量 25%~30%。斜长石：无色，多呈他形，负低突起，一级灰白干涉色；斜长石颗粒较为破碎，表面可见碳酸盐化，多被钾长石交代，可见聚片双晶，粒径为 0.2~0.6mm，含量 25%~30%。黑云母：褐绿色，多为长条片状，具明显的多色性，正中突起，可见一组极完全解理；正交偏光镜下干涉色较为鲜艳，局部绢云母化，粒径为 0.2~0.4mm，含量 5%~10%。

JJ-b5

变粒岩。鳞片变晶结构。主要成分为石英(Qz)、绢云母(Ser)、黄铁矿(Py),其次为钾长石(Kf)、斜长石(Pl)。岩石中透明矿物颗粒均较为细小,黄铁矿颗粒多呈他形粒状集合体,可见少量半自形晶发育。石英:无色,多为颗粒细小的他形粒状,正低突起,表面光洁,无解理,具波状消光现象,一级白干涉色,粒径为0.1~0.2mm,含量30%~35%。绢云母:无色,细小鳞片状,常组成显微晶质鳞片状集合体,正低突起,干涉色鲜艳,多为二到三级;多为长石的蚀变产物,保

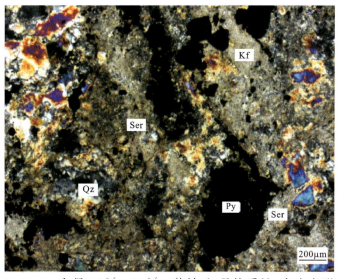

留有长石假象,局部为交代残余结构;粒径多<0.1mm,含量30%~35%。黄铁矿:具均质性,多为自形晶颗粒,为细脉浸染状分布于岩石中,局部可见成片分布的黄铁矿集合体,自形晶粒径为0.1~0.3mm,集合体多>0.5mm,含量15%~20%。钾长石:无色,多呈他形,负低突起,一级灰白干涉色;钾长石多发生绢云母化及高岭土化蚀变,粒径0.2~0.4mm,含量约5%。斜长石:无色,多呈他形,负低突起,一级灰白干涉色;斜长石颗粒较为破碎,表面可见碳酸盐化,可见聚片双晶,粒径0.2~0.4mm,含量约5%。

JJ-b6

钾化二长花岗岩。粒状变晶结构。主要成分为钾长石(Kf)、石英(Qz)、斜长石(Pl)、黑云母(Bi),可见少量自形晶黄铁矿(Py)。岩石中钾长石粒径变化较大,以他形—半自形粒状变晶结构为主,具有残留结构和各种交代结构,钾长石强烈交代斜长石。部分石英颗粒及黑云母、绢云母具一定的定向构造,部分长石双晶可见弯曲现象。钾长石:无色,多呈他形,负低突起,一级灰白干涉色;钾长石多发生绢云母化及高岭土化蚀变,颗粒大小不一,具粒状变晶结构,部分钾长石

强烈交代斜长石,斜长石在钾长石中呈不规则状,局部形成交代残余的条纹长石,粒径为0.2~1.0mm。石英:无色,多为颗粒细小的他形粒状,也可见板条状半自形—自形晶颗粒,正低突起,表面光洁,无解理,具波状消光现象,一级白干涉色;可见较为破碎的石英颗粒,多沿透明矿物裂隙发育,局部具定向构造,也可见弯曲现象;粒径0.2~0.4mm,含量30%~35%。斜长石:无色,多呈他形,负低突起,一级灰白干涉色;斜长石颗粒较为破碎,表面可见碳酸盐化,多被钾长石交代,可见聚片双晶,粒径0.2~0.6mm,含量10%~15%。黑云母:褐绿色,多为长条片状,具明显的多色性,正中突起,可见一组极完全解理;干涉色较为鲜艳,局部绢云母化,粒径0.2~0.4mm,含量5%~10%。绢云母:无色,细小鳞片状,常组成显微晶质鳞片状集合体,正低突起,干涉色鲜艳,多为二到三级;多为黑云母及钾长石的蚀变产物,局部为交代残余结构;可见绢云母化的黑云母及绢云母集合体具定向及弯曲构造;粒径多<0.1mm。黄铁矿:具均质性,多为自形晶颗粒,星点状分布,粒径0.1~0.3mm,含量较少。

二、莱州三山岛金矿

三山岛金矿位于烟台莱州市北约 26km,行政区划隶属莱州市三山岛工业园区(三山岛街道办事处)。其大地构造位置位于华北陆块(Ⅰ)鲁东隆起(Ⅱ)胶北隆起区(Ⅲ)胶北凸起(Ⅳ),其西邻沂沭断裂带。矿区累计查明金金属量超1000t,矿床规模属超大型。

1. 矿区地质特征

区内及附近区域多被海水和第四系覆盖。除临海的 3 个相连的小山丘上见有崔召单元二长花岗岩出露外,其余均被第四系覆盖。据探矿工程揭露,第四系之下为中生代崔召单元二长花岗岩和新太古代栾家寨单元中细粒变辉长岩及新太古代胶东岩群郭格庄岩组包体。

三山岛-仓上断裂呈北东向,贯穿整个矿区;矿区西南三山岛金矿内三山岛-三元断裂呈北西向切割三山岛-仓上断裂;矿区内根据磁测解译、推断多条北西向断裂切割三山岛断裂(图 2-4)。

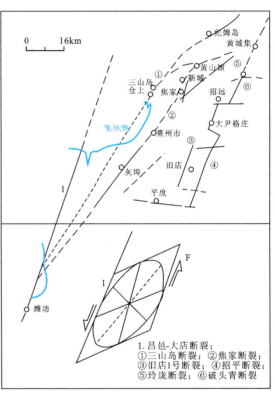

图 2-4　三山岛断裂带地质略图及胶西北构造纲要示意图(据宋明春等,2013)

区内控矿断裂为三山岛断裂。该断裂陆地长 116km,主要沿玲珑型花岗岩与变质岩系(斜长角闪岩)的接触带展布,有连续而稳定的主断裂面,呈舒缓波状,断裂多被第四系覆盖,只在三山岛村北小山丘上有所出露,断裂带总体走向为 35°左右,局部地段拐弯成 70°～85°,倾向南东,倾角 35°～50°。三山岛段(北段)走向 365°左右,呈舒缓波状,仓上段(南段)走向 70°左右,倾角 50°～60°。断裂破碎带由断层泥(宽 0.05～0.50m)、糜棱岩、碎裂岩和碎裂状岩石等构成,宽 80～400m 不等。主干断裂下盘发育有次级断裂。该断裂控制着三山岛、新立、仓上等金矿床。

三山岛断裂沿倾向总体呈由陡变缓的铲式特征,且出现陡、缓交替的阶梯型式。在三山岛北部海域矿区-400m 标高以上,断裂倾角 40°～65°;-400～-1000m 标高段产状变陡,倾角 75°～85°;-1000m

标高以下,倾角较稳定(35°～43°)。

矿化蚀变带沿三山岛断裂发育,而且具有明显的分带性,以主断裂面之下黄铁绢英岩化碎裂岩为中心,向两侧依次为黄铁绢英岩化花岗质碎裂岩和黄铁绢英岩化花岗岩带,部分地段靠近主裂面发育糜棱岩。各破碎蚀变带呈渐变过渡关系,不同断裂蚀变带的矿化特点是:黄铁绢英岩化(花岗质)碎裂岩带中硫化物以浸染状或细脉浸染状矿化为主,黄铁绢英岩化花岗岩带及绢英岩化(钾化)花岗岩带中硫化物以细脉状、网脉状矿化为主,金矿化主要发生在主断裂面之下,主断裂面之上金矿化甚微,局部可见零星矿体赋存。

2. 矿体特征

三山岛超大型金矿床共有矿体80余个,主要矿体为Ⅰ号矿体(图2-5)。

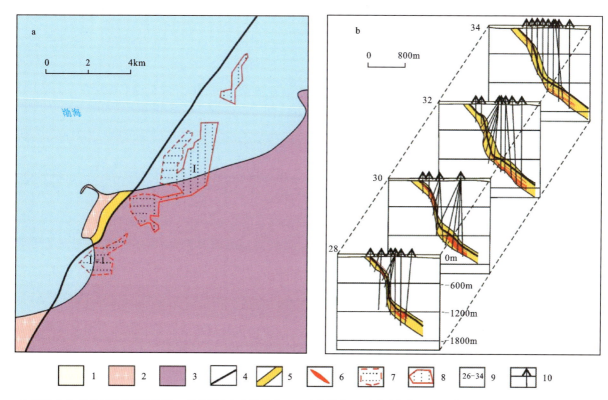

1.第四系;2.侏罗纪玲珑型花岗岩;3.早前寒武纪变质岩系;4.三山岛断裂;5.矿化蚀变带;6.金矿体;7.浅部金矿体投影范围和编号;8.深部金矿体投影范围和编号;9.勘探线编号;10.钻孔位置。

图2-5 三山岛超大型金矿床基岩地质图和主要矿体水平投影图(a)、勘探线联合剖面图(b)(据宋明春等,2013)

Ⅰ号矿体全长超过3km,最深标高1886m,最大斜深超过17km。矿体呈大脉状,局部呈似层状,沿走向及倾向呈舒缓波状展布,常见分支复合、膨胀、狭缩现象。矿体赋存于三山岛断裂主裂面以下的黄铁绢英岩化碎裂岩带中下部。在三山岛北部海域矿段,赋矿标高-796～-1736m。矿体走向35°左右,倾向南东,倾角21°～52°,平均39°。矿体厚度最小1.07m,最大101.86m,一般4.08～65.80m,平均30.91m,厚度变化系数78%。单样金品位最高213.32g/t,最低品位0.05g/t,平均5.23g/t,品位变化系数202%。该矿段金的总资源量超过450t,是世界上在海域探获的规模最大的金矿。在西岭村矿段,赋矿标高-862～-2076m,矿体走向25°～36°,倾向南东,倾角26°～53°。工程控制矿体走向长1718m,倾向延深最深990m,深部未封闭。矿体厚度最小1.61m,最大97.55m,一般2.40～50.62m,平均21.10m,厚度变化系数123%。单样金品位最高为35.19g/t,平均4.26g/t,品位变化系数128%。在三山岛深部矿段，赋矿标高－600～－1286m，矿体走向12°～37°，倾向南东，倾角37°～52°。工程控制矿体走向长700m，倾向最大延深800m，深部未封闭，矿体厚度最小1.5m，最大34.48m，一般1.69～13.14m，平均10.23m。矿体平均品位2.57g/t。

3. 矿石特征

矿石中主要金属矿物为黄铁矿，次要的有方铅矿、闪锌矿、黄铜矿、毒砂、磁黄铁矿、褐铁矿、磁铁矿等，其中局部方铅矿、闪锌矿、黄铜矿可能为后期叠加成矿作用的产物。主要非金属矿物为石英、绢云母、残余长石，次为碳酸盐类矿物（方解石、白云石等）。

矿石结构主要为粒状变晶结构，次之有碎裂结构、碎斑结构、交代结构，少数呈乳滴结构等。矿石构造主要为浸染状构造，次之为网脉状构造、角砾状构造、细脉状构造。

矿区矿石全部为原生矿，岩性为黄铁绢英岩化碎裂岩、黄铁绢英岩化花岗质碎裂岩、黄铁绢英岩化花岗岩等。

4. 共伴生矿产评价

其伴生有益组分银、硫、铅可以综合回收利用，伴生有益组分铜、锌含量低，达不到综合回收利用标准。

5. 矿体围岩和夹石

矿体围岩为黄铁绢英岩化碎裂岩、黄铁绢英岩化花岗质碎裂岩、黄铁绢英岩化花岗岩，绢英岩化花岗质碎裂岩。

主要矿体沿走向、倾向有分支复合现象，最多处并排有3层分支矿体。据其空间赋存主要可分为两种：一种产于矿体内部，呈透镜状，规模小；另一种夹于矿体间且与围岩连通，呈似层状、长板状及舌状，规模变化大。其他次要零星小矿体无夹石。

6. 矿床成因

三山岛北部海域深部金矿床处于三山岛断裂带北段，为中温热液矿床。成矿流体为中温、中低盐度流体。成矿系列为与中生代燕山晚期壳幔混熔岩浆活动有关的金成矿系列。成矿作用大致分为以下过程。

中生代早—中期古太平洋板块推动伊泽奈奇板块向欧亚板块由南东向北西斜向快速俯冲，在胶西北地区产生一系列剖面上共轭的脆性断裂体系和走向北北东的陡倾脆性断裂体系，为含矿热液提供了运移通道。由于俯冲洋壳自身的温度较低，且俯冲快速，导致洋壳的温度来不及调整到周围地幔的高温状态，强烈的温度差使俯冲洋壳携带的挥发分流体分异析出。析出的流体导致周围地幔岩石发生低程度的部分熔融，萃取上地幔源区中的金等成矿物质，形成含金的幔源C－H－O流体（图2－6）。

中生代晚期，从侏罗纪开始，是胶东地区动力学体制转折的关键时期，由碰撞向伸展体制转换，上地幔隆起促使岩石圈拆沉减薄、深大断裂产生或活化，并使郯庐断裂下切和发生强烈左旋走滑。该时期是中国东部岩石圈减薄作用最为强烈时期，以陆内伸展、岩石圈减薄为主。随着深断裂切入上地幔，深部热而年轻的软流圈物质强烈上涌，伴随大规模的壳幔物质混合，随幔源岩浆底侵，地温梯度不断增高，产生大量热能，导致下地壳重熔或壳幔同熔，产生大规模岩浆侵入活动并形成成矿流体，流体发生大规模、远距离迁移。成矿流体在上升过程中不断萃取围岩中的成矿物质，由于构造性质（韧性→韧脆性→脆性）及物理化学条件的转变，在地壳合适的深度位置，富含金等成矿物质的流体产生不混溶及相分离作用，导致成矿物质在三山岛断裂带下盘聚集成矿，在成矿后期成矿流体混入大量大气降水。

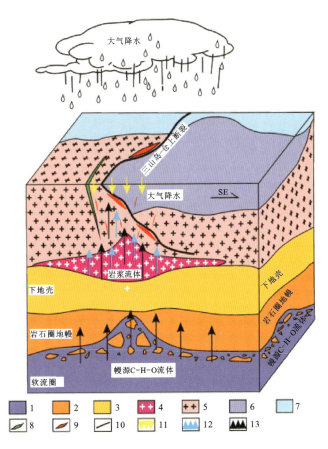

1.软流圈;2.岩石圈地幔;3.下地壳;4.白垩纪花岗岩;5.侏罗纪玲珑花岗岩;6.早前寒武纪变质岩系;
7.海域;8.煌斑岩;9.金矿体;10.赋矿断裂;11.大气降水;12.岩浆流体;13.幔源C-H-O流体。

图2-6 三山岛成矿带金矿成矿模式图(据宋明春等,2013)

7. 矿床系列标本简述

本次标本采自三山岛矿床巷道、矿石堆及渣石堆,采集标本7块,岩性分别为黄铁绢英岩化花岗质碎裂岩、黄铁绢英岩、硅化二长花岗岩、钾化花岗岩、糜棱岩化二长花岗岩和黑云斜长片麻岩(表2-2),较全面地采集了三山岛金矿床的矿石和围岩标本。

表2-2 三山岛金矿采集标本一览表

序号	标本编号	光/薄片编号	标本名称	标本类型
1	SS-B1	SS-g1/SS-b1	黄铁绢英岩化花岗质碎裂岩	矿石
2	SS-B2	SS-g2/SS-b2	黄铁绢英岩	矿石
3	SS-B3	SS-b3	黄铁绢英岩	矿石
4	SS-B4	SS-b4	硅化二长花岗岩	围岩
5	SS-B5	SS-b5	钾化花岗岩	围岩
6	SS-B6	SS-b6	糜棱岩化二长花岗岩	围岩
7	SS-B7	SS-b7	黑云斜长片麻岩	围岩

注:SS-B代表三山岛金矿标本,SS-g代表该标本光片编号,SS-b代表该标本薄片编号。

8. 图版

(1) 标本照片及其特征描述

SS-B1

黄铁绢英岩化花岗质碎裂岩。岩石呈灰色—浅灰色，局部呈黄绿色，块状构造。主要成分为石英、绢云母、黄铁矿、方铅矿，其次为斜长石，可见少量绿泥石。石英：无色，呈他形，油脂光泽，粒径<1.0mm，含量约40%。绢云母：无色，呈细小鳞片状，粒径<1.0mm，含量约30%。黄铁矿：呈浸染状分布于岩石中，可见黄铁矿自形晶发育，具强金属光泽，粒径>1.0mm，含量约25%。方铅矿：一般呈自形晶分布于黄铁矿之中，粒径<1.0mm，含量约5%。

SS-B2

黄铁绢英岩。岩石新鲜面呈灰色—浅灰色，局部呈黄绿色，鳞片变晶结构，块状构造。主要成分为石英、绢云母、黄铁矿，可见少量斜长石、绿泥石。石英：呈油脂光泽，颗粒较为细小，粒径<1.0mm，含量约40%。绢云母：呈细小鳞片状，粒径<1.0mm，含量约40%。黄铁矿：呈浸染状分布于岩石中，可见少量黄铁矿自形晶发育，具强金属光泽，粒径>1.0mm，含量约20%。

SS-B3

黄铁绢英岩。岩石新鲜面呈浅灰绿色，鳞片变晶结构，块状构造。主要成分为绢云母、石英，可见少量黄铁矿、钾长石。绢云母：呈细小鳞片状，粒径<1.0mm，含量约50%。石英：颗粒较为细小，可见自形晶，呈油脂光泽，粒径<1.0mm，含量约40%。黄铁矿：呈星点状分布于岩石中，具强金属光泽，粒径<1.0mm，含量约5%。钾长石：浅肉红色，多为他形，粒径<1.0mm，含量约5%。

SS - B4

硅化二长花岗岩。岩石呈灰白色,粒状变晶结构,块状构造。主要成分为石英、钾长石、斜长石、黑云母,可见少量黄铁矿,钾长石多见绢云母化。石英:颗粒较为细小,可见自形晶,呈油脂光泽,粒径<1.0mm,含量约30%。钾长石为肉红色,斜长石为灰白色,粒径均<1.0mm,二者含量相近,均为30%。黑云母:褐色,他形片状,粒径<1.0mm,含量约10%。黄铁矿:呈星点状分布于岩石中,具强金属光泽,粒径<1.0mm。

SS - B5

钾化花岗岩。岩石新鲜面呈浅肉红色,粒状变晶结构,块状构造。主要成分为石英、钾长石、斜长石、黑云母,可见少量黄铁矿,钾长石多见绢云母化。石英:颗粒较为细小,可见自形晶,呈油脂光泽,粒径<1.0mm,含量约35%。钾长石为肉红色,斜长石为灰白色,以钾长石为主,二者粒径均<1.0mm,含量分别为40%、15%。黑云母:褐色,他形片状,粒径<1.0mm,含量约10%。黄铁矿:呈星点状分布于岩石中,具强金属光泽,粒径<1.0mm,含量较少。

SS - B6

糜棱岩化二长花岗岩。岩石新鲜面呈浅肉红色,花岗结构,局部矿物定向排列具糜棱结构,块状构造。主要成分为石英、钾长石、斜长石、黑云母,可见绢云母化。石英:颗粒大小不一,呈油脂光泽,粒径约1.0mm,含量约40%。钾长石为肉红色,斜长石为灰白色,粒径可至1.0mm左右,含量分别为25%、20%。黑云母:褐色,他形片状,粒径<1.0mm,含量约10%。

SS - B7

黑云斜长片麻岩。岩石呈灰色,半自形片状粒状变晶结构,片麻状构造,局部呈条带状构造。主要成分为斜长石、石英、黑云母。斜长石:灰白色,半自形粒状,白色条痕,玻璃光泽,粒径<1.5mm,含量约45%。石英:灰白色,半自形粒状,玻璃光泽,粒径<3.0mm,含量约35%。黑云母:褐黑色,半自形片状,玻璃光泽,局部略具定向分布特征,粒径<1.0mm,含量约20%。

（2）标本镜下鉴定照片及特征描述

SS - g1

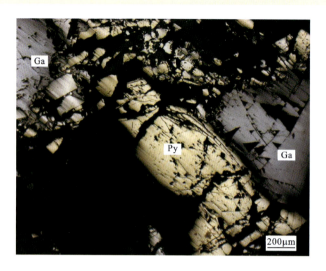

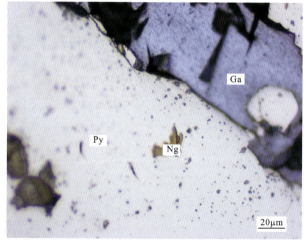

黄铁绢英岩化花岗质碎裂岩。自形—半自形粒状结构。金属矿物为黄铁矿（Py）、方铅矿（Ga）、黄铜矿（Cp）、辉铜矿（Cc）、自然金（Ng）。黄铁矿：浅黄色—黄白色，自形—半自形晶粒状，也可见碎裂状集合体，具有高反射率，硬度较高，不易磨光。可见黄白色自形晶粒状黄铁矿发育，与黄铁矿集合体为两个世代的产物。自形晶黄铁矿颗粒交代黄铜矿、方铅矿及辉铜矿，粒径一般0.1～0.3mm；黄铁矿集合体发育裂隙，可见黄铜矿脉穿插，也可见少量自然金发育在裂隙中，含量20%～25%。方铅矿：纯白色，自形—半自形粒状，也可见他形粒状集合体，显均质性，易磨光；可见三组解理相交而呈黑三角孔；可见黄铜矿及自形晶黄铁矿交代方铅矿颗粒；自形晶粒径为0.2～0.4mm，集合体多＞0.5mm，含量约5%。黄铜矿：铜黄色，他形粒状，可见集合体，显均质性，较易磨光；黄铜矿颗粒多呈细小他形粒状零星分布，可见黄铜矿交代方铅矿颗粒，也可见黄铜矿呈乳滴状固溶体分离物分布在辉铜矿中；自形晶粒径＜0.05mm，集合体为0.2～0.4mm，含量约1%。辉铜矿：灰色，不规则粒状，弱非均质性，易磨光；多为集合体，可见黄铜矿呈固溶体分离结构分布于辉铜矿集合体中，也可见自形晶黄铁矿交代辉铜矿集合体；集合体粒径0.2～0.4mm，含量约1%。自然金：亮黄色，多为不规则粒状，均质性，易磨光；为黄铁矿颗粒中的包裹金，粒径0.01～0.02mm，含量较少。

矿石矿物生成顺序：黄铁矿集合体→方铅矿→辉铜矿、黄铜矿→自形晶黄铁矿→自然金。

SS-g2

黄铁绢英岩。自形—半自形粒状结构。金属矿物为黄铁矿(Py)、黄铜矿(Cp)。黄铁矿:浅黄色,自形—半自形晶粒状,具高反射率,硬度较高,不易磨光;黄铁矿颗粒多零星分布,也可见脉状黄铁矿,均较为破碎,局部受构造作用弯曲,可见石英脉穿插于黄铁矿中,也可见他形黄铜矿颗粒穿插于黄铁矿裂隙中,粒径0.1~0.3mm,含量约10%。黄铜矿:铜黄色,他形粒状,显均质性,较易磨光;黄铜矿颗粒多呈细小他形粒状零星分布,可见黄铜矿交代黄铁矿颗粒;粒径0.05~0.1mm,含量约1%。

矿石矿物生成顺序:黄铁矿→黄铜矿。

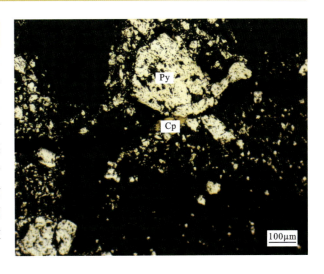

SS-b1

黄铁绢英岩化花岗质碎裂岩。花岗质碎裂结构。主要成分为石英(Qz)、黄铁矿(Py)、绢云母(Ser),其次为斜长石(Pl)。岩石中矿物颗粒呈中细粒不等粒的花岗结构,部分矿物颗粒较为破碎,呈碎裂结构。石英:无色,可见他形粒状,也可见板条状自形、半自形晶体,正低突起,表面光洁,无解理,具波状消光现象,一级白干涉色;可见石英颗粒具碎裂组构,裂隙中充填碎基;石英晶体分布不均,粒径大小不一,粒径为0.2~1.0mm,含量30%~35%。黄铁矿:具均质性,多为自形晶颗粒,呈细脉浸染状分布于岩石中,局部可见成片分布的黄铁矿集合体,自形晶粒径为0.1~0.3mm,集合体多>2.0mm,含量25%~30%。绢云母:无色,细小鳞片状,常组成显微晶质鳞片状集合体,正低突起,干涉色鲜艳,多为二到三级;多为斜长石的蚀变产物,保留有斜长石假象,局部为交代残余结构;粒径多<0.1mm,含量25%~30%。斜长石:无色,多呈他形,负低突起,一级灰白干涉色;斜长石颗粒较为破碎,表面可见碳酸盐化,可见聚片双晶,粒径为0.4~0.6mm,含量5%~10%。

SS-b2

黄铁绢英岩。鳞片变晶结构。主要成分为绢云母(Ser)、石英(Qz)、黄铁矿(Py),其次为斜长石(Pl)。岩石中透明矿物颗粒均较为细小,黄铁矿颗粒多呈他形粒状集合体,可见少量半自形晶发育。绢云母:无色,细小鳞片状,常组成显微晶质鳞片状集合体,正低突起,干涉色鲜艳,多为二到三级;多为斜长石的蚀变产物,保留有斜长石假象,局部为交代残余结构;粒径多<0.1mm,含量35%~40%。石英:无色,多为颗粒细小的他形粒状,正低突起,表面光洁,无解理,具波状消光现象,一级

白干涉色；粒径为0.1～0.2mm，含量30%～35%。黄铁矿：具均质性，多为自形晶颗粒，为细脉浸染状分布于岩石中，局部可见成片分布的黄铁矿集合体，自形晶粒径为0.1～0.3mm，集合体多＞1.0mm，含量15%～20%。斜长石：无色，多呈他形，负低突起，一级灰白干涉色；斜长石颗粒较为破碎，表面可见碳酸盐化，可见聚片双晶，粒径为0.1～0.2mm，含量约5%。

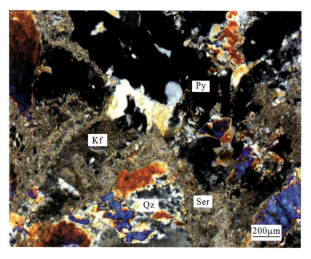

SS-b3

黄铁绢英岩。鳞片变晶结构。主要成分为绢云母（Ser）、石英（Qz），其次为黄铁矿（Py）、钾长石（Kf）。岩石中透明矿物颗粒均较为细小，黄铁矿颗粒多呈自形晶。绢云母：无色，细小鳞片状，常组成显微晶质鳞片状集合体，正低突起，干涉色鲜艳，多为二到三级；多为斜长石及钾长石的蚀变产物，保留有长石假象，局部为交代残余结构；粒径多＜0.1mm，含量45%～50%。石英：无色，多为颗粒细小的他形粒状，也可见石英自形晶，正低突起，表面光洁，无解理，具波状消光现象，一级白干涉色；粒径为0.1～0.4mm，含量35%～40%。钾长石：无色，多呈他形，负低突起，一级灰白干涉色；钾长石多受蚀变作用转变为绢云母及石英，部分颗粒残留有钾长石晶形，也可见残留钾长石聚片双晶，粒径为0.2～0.4mm，含量约5%。黄铁矿：具均质性，多为自形晶颗粒，为星点状分布于岩石中，局部可见成片分布的黄铁矿集合体，自形晶粒径为0.1～0.3mm，集合体多＞0.5mm，含量约5%。

SS-b4

硅化二长花岗岩。粒状变晶结构。主要成分为石英（Qz）、钾长石（Kf）、斜长石（Pl）、黑云母（Bi）和绢云母（Ser），可见少量自形晶黄铁矿（Py）。岩石中透明矿物颗粒均较为粗大，石英可见板条状半自形—自形晶颗粒，钾长石多见绢云母化蚀变。石英：无色，多为颗粒细小的他形粒状，也可见板条状半自形—自形晶颗粒，正低突起，表面光洁，无解理，具波状消光现象，一级白干涉色；粒径0.4～0.8mm，含量30%～35%。钾长石：无色，多呈他形，负低突起，一级灰白干涉色；钾长石多见

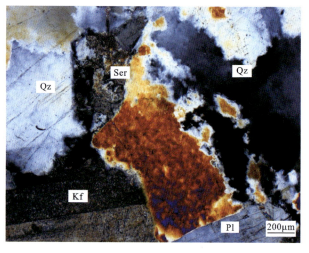

绢云母化蚀变，也可见高岭土化蚀变；部分钾长石见聚片双晶，粒径0.4～0.8mm，含量25%～30%。斜长石：无色，多呈他形，负低突起，一级灰白干涉色；斜长石颗粒较为破碎，表面可见碳酸盐化，可见聚片双晶，粒径0.4～0.8mm，含量25%～30%。黑云母：褐绿色，多为长条片状，具明显的多色性，正中突起，可见一组极完全解理；正交偏光镜下干涉色较为鲜艳，局部绢云母化，粒径0.2～0.4mm，含量5%～10%。绢云母：无色，细小鳞片状，常组成显微晶质鳞片状集合体，正低突起，干涉色鲜艳，多为二到三级；多为黑云母及钾长石的蚀变产物，局部为交代残余结构；粒径多＜0.1mm，含量较少。黄铁矿：具均质性，多为自形晶颗粒，星点状分布，粒径0.1～0.3mm，含量较少。

SS-b5

钾化花岗岩。粒状变晶结构。主要成分为钾长石（Kf）、石英（Qz）、斜长石（Pl）、黑云母（Bi）和绢云母（Ser），可见少量自形晶黄铁矿（Py）。岩石中钾长石粒径变化较大，他形—半自形粒状变晶结构为主，具有残留结构和各种交代结构，钾长石强烈交代斜长石。钾长石：无色，多呈他形，负低突起，一级灰白干涉色；钾长石多发生绢云母化及高岭土化蚀变，颗粒大小不一，具粒状变晶结构，部分钾长石强烈交代斜长石，斜长石在钾长石中呈不规则状，局部形成交代残余的条纹长石，粒径0.2～1.0mm，含量35%～40%。石英：无色，多为颗粒细小的他形粒状，也可见板条状半自形—自形晶颗粒，正低突起，表面光洁，无解理，具波状消光现象，一级白干涉色；粒径0.2～0.6mm，含量30%～35%。斜长石：无色，多呈他形，负低突起，一级灰白干涉色；斜长石颗粒较为破碎，表面可见碳酸盐化，多被钾长石交代，可见聚片双晶，粒径0.2～0.6mm，含量10%～15%。黑云母：褐绿色，多为长条片状，具明显的多色性，正中突起，可见一组极完全解理；正交偏光镜下干涉色较为鲜艳，局部绢云母化，粒径0.2～0.4mm，含量5%～10%。绢云母：无色，细小鳞片状，常组成显微晶质鳞片状集合体，正低突起，干涉色鲜艳，多为二到三级；多为黑云母及钾长石的蚀变产物，局部为交代残余结构；粒径多<0.1mm，含量较少。黄铁矿：具均质性，多为自形晶颗粒，星点状分布，粒径0.1～0.3mm。

SS-b6

糜棱岩化二长花岗岩。中细粒不等粒结构，局部可见糜棱结构；主要由碎斑和基质组成，碎斑含量90%～95%，基质含量5%～10%。碎斑主要由石英（Qz）、钾长石（Kf）、斜长石（Pl）、黑云母（Bi）组成。可见糜棱岩化作用而形成的局部塑性流状的定向构造；碎斑具有显微裂隙、波状消光、矿物晶体弯曲、破碎等显微变形结构。石英：无色，多为他形粒状，正低突起，表面光洁，无解理，具波状消光现象，一级白干涉色；可见石英颗粒具有显微裂隙、波状消光、破碎、定向排列等显微变形结构，粒径0.2～0.6mm，含量30%～35%。钾长石：无色，多呈他形，负低突起，一级灰白干涉色；钾长石多发生绢云母化及高岭土化蚀变，可见简单双晶结构，粒径0.2～0.6mm，含量20%～25%。斜长石：无色，多呈他形，负低突起，一级灰白干涉色；斜长石颗粒较为破碎，表面可见碳酸盐化，多被钾长石交代，可见聚片双晶，粒径0.2～0.6mm，含量15%～20%。黑云母：褐绿色，多为长条片状，具明显的多色性，正中突起，可见一组极完全解理；正交偏光镜下干涉色较为鲜艳，局部绢云母化，粒径0.2～0.5mm，含量5%～10%。基质主要为细小的石英、斜长石。石英：为细小粒状，单偏光镜下无色，正交偏光镜下干涉色为一级灰，含量5%。斜长石：为细小粒状，单偏光镜下为无色，正交偏光镜下干涉色为一级灰，含量较少。

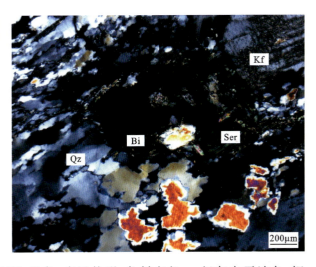

SS－b7

黑云斜长片麻岩。半自形片状粒状变晶结构。主要成分为斜长石(Pl)、石英(Qz)、黑云母(Bi)和金属矿物。黑云母呈不连续半定向分布,而形成片麻状构造。斜长石:半自形粒状,具绢云母化蚀变,表面浑浊不净,聚片双晶发育,一级灰白干涉色,粒径一般 0.2～1.2mm,含量 40%～50%。石英:无色,半自形—他形粒状,一级黄白干涉色,表面光洁,具波状消光现象,集合体局部呈条带状,粒径一般 0.2～2.8mm,个别可达 4.0mm,含量 35%～40%。黑云母:褐色,半自形片状,浅黄色—黄褐色多色性,吸收性强,呈不连续半定向排列分布于上述矿物之间,局部具轻微绿泥石化蚀变,粒径一般 0.4～1.0mm,含量 15%～20%。金属矿物:黑色,半自形—他形粒状,零星分布于上述矿物之间,粒径一般 0.02～0.10mm,含量较少。

三、海阳鑫泰金矿

鑫泰金矿(土堆-沙旺)位于烟台海阳市北约 45km 处,行政区划隶属于海阳市郭城镇。大地构造位置位于华北板块(Ⅰ)胶辽隆起区(Ⅱ)胶北隆起(Ⅲ)回里-养马岛断垄(Ⅳ)王格庄凸起(Ⅴ)南部,南接胶莱盆地莱阳断陷,东临秦岭-大别造山带(图 2-7),是胶莱盆地东北缘的重要组成部分。矿区累计查明金金属量 20.5t,矿床规模属大型。

1. 矿区地质特征

区内地层出露以古元古代荆山群为主,少量中生代白垩纪莱阳群及新生代第四系沿河谷展布。古元古代荆山群主要出露野头组和陡崖组,主要岩性为石榴(矽线)黑云片岩、蛇纹石化大理岩、透辉变粒岩、黑云变粒岩,夹斜长角闪岩、透辉大理岩、含石墨黑云变粒岩、黑云变粒岩、大理岩、浅粒岩等。莱阳群主要出露龙旺庄组和曲格庄组,岩性主要为黄褐色薄层状粉砂岩、泥质粉砂岩、砾质砂岩、砂岩,夹中厚层砾岩、紫灰色砾岩、灰白色凝灰质砾质岩屑砂岩等。

区内构造以脆性断裂构造发育为特征,主要分为北东向、北西向及近南北向 3 组断裂,北东向断裂又分为北西倾向、南东倾向两组,其中南东倾向的断裂为控矿主体构造(图 2-8)。

区内侵入岩非常发育,主要为中生代燕山早期(晚侏罗世)玲珑序列九曲单元二长花岗岩(牧牛山岩体)。区内脉岩也十分发育,穿插于荆山群和牧牛山岩体当中,其形成时代大多属燕山晚期,一般斜切金矿体。脉岩主要有闪长玢岩、煌斑岩、花岗斑岩、辉绿玢岩、花岗闪长岩、细粒闪长岩等。

2. 矿体特征

土堆-沙旺金矿床由土堆、沙旺、东刘家、后夼和龙口 5 个矿段组成,共圈定矿体 215 个,其中土堆矿

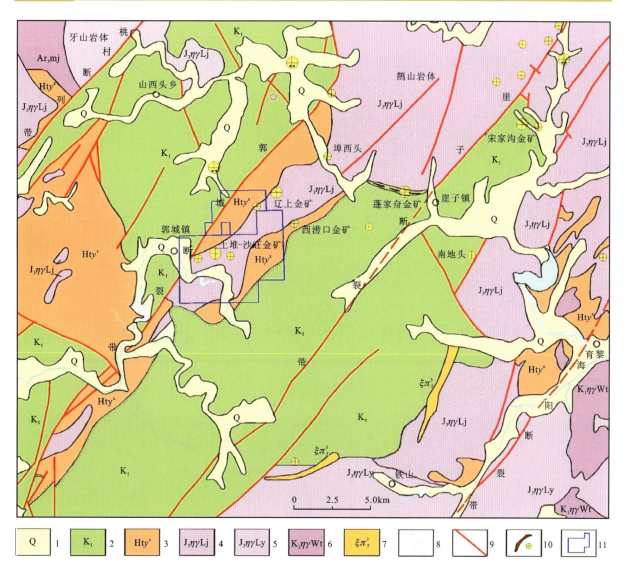

1.第四系;2.下白垩统(莱阳群、青山群);3.古元古代荆山群野头组祥山段;4.晚侏罗世玲珑序列九曲单元二长花岗岩;5.晚侏罗世玲珑序列云山单元弱片麻状细粒二长花岗岩;6.早白垩世韦德山序列通天岭单元二长花岗岩;7.中生代燕山晚期正长斑岩;8.韧性剪切带;9.断层构造;10.金矿体/矿床;11.勘查区边界。

图2-7 鑫泰金矿区域地质简图(据李大兜等,2017)

段43个,沙旺矿段101个,东刘家矿段9个,后夼矿段54个,龙口矿段8个。矿体均受控于北东走向的断裂构造,并赋存于荆山群及牧牛山岩体中,矿体多为脉状、透镜状、似层状,荆山群中金矿成矿方式以交代型为主,牧牛山岩体中成矿方式以充填型为主。典型矿体主要有土堆矿段T2号矿体,龙口矿段Ⅱ-1、L2号矿体,沙旺矿段S2-1号矿体,后夼矿段H5号矿体。

土堆矿段T2号矿体:位于Ⅰ号构造蚀变矿化带西南部分,为土堆矿段开采的主矿体(图2-9),矿体长约120m,延深42~130m,走向67°左右,倾向南东,倾角25°~49°,平均37°。地表矿体出露较薄,最大1.18m,最小0.49m;往下部延伸逐渐变缓变厚,在110m中段最厚为10.79m,平均厚2.24m,矿体厚度变化系数为131%,厚度稳定程度属不稳定型。金矿体单工程平均品位最高9.82g/t,最低1.13g/t,矿体平均品位6.83g/t,品位变化系数85.45%,有用组分分布均匀程度属较均匀型。

龙口矿段Ⅱ-1号矿体:矿体总体走向45°,倾向135°,倾角20°~35°,总体30°,控制走向长度约675m,斜深约610m。矿体厚度0.58~2.29m,平均厚度1.92m,厚度变化系数为96%,厚度变化程度属

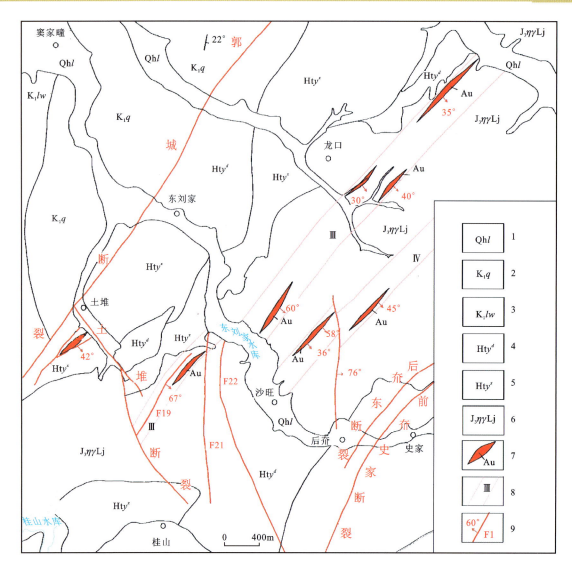

1.全新统临沂组；2.莱阳群曲格庄组；3.莱阳群龙旺庄组；4.潺沱系荆山群野头组定国寺段大理岩；5.潺沱系荆山群野头组祥山段变粒岩；6.晚侏罗世玲珑序列九曲单元二长花岗岩；7.金矿体；8.矿化带；9.断裂构造。

图2-8 土堆-沙旺矿区构造纲要图（据李大兜等，2017）

较稳定型；金品位1.07～10.39g/t，平均品位3.42g/t，品位变化系数107%，有用组分分布均匀程度属较均匀型。

龙口矿段L2号矿体：长度约160m，总体走向42°，局部走向近东西（80°～110°）。矿化带呈早期左行压扭后期右行引张性质，总体倾向南东，倾角较缓，在25°～40°之间；控制走向长度约280m，控制倾向长度288m，向深部未封闭。矿体厚度0.9～24.42m，平均厚度17.60m，厚度变化系数93%，厚度稳定程度属较稳定型；金品位1.42～8.89g/t，平均1.70g/t，品位变化系数42%，有用组分分布均匀程度属均匀型。

沙旺矿段S2-1矿体：走向25°，倾向115°，倾角18°～30°。控制走向长度近400m，宽度203m，矿体厚度1.05～3.40m，平均2.41m，厚度变化系数42%，厚度稳定程度属稳定型；金品位1.40～8.50g/t，平均4.43g/t，品位变化系数为54%，有用组分分布均匀程度属均匀型。

后夼矿段H5号矿体：走向45°，倾向135°，倾角12°～30°。控制走向长度近596.6m，斜深337.4m。矿体厚度0.8～4.8m，平均1.75m，厚度变化系数114%，厚度稳定程度属较稳定型；金品位1.06～

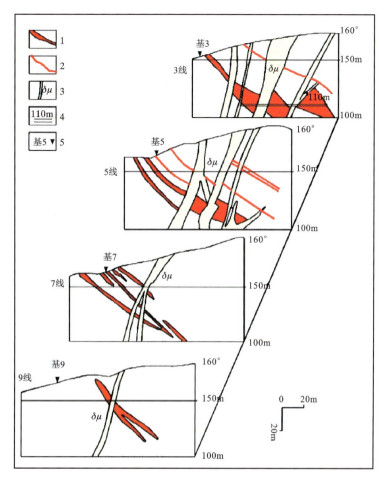

1.金矿体;2.断层;3.闪长玢岩脉;4.标高;5.基点位置及编号。

图 2-9　土堆矿段 T2 号矿体联合剖面图(据李大兜等,2017)

49.61g/t,平均 3.62g/t,品位变化系数 273%,有用组分分布均匀程度属不均匀型。

3. 矿石特征

矿石中金银系列矿物主要为自然金,银金矿微量,主要金属硫化物为黄铁矿、磁黄铁矿、黄铜矿,少量方铅矿、闪锌矿等,金属氧化物主要为少量的磁铁矿。脉石矿物主要为钾长石、斜长石、石英、绿帘石、绢云母、白云石、透辉石、高岭土及锆石。

矿石结构主要为自形—半自形粒状结构、他形粒状结构、溶蚀结构、交代残余结构、碎裂状结构、骸晶结构等。矿石构造以细脉状、网脉状、浸染状构造为主,其次为团块状、斑块状、斑点状、星点状、星散状、块状等构造。

矿石工业类型属低硫化物型金矿石;矿石自然类型主要为硫化物原生矿石,仅极个别工程见有氧化矿石,按照其矿物成分和结构构造特征划分为 5 种类型,分别为细脉状-浸染状黄铁矿化二长花岗岩型矿石、浸染状黄铁绢英岩化花岗质碎裂岩型矿石、浸染状-团块状黄铁矿化变粒岩型矿石、块状-团块状黄铁矿化大理岩型矿石、团块状黄铁矿化碳酸盐岩脉型矿石(图 2-10)。

4. 共伴生矿产评价

矿石主要有益组分除金以外,还有银、铜、铅、锌、硫等元素,伴生有益组分为硫,平均含硫 4.31%,其余组分含量尚未达到综合利用要求。有害元素砷含量$<1.0\times10^{-4}$,小于 0.2% 的评价标准,不会对

图 2-10 矿石自然类型特征

（上排左起）黄铁矿化二长花岗岩；黄铁绢英岩化花岗质碎裂岩
（中排左起）黄铁矿化变粒岩；黄铁矿化大理岩
（下排左起）黄铁矿化碳酸盐岩脉；黄铁矿化碳酸盐岩脉

选冶产生影响。

5. 矿体围岩和夹石

矿体围岩以大理岩和二长花岗岩为主，其次为斜长角闪岩、变粒岩及早期侵入的闪长玢岩等。矿体无夹石。

6. 成因模式

三叠纪末,华北与华南克拉通碰撞,沂沭断裂初步形成。晚侏罗世末—白垩纪早期,在伊泽奈崎板块南东向北西方向高速俯冲作用下,沂沭断裂带第二次发生了左行走滑活动(128Ma左右),由先前压扭性向引张环境转变,由此引发了大规模的壳幔混合花岗岩侵入,同时还伴随着壳幔混合脉岩的密集侵位;在太平洋板块向欧亚板块俯冲以及沂沭断裂带强烈活动的影响下,形成了胶莱盆地。

早白垩世(130~120Ma),少量来自壳幔混合岩浆房里的中基性岩浆发生侵位,随后(120~117Ma)由壳幔混合岩浆房里的混合岩浆演化形成的成矿热液携带大量来自地幔的金上升运移,到达地表浅处时接收了大气降水的混入,成矿流体运移至断裂构造中因为温度压力的降低而卸载成矿。

金矿体赋存于古元古代荆山群和牧牛山岩体中,根据岩石地球化学分析,古元古代沉积的荆山群成岩年龄介于2485~1906Ma之间,牧牛山岩体侵位结晶成岩年龄为(2105±26)Ma,对金矿成矿作用不大。根据同位素年龄显示,成矿作用集中在(119±10)Ma。矿床成因为岩浆期后中低温热液构造蚀变岩型金矿。

7. 矿床系列标本简述

本次标本采自鑫泰矿床巷道、矿石堆及渣石堆,采集标本13块,岩性分别为黄铁矿化大理岩、黄铁矿化花岗岩、黄铁矿化斜长角闪岩、黄铁绢英岩、黄铁矿化闪长玢岩、斜长角闪岩、角闪二长片麻岩、斜长角闪岩、白色大理岩、红色大理岩、蚀变闪长岩、黑云斜长片麻岩和黑云闪长玢岩(表2-3),较全面地采集了鑫泰金矿的矿石和围岩标本。

表2-3 鑫泰金矿采集标本一览表

序号	标本编号	光/薄片编号	标本名称	标本类型
1	XT-B1	XT-g1/XT-b1	黄铁矿化大理岩	矿石
2	XT-B2	XT-g2/XT-b2	黄铁矿化花岗岩	矿石
3	XT-B3	XT-g3/XT-b3	黄铁矿化斜长角闪岩	矿石
4	XT-B4	XT-g4/XT-b4	黄铁绢英岩	矿石
5	XT-B5	XT-g5/XT-b5	黄铁矿化闪长玢岩	围岩
6	XT-B6	XT-b6	斜长角闪岩	围岩
7	XT-B7	XT-b7	角闪二长片麻岩	围岩
8	XT-B8	XT-b8	斜长角闪岩	围岩
9	XT-B9	XT-b9	白色大理岩	围岩
10	XTB10	XT-b10	红色大理岩	围岩
11	XT-B11	XT-b11	蚀变闪长岩	围岩
12	XT-B12	XT-b12	黑云斜长片麻岩	围岩
13	XT-B13	XT-b13	黑云闪长玢岩	围岩

注:XT-B代表鑫泰金矿标本,XT-g代表该标本光片编号,XT-b代表该标本薄片编号。

8. 图版

（1）标本照片及其特征描述

XT-B1

黄铁矿化大理岩。岩石呈灰黑色，块状构造。主要成分为碳酸盐矿物和金属矿物。碳酸盐矿物：灰色，小刀刻划有划痕，表面滴稀盐酸冒泡；碳酸盐矿物粒径<1.0mm，含量约80%。金属矿物：多以集合体形式产出，浅黄色，自形程度较好，金属光泽，粒度不均，粒径较小者<1.0mm，粒径大者1.0~2.0mm，含量约20%。

XT-B2

黄铁矿化花岗岩。岩石呈灰色，块状构造。主要成分为石英、钾长石、斜长石和金属矿物。石英：无色，粒状，自形程度差，无解理，粒径<1.0mm，含量约50%。钾长石：肉红色，多成粒状集合体，无解理，粒径<1.0mm，含量约20%。斜长石：灰白色，自形程度好者呈板状，无解理，粒径<1.0mm，含量约20%。金属矿物：多以集合体形式产出，浅黄色，金属光泽，自形程度较好，粒径1.0~2.0mm，含量约10%。

XT-B3

斜长角闪岩。岩石呈灰黑色，块状构造。主要成分为普通角闪石、斜长石、石英和金属矿物。普通角闪石：黑绿色，自形程度好者呈柱状，粒径<1.0mm，含量约70%。斜长石：灰白色，自形程度好者呈板状，无解理，粒径<1.0mm，含量约30%。石英：无色，粒状，自形程度差，无解理，粒径<1.0mm，含量较少。金属矿物：浅黄色，金属光泽，晶形较好者粒径约1.0mm，零星分布的金属矿物粒径较小，含量约3%。

第二章 与新元古代及中生代燕山期花岗岩有关的岩浆-热液型金矿床

XT-B4

黄铁绢英岩。岩石呈灰色,块状构造。主要成分为绢云母、石英和金属矿物。绢云母:无色,鳞片状,丝绢光泽,片径<1.0mm,含量约60%。石英:无色,粒状,自形程度差,无解理,粒径<1.0mm,含量约30%。金属矿物:浅黄色,金属光泽,多以集合体形式产出,晶形较好者粒径1.0～2.0mm,零星分布的金属矿物粒径较小,含量约10%～15%。

XT-B5

闪长玢岩。岩石呈灰黑色,斑状结构,块状构造。主要成分为普通角闪石、斜长石和金属矿物。普通角闪石:黑绿色,多为集合体形式,是斑晶的主要成分,粒径<1.0mm,含量约15%。斜长石:灰白色,分布在普通角闪石斑晶周围,粒径<1.0mm,含量约10%。基质中矿物细小难以分辨。金属矿物:浅黄色,金属光泽,多聚集在斑晶周围,基质中也有细小颗粒产出,斑晶周围的金属矿物粒径0.5～1.0mm,零星分布的金属矿物粒径较小,含量3%～5%。

XT-B6

斜长角闪岩。岩石为灰黑色,整体呈弱条带状构造。主要成分为斜长石、普通角闪石、黑云母和金属矿物。斜长石:灰白色,粒状,粒径<1.0mm,含量约50%。普通角闪石:黑绿色,柱状,粒径<1.0mm,含量约35%。黑云母:黑色,片状,含量约10%。金属矿物:浅黄色,粒状,金属光泽,粒径<1.0mm,含量约5%。

XT-B7

角闪二长片麻岩。岩石呈带肉红色的灰绿色,柱状粒状变晶结构,片麻状构造。主要成分为石英、普通角闪石、斜长石和钾长石。石英:灰白色,他形粒状,玻璃光泽,粒径<1.0mm,含量约40%。普通角闪石:黑绿色,半自形柱状,玻璃光泽,粒径<1.0mm,含量约25%。斜长石:灰白色,半自形粒状,白色条痕,玻璃光泽,粒径<1.0mm,含量约20%。钾长石:肉红色,半自形粒状,白色条痕,玻璃光泽,粒径<1.0mm,含量约15%。

XT-B8

斜长角闪岩。岩石呈黑绿色,半自形粒状柱状变晶结构,块状构造。主要成分为普通角闪石和斜长石。普通角闪石:黑绿色,半自形柱状,玻璃光泽,粒径<2.0mm,含量约70%。斜长石:灰白色,半自形粒状,白色条痕,玻璃光泽,粒径<1.0mm,含量约30%。

XT-B9

白色大理岩。岩石呈白色,半自形粒状变晶结构,块状构造。主要成分为方解石。方解石:白色,半自形粒状,玻璃光泽,粒径<1.0mm,含量>99%。

XT-B10

红色大理岩。岩石呈红色,半自形粒状变晶结构,块状构造。主要成分为方解石和石英。方解石:浅红色,半自形粒状,玻璃光泽,粒径<2.0mm,含量约85%。石英:灰白色,他形粒状,玻璃光泽,粒径<1.0mm,含量约15%。

XT-B11

蚀变闪长岩。岩石呈浅灰绿色,半自形柱状、粒状结构,块状构造。主要成分为斜长石、普通角闪石和黑云母。斜长石:淡绿色,半自形粒状,白色条痕,玻璃光泽,粒径<1.0mm,含量约60%。普通角闪石:灰绿色,半自形柱状,玻璃光泽,粒径<1.0mm,含量约30%。黑云母:浅褐色,半自形片状,玻璃光泽,粒径<1.0mm,含量约10%。

XT-B12

黑云斜长片麻岩:岩石呈灰绿色,半自形片状粒状变晶结构,片麻状构造。主要成分为斜长石、石英和黑云母。斜长石:灰白色,半自形粒状,白色条痕,玻璃光泽,粒径<1.0mm,含量约55%。石英:灰白色,他形粒状,玻璃光泽,粒径<1.0mm,含量约25%。黑云母:褐黑色,半自形片状,玻璃光泽,呈不连续定向分布特征,粒径<1.0mm,含量约20%。

XT-B13

黑云闪长玢岩:岩石呈灰绿色,斑状结构,块状构造。岩石中斑晶含量约为65%,由斜长石、黑云母组成。斜长石:灰绿色,半自形粒状,白色条痕,玻璃光泽,粒径<2.0mm,含量约45%。黑云母:褐色,半自形片状,玻璃光泽,粒径<2.0mm,含量约25%。基质由斜长石和黑云母组成,粒径<0.2mm,含量约30%。

（2）标本镜下鉴定照片及特征描述

XT-g1

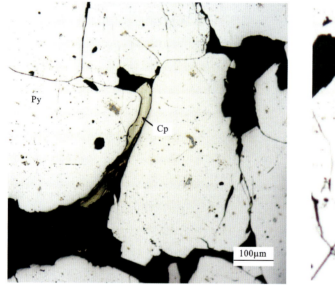

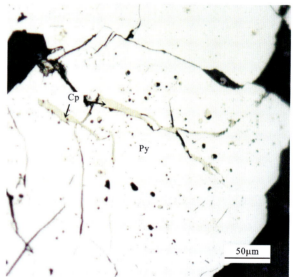

黄铁矿化大理岩。自形—半自形粒状结构。金属矿物为黄铁矿（Py）和黄铜矿（Cp）。黄铁矿：浅黄色，自形—半自形晶粒状，可见集合体，具有高反射率，硬度较高，不易磨光；黄铁矿中发育裂隙，裂隙中见黄铜矿；粒径0.3～1.5mm，多数0.8～1.2mm，含量90%～95%。黄铜矿：铜黄色，他形粒状，显均质性，较易磨光；黄铜矿颗粒多呈细小他形粒状零星分布；可见黄铜矿呈脉状交代黄铁矿；粒径0.1～0.2mm，含量较少。

矿石矿物生成顺序：黄铁矿→黄铜矿。

XT-g2

黄铁矿化花岗岩。自形—半自形粒状结构。金属矿物为黄铁矿(Py)。黄铁矿：浅黄色，自形—半自形晶粒状，可见集合体，具有高反射率，硬度较高，不易磨光；粒径多数1.0～2.0mm，少数可达3.0～4.0mm，也可见零星粒状黄铁矿，粒径0.2～0.5mm，含量90%～95%。

XT-g3

 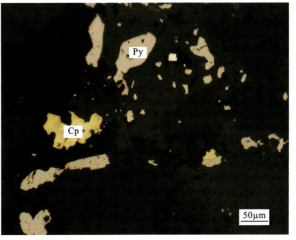

黄铁矿化斜长角闪岩。自形—半自形粒状结构。金属矿物为黄铁矿(Py)和黄铜矿(Cp)。黄铁矿：浅黄色，自形—半自形晶粒状，也可见他形粒状零星分布，多以集合体形式产出；具有高反射率，硬度较高，不易磨光；晶形较好者粒径0.5～1.0mm，零星分布的他形粒状黄铁矿粒径约0.1mm，含量2%～3%。黄铜矿：铜黄色，他形粒状，显均质性，较易磨光；黄铜矿颗粒多呈细小他形粒状零星分布，粒径为0.05～0.1mm，含量较少。

矿石矿物生成顺序：黄铁矿→黄铜矿。

XT-g4

 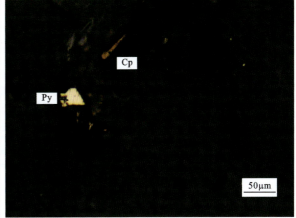

黄铁矿化石英脉。自形—半自形粒状结构。金属矿物为黄铁矿(Py)、黄铜矿(Cp)。黄铁矿：浅黄色，自形—半自形晶粒状，也可见他形粒状零星分布，多以集合体形式产出；具有高反射率，硬度较高，不易磨光；晶形较好者粒径 0.5～1.0mm，少数可达 2.0mm，零星分布的他形粒状黄铁矿粒径约 0.1mm，含量 10%～15%。黄铜矿：铜黄色，他形粒状，显均质性，较易磨光；黄铜矿颗粒多以脉状或球状交代黄铁矿，也可见呈细小他形粒状零星分布；粒径 0.05～0.1mm，含量较少。

矿石矿物生成顺序：黄铁矿→黄铜矿。

XT－g5

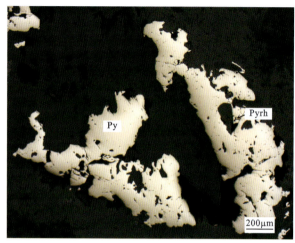
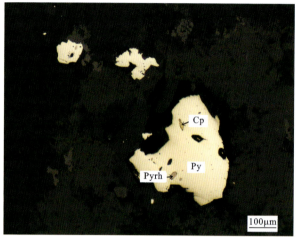

黄铁矿化闪长玢岩脉矿石。自形—半自形粒状结构。金属矿物为黄铁矿(Py)、磁黄铁矿(Pyrh)和黄铜矿(Cp)。黄铁矿：浅黄色，自形—半自形晶粒状，晶体较好者多以集合体形式聚集于斑晶处，也可见半自形—他形粒状零星分布；具有高反射率，硬度较高，不易磨光；晶形较好者粒径 0.5～1.0mm，零星分布的他形粒状黄铁矿粒径 0.1～0.3mm，含量 3%～5%。磁黄铁矿：乳黄色微带粉褐色，他形粒状，强非均质性，磨光性良好，多以乳滴状交代黄铁矿，也可见呈细小他形粒状零星分布；粒径 0.05～0.1mm，含量较少。黄铜矿：铜黄色，他形粒状，显均质性，较易磨光；黄铜矿颗粒多以乳滴状交代黄铁矿，也可见呈细小他形粒状零星分布；粒径 0.05～0.1mm，含量较少。

矿石矿物生成顺序：黄铁矿→磁黄铁矿、黄铜矿。

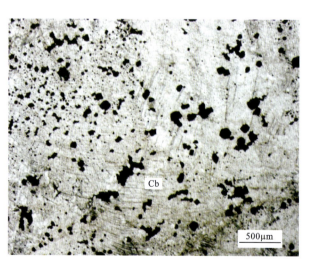

XT－b1

大理岩。粒状变晶结构。主要成分为粒状碳酸盐矿物(Cb)和金属矿物。碳酸盐矿物：无色，多呈自形—半自形粒状，见两组斜交解理，闪突起，高级白干涉色，未见双晶纹，粒径 0.2～0.6mm，含量 80%～85%。金属矿物：自形程度较好，粒度不均匀，粒径较小者 0.1～0.3mm，粒径大者可达 1.0～1.5mm。

XT－b2

花岗岩。中—细粒半自形粒状结构,花岗结构,蠕英结构。主要成分为石英(Qz)、钾长石(Kf)、斜长石(Pl)和金属矿物,金属矿物含量为10%～15%。岩石中斜长石自形程度较好,钾长石次之,他形石英填充于矿物颗粒之间形成花岗结构。可见蠕虫状石英穿插交生在钾长石中,呈蠕英结构。石英:无色,他形粒状,多呈浑圆状,表面光洁,干涉色最高为一级黄白;可见蠕虫状石英穿插交生在钾长石中;粒径一般0.2～0.5mm,含量45%～55%。钾长石:无色,半自形—他形板

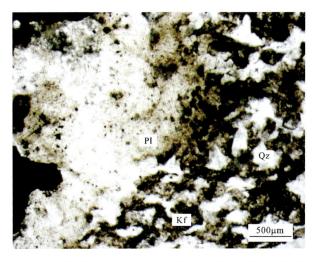

状,负低突起,最高干涉色为一级灰白;钾长石颗粒普遍发生泥化,致表面呈土褐色且浑浊不清,粒径0.2～0.6mm,含量15%～20%。斜长石:无色,多呈板状或粒状,负低突起,最高干涉色为一级灰白;斜长石颗粒普遍发生土化致表面浑浊,粒径0.2～0.5mm,粒径大者可达1.0～2.0mm,含量10%～15%。

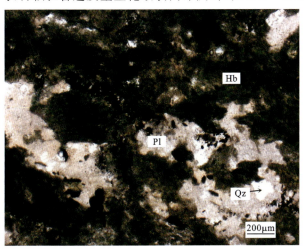

XT－b3

斜长角闪岩。岩石呈细粒柱状粒状变晶结构,净边结构。主要成分为普通角闪石(Hb)、斜长石(Pl)和石英(Qz),可见金属矿物,含量为2%～3%。岩石中普通角闪石呈弱定向排列。普通角闪石:深绿色,多色性明显,深绿色—浅绿色,半自形柱状,正中突起,最高干涉色达二级中部,但受其自身颜色干扰严重;斜消光;可见解理但未见角闪石式解理;普通角闪石多蚀变为绿泥石;粒径0.2～0.6mm,含量55%～65%。斜长石:无色,多为半自形—他形粒状,负低突起,最高干涉色为一级灰白;斜长石颗粒普遍发生绢云母化和碳酸盐化致表面浑浊,粒径0.2～0.6mm,含量25%～35%。石英:无色,他形粒状,表面光洁,干涉色最高为一级黄白;粒径一般0.1～0.2mm,含量较少。

XT－b4

黄铁绢英岩。岩石具细粒粒状片状变晶结构,交代假象结构,交代残余结构。主要成分为绢云母(Ser)、石英(Qz)和金属矿物,此外,可见斜长石为交代残余产物,仍可见斜长石聚片双晶。绢云母取代斜长石并具斜长石假象,形成交代假象结构,斜长石未完全交代时,形成交代残余结构。绢云母:无色,细小鳞片状,以集合体形式产出;干涉色鲜艳,可达二级至三级。绢云母为斜长石的交代蚀变产物,绢云母仍保持斜长石晶形特征,形成交代假象结构;粒度极细,含量50%～60%。石英:无色,他形

粒状,表面光洁,干涉色最高为一级黄白;粒径一般0.1～0.4mm,含量25%～35%。

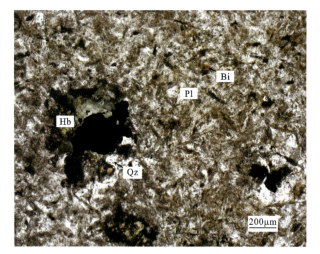

XT-b5

闪长玢岩。岩石具斑状结构，聚斑结构，基质为显微晶质结构。主要成分为斜长石（Pl）、普通角闪石（Hb）、黑云母（Bi）、金属矿物和石英（Qz）。斑晶为普通角闪石，数个普通角闪石斑晶聚集在一起形成聚斑结构。斑晶主要为普通角闪石。斜长石：无色，半自形—他形粒状，正低突起；干涉色最高为一级灰白，可见聚片双晶，表面多发生土化，粒径0.1mm，含量50%～60%。普通角闪石：多呈黄绿色，以半自形粒状为主，多色性明显，未见两组斜交解理，干涉色最高为二级黄，多发生绿泥石化，见聚斑结构，粒径0.4～0.6mm，含量10%～20%。基质主要由斜长石、黑云母、普通角闪石和石英组成。黑云母：褐色，半自形片状，褐—黄多色性明显；发育闪突起，干涉色多被自身颜色所掩盖；可见一组极完全解理，片径0.1～0.2mm，含量10%～15%。普通角闪石：多呈绿色，多色性明显；以他形粒状为主，多数未见两组斜交解理；干涉色最高为二级黄，粒径约0.1mm，含量约5%。金属矿物：呈半自形粒状，聚集在斑晶附近的金属矿物粒度较大，可达0.5mm，基质中金属矿物粒度较小，含量3%～5%。石英：无色，半自形—他形粒状，多分布于斑晶周边，表面光洁；干涉色最高为一级黄白，粒度较小，多数<0.1mm，含量较少。

XT-b6

斜长角闪岩。岩石具变余斑状结构，斑晶具交代残余结构，交代假象结构，基质为细粒柱状、粒状变晶结构。主要成分为斜长石（Pl）、普通角闪石（Hb）、黑云母（Bi）、金属矿物和石英（Qz）。变余斑晶为斜长石和普通角闪石。斜长石：无色，呈自形板状，正低突起，干涉色最高为一级灰白，可见聚片双晶，多数斜长石斑晶发生绢云母化和碳酸盐化，形成交代假象结构，未完全变化者为交代残余结构，多数粒径1.0～1.5mm，少数0.6～0.8mm，含量5%～10%。普通角闪石：黄绿色，半自形粒状，多色性明显，干涉色最高为二级黄；未见两组斜交解理；边缘发生绿泥石化，粒径0.8～

1.0mm，含量较少。基质主要由斜长石、普通角闪石、黑云母、金属矿物和石英组成。斜长石：无色，呈半自形—他形粒状，正低突起，干涉色最高为一级灰白，可见聚片双晶，粒径0.1～0.2mm，含量40%～45%。普通角闪石：多呈绿色，以他形柱状或粒状为主，多色性明显，干涉色最高为二级黄，多数未见两组斜交解理，粒径0.1～0.3mm，含量20%～25%。黑云母：褐色，半自形片状，褐—黄多色性明显，闪突起，干涉色多被自身颜色所掩盖，可见一组极完全解理，片径为0.1～0.3mm，含量15%～20%。金属矿物：细小半自形粒状，粒径0.01～0.02mm，含量约3%。石英：无色，半自形—他形粒状，表面光洁，干涉色最高为一级黄白，粒度较小，多数<0.1mm，含量较少。

XT-b7

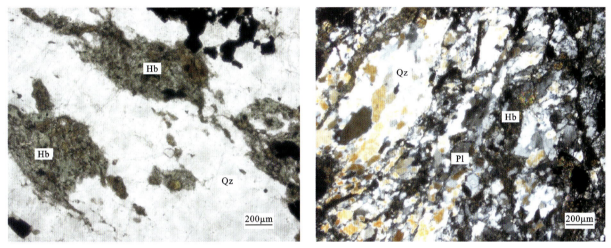

角闪二长片麻岩。柱状粒状变晶结构。主要成分为石英（Qz）、斜长石（Pl）、普通角闪石（Hb）、钾长石（Kf）和金属矿物。石英：无色，半自形—他形粒状，一级黄白干涉色，表面光洁，见有波状消光现象，常以集合体形式呈条带状分布，粒径 0.2～1.0mm，含量 40%～45%。斜长石：无色，半自形粒状，见有较细密的聚片双晶，局部具绢云母化、绿帘石（Ep）化蚀变，一级灰白干涉色，粒径 0.4～1.2mm，含量 20%～25%。普通角闪石：深绿色，半自形柱状、粒状，具绿泥石化、绿帘石化、碳酸盐化蚀变，表面常见金属矿物分布，呈不连续定向分布特征，粒径 0.4～1.2mm，含量 20%～25%。钾长石：无色，半自形粒状，一级灰白干涉色，具轻微土化蚀变，常分布于斜长石之间，粒径 0.4～1.0mm，最大可达 6.0mm，含量 10%～15%。金属矿物：黑色，半自形—他形粒状，常常分布于角闪石周围，粒径 0.02～0.20mm，含量 <2%。

XT－b8

　　斜长角闪岩。半自形粒状柱状变晶结构。主要成分为普通角闪石(Hb)、斜长石(Pl)、石英(Qz)和方解石(Cal)。普通角闪石：深绿色，半自形柱状、粒状，具闪石式解理，多色性显著，干涉色可达二级蓝绿，粒径0.4～1.6mm，含量65%～70%。斜长石：无色，他形粒状，一级灰白干涉色，表面轻微绢云母化，分布于普通角闪石之间，粒径0.4～0.8mm，含量10%～15%。石英：无色，他形粒状，一级黄白干涉色，表面光洁，分布于普通角闪石之间，粒径0.2～0.6mm，含量8%～10%。方解石：无色，半自形粒状，闪突起明显，高级白干涉色，分布于普通角闪石之间，粒径0.4～1.0mm，含量7%～10%。

XT－b9

　　白色大理岩。半自形粒状变晶结构。主要成分为方解石(Cal)、石英(Qz)和金属矿物。方解石：无色，半自形粒状，闪突起明显，高级白干涉色，颗粒之间紧密镶嵌在一起，粒径0.4～1.0mm，含量＞95%。石英：无色，他形粒状，一级黄白干涉色，表面光洁，多呈脉状分布，粒径0.05～0.2mm，含量＜5%。金属矿物：黑色，半自形粒状，零星可见，粒径0.05～0.15mm，含量较少。

XT－b10

　　红色大理岩。半自形粒状变晶结构。主要成分为方解石(Cal)、石英(Qz)、斜长石(Pl)。方解石：无色，半自形粒状，闪突起明显，高级白干涉色，颗粒之间紧密镶嵌在一起，粒径0.4～2.0mm，含量80%～90%。石英：无色，他形粒状，一级黄白干涉色，表面光洁，零星分布于方解石之间，粒径0.2～0.6mm，含量5%～10%。斜长石：无色，他形粒状，见有较细密的聚片双晶，一级灰白干涉色，零星分布于方解石之间，粒径0.2～0.6mm，含量5%左右。

XT-b11

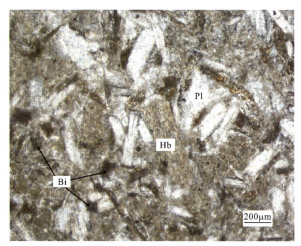

蚀变闪长岩。半自形柱状粒状变晶结构。主要成分为斜长石(Pl)、普通角闪石(Hb)和黑云母(Bi)。斜长石：无色，半自形板状、粒状，隐约可见聚片双晶，一级灰白干涉色，多数具强绢云母化蚀变，粒径一般为0.4~1.0mm，含量55%~60%。普通角闪石：半自形柱状，已完全碳酸盐化，仅根据晶形判断其矿物成分，粒径0.4~1.0mm，含量25%~30%。黑云母：浅褐色，半自形片状，发育较强碳酸盐化蚀变，干涉色可达三级，粒径0.2~0.6mm，含量10%~15%。镜下可见多条方解石(Cal)细脉穿插分布。

XT-b12

黑云斜长片麻岩。半自形片状粒状变晶结构。主要成分为斜长石(Pl)、石英(Qz)、黑云母(Bi)和金属矿物。斜长石：无色，半自形粒状，聚片双晶发育，一级灰白干涉色，粒径0.2~1.0mm，含量50%~55%。石英：无色，他形粒状，一级黄白干涉色，表面光洁，粒径0.1~0.6mm，含量20%~25%。黑云母：深褐色，半自形片状，可见一组完全解理，干涉色受其自身颜色影响而不明显，呈不连续定向—半定向分布，粒径0.4~0.6mm，含量20%~25%。金属矿物：黑色，他形粒状，常分布于黑云母周围，粒径0.05~0.20mm，含量较少。

XT-b13

黑云闪长玢岩。斑状结构，基质为显微晶质结构。斑晶含量60%~70%，主要为斜长石(Pl)、黑云母(Bi)，粒径0.4~2.4mm。斜长石：无色，半自形板状，正低突起，聚片双晶发育，一级灰白干涉色，具轻微绢云母化蚀变，粒径0.4~2.4mm，含量40%~45%。黑云母：褐色，半自形片状，褐黄色—浅黄色多色性明显，平行消光，干涉色受自身颜色影响而不明显，粒径0.4~1.6mm，含量20%~25%。基质含量30%~40%，主要为板条状的斜长石(25%~35%)、黑云母(5%左右)和少量的金属矿物形成的显微晶质结构，粒度<0.2mm。金属矿物：黑色，他形粒状，较均匀分布于基质中，粒径0.02~0.10mm，含量较少。

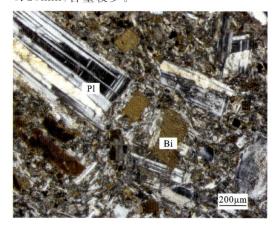

四、沂水龙泉站金矿

龙泉站金矿位于临沂市沂水县南15km处,行政区划隶属沂水县许家湖镇和沂南县苏村镇。其大地构造位置位于华北板块(Ⅰ)鲁西隆起区(Ⅱ)沂沭断裂带(Ⅲ)中段,跨汞丹山断隆和马站-苏村断陷两个Ⅳ级构造单元,位于汞丹山凸起(Ⅴ)和苏村凹陷(Ⅴ)交界部位。沂水龙泉站金矿床包括快堡矿段、夏家小河矿段和龙泉站矿段。矿区累计查明金金属量约5.5t,矿床规模属中型。

1. 矿区地质特征

区内出露地层为第四系和中生代白垩纪大盛群马朗沟组,钻孔揭露隐伏中太古代沂水岩群林家官庄岩组。其中林家官庄岩组斜长角闪岩受沂沭断裂带影响强烈,多发生构造变形与破碎,见有碎裂岩化、糜棱岩化现象。

区内北北东向断裂是主干断裂,亦是赋矿构造,以沂水-汤头断裂(F3)为主,在主断面下盘发育构造蚀变带,岩性以绿泥石化碎裂岩、糜棱岩质碎裂岩和花岗质碎裂岩为主,普遍发育绿泥石化、绢云母化、硅化、碳酸盐化和黄铁矿化、黄铜矿化现象,但矿化和蚀变不均匀(图2-11)。

区内岩浆岩为新太古代早期泰山序列望府山单元片麻状条带状细粒含黑云英云闪长岩,晚期傲徕山序列条花峪单元二长花岗岩,中生代岩脉零星穿插其中。

2. 矿体特征

龙泉站矿区共划为东北部的快堡矿段、东南部的夏家小河矿段和西部的龙泉站矿段3个矿段,它们均分布于沂水-汤头主断裂面附近。其中快堡矿段和夏家小河矿段矿体赋存较浅,可见露头,两者自北向南沿主断裂面分布;龙泉站矿段位于西南侧,为该矿床深部延伸,均为盲矿体。

矿床共圈定36个矿体,其中快堡矿段22个,南部夏家小河矿段6个,龙泉站矿段共发现8个矿体。主要矿体为快堡矿段的KⅠ-3、KⅠ-1号金矿体,夏家小河矿段Ⅻ号金矿体和龙泉站矿段的Ⅰ号金矿体。

主矿体特征详见表2-4,图2-12。

表2-4 龙泉站矿区主矿体特征一览表

矿体编号	走向长度/m	倾向延深/m	产状/(°) 倾向	产状/(°) 倾角	平均厚度/m	品位/(g/t)	变化系数/% 厚度	变化系数/% 品位
KⅠ-3	700	250	290	浅部48~62,深部22~45	1.96	2.41	120	118
KⅠ-1	320	84	290	地表58,深部32~41	1.76	3.75	50	135
Ⅰ	237	78~227	290	40~45	2.99	1.92	117.3	59.9
Ⅻ	1071	93	280	30~34	0.56~7.75	2.29	86	38.25

3. 矿石特征

矿石主要金属矿物为黄铁矿,次要矿物有黄铜矿、方铅矿、闪锌矿等。主要非金属矿物为绿泥石、斜长石、石英等,次要矿物为普通角闪石、方解石等。其中黄铁矿为主要载金矿物。

矿石结构为粒状结构、碎裂结构、包含结构等。矿石构造主要为脉状构造、浸染状构造。

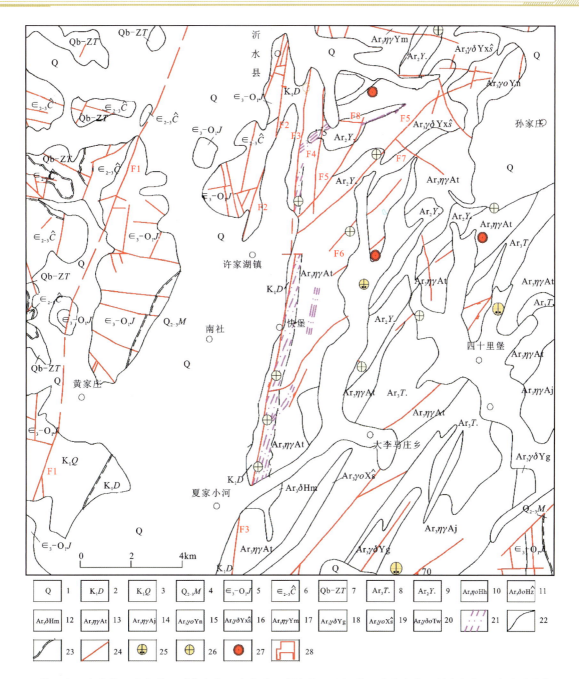

1.第四系;2.大盛群;3.青山群;4.马家沟群;5.九龙群;6.长清群;7.土门群;8.泰山岩群;9.沂水岩群;10.何家砚疃单元;11.中天门单元;12.马家洼子单元;13.条花峪单元;14.蒋峪单元;15.牛心官庄单元;16.雪山单元;17.马山单元;18.龟蒙顶单元;19.上港单元;20.望府山单元;21.糜棱岩带;22.地质界线;23.平行不整合界线;24.断层;25.砂金矿点;26.岩金矿点;27.铁矿点;28.探矿权范围。F1.郯鄩-葛沟断裂;F2.十里堡断裂;F3.沂水-汤头断裂;F4.安子沟断裂;F5.兵房岭-大山断裂带;F6.严家官庄断裂带;F7.北小尧-唐家河断裂带;F8.上里庄-前晏家铺断裂带。

图2-11 龙泉站金矿构造简图(据张鼎等,2020)

金矿石自然类型为黄铁矿化绿泥石化碎裂岩型、黄铁矿化糜棱岩型、黄铁矿化花岗岩(英云闪长岩)型。金矿石工业类型属低硫型金矿石。

4. 共伴生矿产评价

矿床主矿产为金,共生矿产为铜。金矿体中银达到伴生标准,可进行综合回收利用。

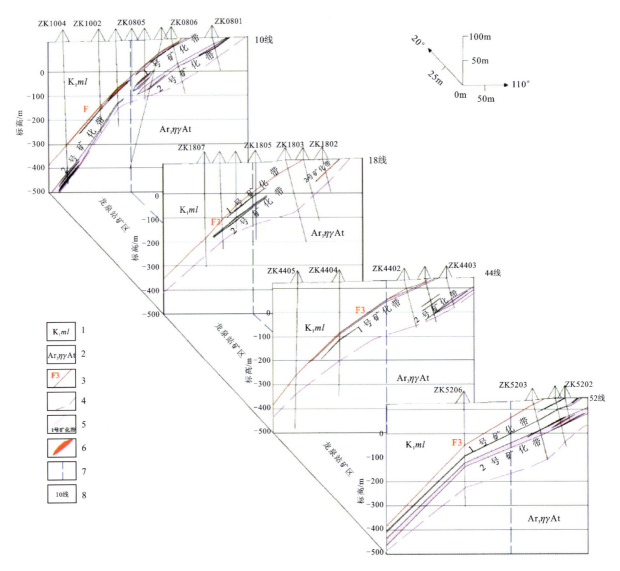

1.马朗沟组;2.条花峪单元;3.沂水-汤头断裂;4.蚀变带与围岩分界线;5.矿化带位置及编号;6.矿体位置;7.探矿权边界线;8.勘探线编号。

图2-12 龙泉站金矿10线~52线联合剖面示意图(据张鼎等,2020)

5.矿体围岩和夹石

矿体顶底板围岩主要为绿泥石化碎裂岩、绿泥石化碎裂状花岗岩。

金矿体中Ⅰ号矿体中见有夹石。

6.成因模式

金矿床产于沂水-汤头断裂主裂面下盘的花岗质碎裂岩、糜棱岩化碎裂岩中,碎裂岩的形成时代与中生代沂水-汤头断裂的强烈活动时间相一致。

钻探工程显示,主断裂面在埋深330m以下时,构造上盘马朗沟组泥岩中见有构造角砾岩,同时在泥晶灰岩中多见有石膏细脉,局部裂隙中充填有黄铁矿,证明中生代沂水-汤头断裂在白垩纪仍在强烈活动。

根据前人研究资料,应用高精度的黄铁矿Rb-Sr年代学对金矿石中的黄铁矿进行年龄测定,其蚀变成矿年龄为(96±2)Ma；K-Ar法对金矿石中的钾长石矿物进行测定,其蚀变成矿年龄为141～94Ma。金矿床的主成矿期应为中生代晚白垩世。主要成因为中生代中低温岩浆期后热液蚀变岩型金矿。

区内金矿的成矿作用归纳为：来自地球深部、以气态为主的成矿物质,搭载着中生代花岗质岩浆,上侵至地壳浅部,并在岩浆冷凝过程中逐步进入流体相。早期成矿流体为中高温(260～330℃,最高可达500℃)、中等盐度(8.5%～12.39%)的岩浆流体；晚期为125～160℃、低盐度(3.5%～6.5%)的岩浆水与天水混合的流体。主成矿期温度可能为205～260℃(取自钻孔ZK5202孔深119m处矿体附近的Sly-23号样,28个方解石包裹体均一温度平均值为225.6℃)。由于沂沭断裂带为相对开放系统,矿液以渗流作用较快速上移,形成包体较小、流体类型较简单(以$NaCl-H_2O$型为主,未发现CO_2型)等具有鲁西特征的包裹体。

7. 矿床系列标本简述

本次标本采自龙泉站矿区钻孔岩芯,采集标本5块,岩性分别为绿泥石化碳酸盐化碎裂岩、黄铁矿化碳酸盐化花岗质碎裂岩、黄铁矿化绿泥石化长英质糜棱岩、绿泥石化钾化花岗岩和红棕色泥质长石石英粉砂岩(表2-5),较全面地采集了龙泉站金矿的矿石和围岩标本。

表2-5 龙泉站金矿采集标本一览表

序号	标本编号	光/薄片编号	标本名称	标本类型
1	LQZ-B1	LQZ-g1/LQZ-b1	绿泥石化碳酸盐化碎裂岩	矿石
2	LQZ-B2	LQZ-g2/LQZ-b2	黄铁矿化碳酸盐化花岗质碎裂岩	矿石
3	LQZ-B3	LQZ-g3/LQZ-b3	黄铁矿化绿泥石化长英质糜棱岩	矿石
4	LQZ-B4	LQZ-b4	绿泥石化钾化花岗岩	围岩
5	LQZ-B5	LQZ-b5	红棕色泥质长石石英粉砂岩	围岩

注：LQZ-B代表龙泉站金矿标本,LQZ-g代表该标本光片编号,LQZ-b代表标本薄片编号。

8. 图版

(1)标本照片及其特征描述

LQZ-B1

绿泥石化碳酸盐化碎裂岩。岩石新鲜面呈灰绿色,碎裂结构,块状构造。主要成分为石英、斜长石、方解石,可见绿泥石化蚀变。石英：无色,他形粒状,油脂光泽,粒径<1.0mm,含量约30%。斜长石：无色,半自形板状,粒径<1.0mm,含量约25%。方解石：无色,自形晶粒状,菱形解理发育,粒径1.0～1.5mm,含量约15%。绿泥石：灰绿色,细小鳞片状,粒径<1.0mm,含量约30%。

LQZ－B2

黄铁矿化碳酸盐化花岗质碎裂岩。岩石呈灰白色，碎裂结构，块状构造。主要成分为石英、斜长石、钾长石、黑云母及方解石；可见黄铁矿颗粒发育。石英：灰白色，他形粒状，油脂光泽，粒径<1.0mm，含量约25%。斜长石：灰白色，半自形柱状，粒径<1.0mm，含量约20%。钾长石：肉红色，他形粒状，粒径为1.0～2.0mm，含量约25%。黑云母：褐色—灰绿色，他形片状，多发生绿泥石化蚀变，粒径<1.0mm，含量约15%。方解石：灰白色，半自形粒状，玻璃光泽，粒径<1.0mm，含量约10%。黄铁矿：浅铜黄色，自形—半自形晶粒状结构，金属光泽，呈星点状分布，粒径<2.0mm，含量约5%。

LQZ－B3

黄铁矿化绿泥石化长英质糜棱岩。岩石呈灰绿色，条带状构造。岩石由碎斑和基质组成。碎斑主要为斜长石、石英。斜长石：灰白色，半自形柱状，粒径<1.0mm，含量约30%。石英：灰白色，他形粒状，油脂光泽，粒径<1.0mm，含量约15%。基质主要成分为细小的长石、石英、角闪石、云母等矿物，颗粒细小，大多<0.1mm，基质中绿泥石化蚀变较为发育，基质含量约55%。

LQZ－B4

绿泥石化钾化花岗岩。岩石新鲜面呈浅肉红色—浅灰绿色，粒状变晶结构，块状构造。主要成分为石英、钾长石、斜长石、黑云母，可见少量黄铁矿，钾长石多见绢云母化。石英：可见自形晶，呈油脂光泽，颗粒较为细小，粒径<1.0mm，含量约35%。钾长石为肉红色，斜长石为灰白色，二者粒径均<1.0mm，含量分别为40%、15%。黑云母：褐色，他形片状，多发生绿泥石化蚀变，粒径<1.0mm，含量约10%。黄铁矿：星点状分布于岩石中，具强金属光泽，粒径<1.0mm，含量较少。

LQZ - B5

红棕色泥质长石石英粉砂岩。岩石呈红褐色,新鲜面呈红棕色,粉砂结构,块状构造。主要成分为斜长石及石英,其次为黏土矿物。斜长石:灰白色,他形粒状及粉砂状,粒径<0.1mm,含量约40%。石英:无色,他形粒状及粉砂状,粒径<0.1mm,含量约30%。黏土矿物呈粉砂状及泥状,颗粒细小,含量约30%。

(2)标本镜下鉴定照片及特征描述

LQZ - g1

绿泥石化碳酸盐化碎裂岩。自形—半自形粒状结构。金属矿物为黄铁矿(Py)、闪锌矿(Sph)。黄铁矿:浅黄色,自形—半自形晶粒状,具有高反射率,硬度较高,不易磨光;黄铁矿颗粒多较为分散,可见透明矿物交代黄铁矿颗粒,呈交代残余结构;粒径0.2~1.2mm,含量约5%。闪锌矿:灰色,呈不规则粒状,显均质性,易磨光,具黄褐色内反射色,交代黄铁矿颗粒,呈交代残余结构;粒径0.1~0.2mm。

矿石矿物生成顺序:黄铁矿→闪锌矿。

LQZ - g2

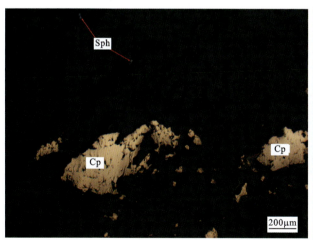
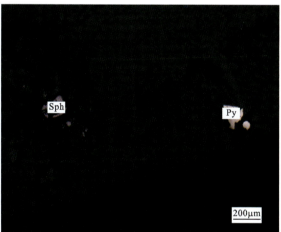

黄铁矿化碳酸盐化花岗质碎裂岩。自形—半自形粒状结构。金属矿物为黄铜矿(Cp)、闪锌矿(Sph)、黄铁矿(Py)。黄铜矿:铜黄色,他形粒状,也可见半自形粒状颗粒,显均质性,较易磨光;黄铜矿颗粒多呈细小他形粒状零星分布,可见黄铜矿交代透明矿物;粒径0.2~0.4mm,含量约5%。闪锌矿:灰色,呈不规则粒状,显均质性,易磨光,具黄褐色内反射色,可见透明矿物交代闪锌矿,呈交代残余结构;粒径0.05~0.2mm,含量约1%。黄铁矿:浅黄色,半自形晶粒状,具有高反射率,硬度较高,不易磨光;黄铁矿颗粒呈星点状分布,可见透明矿物交代黄铁矿颗粒,呈交代残余结构;粒径0.1~0.2mm,含量较少。

矿石矿物生成顺序:黄铁矿、闪锌矿→黄铜矿。

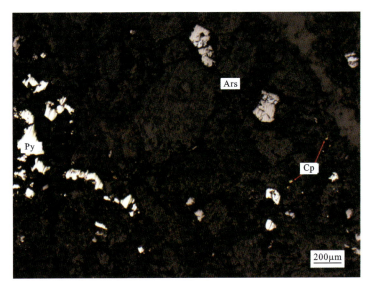

LQZ-g3

绿泥石化长英质糜棱岩。自形—半自形粒状结构。金属矿物为毒砂(Ars)、黄铁矿(Py)和黄铜矿(Cp)。毒砂：亮白色微带淡红色调，自形—半自形粒状，可见长柱状及自形粒状晶体；具弱多色性，强非均质性，易磨光，无内反射；为硫化物中形成较早的金属矿物，常见被黄铁矿及透明矿物交代；粒径 0.1~0.3mm，含量约 2%。黄铁矿：浅黄色，半自形晶粒状，具有高反射率，硬度较高，不易磨光；黄铁矿颗粒呈星点状分布，可见黄铜矿交代黄铁矿颗粒；粒径 0.1~0.2mm，含量约 1%。黄铜矿：铜黄色，他形粒状，显均质性，较易磨光；黄铜矿颗粒多呈细小他形粒状零星分布，可见黄铜矿交代黄铁矿颗粒；粒径 0.02~0.05mm，含量较少。

矿石矿物生成顺序：毒砂→黄铁矿→黄铜矿。

LQZ-b1

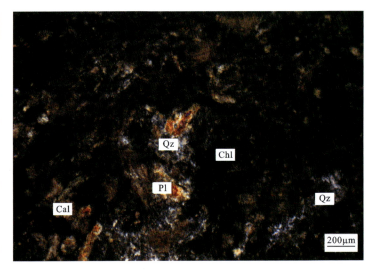

绿泥石化碳酸盐化碎裂岩。碎裂结构。主要成分为石英(Qz)、斜长石(Pl)、方解石(Cal)组成，可见绿泥石(Chl)化蚀变。岩石中矿物颗粒较为细小，斜长石及方解石具一定的破碎结构。石英：无色，他形粒状，正低突起，表面光洁，无解理，具波状消光现象，一级白干涉色；石英颗粒大多较为细小，粒径<0.1mm，含量 30%~35%。斜长石：无色，多呈他形，负低突起，一级灰白干涉色；斜长石颗粒多发生绿泥石化蚀变，部分保留长石晶形，呈交代残余结构，可见聚片双晶；粒径 0.2~0.4mm，含量 20%~25%。方解石：无色，不规则粒状，闪突起，高级白干涉色；可见菱形解理，也可见聚片双晶；粒径 0.2~0.4mm，含量 10%~15%。绿泥石：深绿色，呈鳞片状集合体，正低突起，可见明显多色性，干涉色为一级，可见异常干涉色；粒径 0.1~0.2mm，含量 15%~20%。金属矿物：自形—半自形粒状，显均质性，多具不规则破碎现象，矿物边缘呈不规则状，多数填充于透明矿物之间，粒径 0.1~0.4mm，据其晶形判断为黄铁矿，含量约 5%。

LQZ-b2

黄铁矿化碳酸盐化花岗质碎裂岩。碎裂结构、花岗结构。主要成分为石英(Qz)、钾长石(Kf)、斜长石(Pl)、黑云母(Bi)、方解石(Cal),黑云母多发生绿泥石(Chl)化蚀变。岩石中矿物颗粒大小不一,石英颗粒较为细小,其余较大,长石及方解石具一定的破碎结构。石英:无色,他形粒状,正低突起,表面光洁,无解理,具波状消光现象,一级白干涉色;石英颗粒大多较为细小,粒径约0.1mm,含量20%~25%。钾长石:无色,多呈他形,负低突起,一级灰白干涉色;钾长石可见绢云母化及高岭土化蚀变,部分颗粒具残留结构,可见聚片双晶,粒径0.4~0.8mm,含量20%~25%。斜长石:无色,多呈他形,负低突起,一级灰白干涉色;斜长石颗粒多发生黏土矿化,表面较为浑浊,呈土灰色,可见聚片双晶;粒径0.2~0.4mm,含量15%~20%。黑云母:褐绿色,多为长条片状,具明显的多色性,正中突起,可见一组极完全解理;正交偏光镜下干涉色较为鲜艳,多发生绿泥石化蚀变,可见绿泥石异常干涉色;粒径0.2~0.4mm,含量10%~15%。方解石:无色,不规则粒状,发育闪突起,高级白干涉色;可见菱形解理,也可见聚片双晶,局部可见方解石紧密镶嵌,形成脉状;粒径0.2~0.6mm,含量5%~10%。金属矿物:自形—半自形粒状,显均质性,多具不规则破碎现象,矿物边缘呈不规则状,多数填充于透明矿物之间,粒径0.1~0.4mm,据其晶形判断为黄铁矿,含量约5%。

LQZ-b3

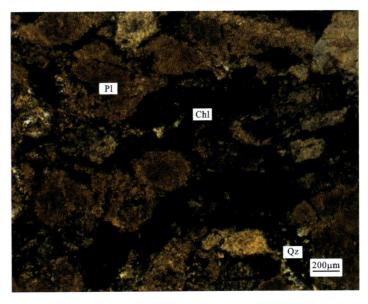

绿泥石化长英质糜棱岩。粒状变晶结构。岩石主要由碎斑和基质组成。碎斑主要成分为斜长石(Pl)、石英(Qz);基质主要成分为细小粒状的石英(Qz)、长石(Fs)、云母(Mc)、角闪石(Hb)等,多发生绿泥石化蚀变。矿物碎斑呈眼球状、透镜状,石英颗粒被拉长呈丝带状,细小的基质矿物颗粒围绕碎斑分布。矿物具条纹状等定向构造。绿泥石:深绿色,呈鳞片状集合体,正低突起,可见明显多色性,干涉色为一级,可见异常干涉色;粒径<0.1mm,含量40%~45%。斜长石:无色,多呈他形,负低突起,一级灰白干涉色;斜长石颗粒多呈眼球状或透镜状,具定向构造,可见聚片双晶;粒径0.2~0.5mm,含量30%~35%。石英:无色,他形粒状,正低突起,表面光洁,无解理,具波状消光现象,一级白干涉色;石英颗粒被拉长呈丝带状,石英碎斑周围可见细小石英的亚颗粒,粒径约0.1mm,石英颗粒集合体粒径0.2~0.4mm,含量10%~15%。基质主要成分为石英、长石、云母、角闪石等,除石英外,其余矿物颗粒多发生绿泥石化蚀变,颗粒细小。

LQZ-b4

绿泥石化钾化花岗岩。粒状变晶结构。主要成分为钾长石(Kf)、石英(Qz)、斜长石(Pl)、黑云母(Bi),可见少量自形晶黄铁矿(Py)。岩石中钾长石粒度变化较大,他形—半自形粒状变晶结构为主,具有残留结构和各种交代结构,钾长石强烈交代斜长石。黑云母及部分长石发生绿泥石化蚀变。钾长石:无色,多呈他形,负低突起,一级灰白干涉色;多发生绢云母化及高岭土化蚀变,颗粒大小不一,具粒状变晶结构,部分颗粒强烈交代斜长石,斜长石在钾长石中呈不规则状,局部形成交代残余的条纹长石,粒径0.2~1.0mm,含量45%~50%。石英:无色,多为颗粒细小的他形粒状,正低突起,表面光洁,无解理,具波状消光现象,一级白干涉色;粒径0.2~0.6mm,含量20%~25%。斜长石:无色,多呈他形,负低突起,一级灰白干涉色;颗粒较为破碎,表面可见碳酸盐化,多被钾长石交代,可见聚片双晶,粒径0.2~0.6mm,含量10%~15%。黑云母:褐绿色,多为长条片状,具明显的多色性,正中突起,可见一组极完全解理;正交偏光镜下干涉色较为鲜艳,多见绿泥石化蚀变,粒径0.2~0.4mm,含量5%~10%。绢云母:无色,细小鳞片状,常组成显微晶质鳞片状集合体,正低突起,干涉色鲜艳,多为二到三级;多为蚀变产物,局部为交代残余结构;粒径多<0.1mm,含量较少。黄铁矿:具均质性,多为自形晶颗粒,星点状分布,粒径0.1~0.2mm,含量较少。绿泥石:深绿色,呈鳞片状集合体,正低突起,可见明显多色性,干涉色为一级,可见异常干涉色,多为黑云母的蚀变产物,粒径<0.1mm,含量较少。

LQZ-b5

红棕色泥质长石石英粉砂岩。粉砂结构,少量为泥质结构。主要成分为斜长石(Pl)、石英(Qz)组成,其次为黏土矿物(Cly)。矿物颗粒细小,偶尔可见0.1mm左右的石英及斜长石颗粒,其余具粉砂结构及泥质结构。胶结物多为黏土矿物。斜长石:无色,多呈他形,负低突起,可见聚片双晶,一级灰白干涉色,粒径0.05~0.1mm,含量35%~40%。石英:无色,他形粒状,多呈浑圆状,表面光洁,具波状消光现象,一级白干涉色,粒径0.05~0.1mm,含量30%~35%。

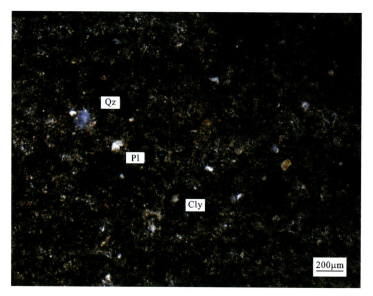

黏土矿物:红棕色,细小鳞片状,正低突起,干涉色一级灰白,呈土状或胶体状态,粒径<0.05mm,含量20%~25%。

第二节 玲珑式金矿床

玲珑式金矿床(石英脉型)主要分布在胶西北地区中北部的招远市北以及蓬莱南部的大柳行地区,此外在栖霞的东部、平度北部的旧店附近也有零星分布。山东玲珑式金矿采冶历史悠久,含金石英脉主要产于混合花岗岩中,严格受断裂、裂隙控制。主要控矿断裂明显具有多次活动特征,成矿具有多阶段以叠加式为主的特点。矿床类型为中温热液断裂充填型含金石英脉矿床。在主要控矿断裂内,含金石英脉分支复合、尖灭再现、膨胀狭缩现象普遍,特别是工业矿体(段)在石英脉中断续分布,大小悬殊。

一、招远玲珑金矿

玲珑金矿位于烟台招远市城北20km,行政区划隶属招远市玲珑镇。其大地构造位置位于华北板块(Ⅰ)胶辽隆起区(Ⅱ)胶北隆起(Ⅲ)胶北断隆(Ⅳ)胶北凸起(Ⅴ)中部,西靠沂沭断裂带,北临龙口凹陷,南为栖霞-马连庄凸起。在成矿区带上本矿区位于著名的招莱成矿带,玲珑金矿田中。矿区累计查明金金属量105t,矿床规模属特大型。

1. 矿区地质特征

区内地层为新生代第四纪山前组和新太古代胶东岩群郭格庄岩组。郭格庄岩组呈残留体状,一般分布于玲珑序列之中,延长和延深规模均很小,其岩性主要为黑云母片岩和斜长角闪岩,总体走向北西西,倾向北北东,倾角较陡。

区内构造主要为断裂构造,规模较大的有破头青断裂、玲珑断裂,矿区北部有九曲蒋家断裂。断裂构造控制了区内矿脉的产出规律,矿脉走向北北东—北东,主干矿脉倾向南东,深部倾角变陡,次级矿脉及支脉大多数倾向北西,与玲珑断裂倾向一致。

区内岩浆活动频繁而强烈。主要为3期:第一期为中生代燕山早期文登序列冶口单元;第二期为中生代燕山早期玲珑序列大庄子单元、罗山单元、九曲单元;第三期为中生代燕山晚期郭家岭序列大草屋单元。

2. 矿体地质特征

玲珑矿区位于玲珑金矿田中部,区内矿脉十分发育,它们一般成群出现,多数矿脉走向北东—北东东向,少数北北东向。根据以往地质勘查工作特点,将在同一构造机理条件下形成的、空间上关系密切的一组矿脉称之为"脉群"。因此玲珑矿区共划分8个脉群,主要有108号脉群、36号脉群、55~53号脉群、51~45号脉群、9号脉群、47~52号脉群、48~10号脉群、175号脉群(图2-13)。矿体受到构造控制,赋存于矿脉之中,产状与其所在矿脉产状相同。

矿体的形态简单,呈脉状、透镜状产出,厚度在1.02~3.81m之间,厚度变化系数20.28%~92.08%,以稳定型矿体为主。品位1.00~210.16g/t,矿体品位变化系数68.52%~299.50%,以有用组分分布较均匀型矿体为主,矿体走向一般在35°~75°之间,倾向北西或南东,以北西向较多,倾角一般56°~85°。

3. 矿石特征

矿石中的金属矿物主要有银金矿、黄铁矿,次为自然金、黄铜矿、方铅矿、闪锌矿等,少量磁铁矿、褐铁矿等。非金属矿物主要有石英、斜长石、钾长石、绢云母,次为方解石、黑云母、绿泥石,以及少量角闪石、白云母、碳酸盐矿物、磷灰石、重晶石、榍石等。

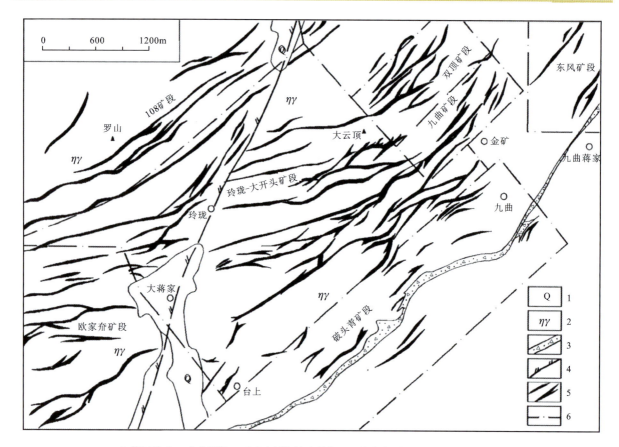

1.第四系;2.二长花岗岩;3.破头青压扭性碎裂岩;4.压扭性断裂;5.矿脉;6.矿段界线。

图 2-13　玲珑金矿田地质简图(据燕军利等,2015)

矿石结构主要有自形—他形粒状结构、碎裂结构、包含结构、交代溶蚀结构、填隙结构、浮浊状结构等。矿石构造主要有细脉浸染状构造、斑点及斑块状构造、网脉状构造、脉状构造、块状构造、角砾状构造等。

矿石自然类型全部为原生矿石。根据矿石结构、构造、主要矿物组合及蚀变岩石特征,将矿石类型划分为两类,即含金石英脉型和含金蚀变岩型。按含黄铁矿含量的多少,又可将石英脉型分为黄铁矿化石英脉型、黄铁矿石英脉型、石英黄铁矿脉型。按蚀变程度又可将蚀变岩型分为含金黄铁绢英岩型、含金黄铁绢英岩化花岗岩型、含金黄铁矿化钾化花岗岩型。矿石工业类型属低硫型易选金矿石。

4. 共伴生矿产评价

矿床伴生有益组分中硫可以综合回收利用,部分矿体中银可以综合回收利用。其他伴生有益组分铜含量低,达不到综合回收利用标准。

矿石中的有害组分为铅、锌、砷、锑,平均值分别为 0.03%、0.02%、0.01×10^{-6}、0.01×10^{-6},含量较低,对矿石的选冶性能影响较小,对人体危害较小。

5. 矿体围岩

矿体围岩有二长花岗岩、钾化花岗岩、绢英岩化钾化花岗岩、绢英岩化花岗岩、绢英岩、黄铁绢英岩、煌斑岩等。

矿体夹石有二长花岗岩、钾化花岗岩、绢英岩化钾化花岗岩、绢英岩化花岗岩、绢英岩、黄铁绢英岩等。

6. 成因模式

矿床具有下列地质特征。

(1) 矿脉、矿体及矿化严格受断裂、裂隙构造控制。说明断裂构造是矿床形成的一个重要条件。

(2) 含金石英脉型矿石与含金蚀变岩型矿石共存于同一构造带中。含金石英脉型矿石往往构成矿体的核部,是成矿溶液沿裂隙充填、沉淀所形成的;含金蚀变岩型矿石多位于含金石英脉型矿石两侧,向外蚀变、矿化逐渐减弱过渡为二长花岗岩,这是矿液交代作用的产物。

(3) 矿石的矿物成分比较稳定。

(4) 黄铁矿是最主要的载金矿物,一部分金矿物以包体的形式被包裹在黄铁矿晶隙中,说明金矿物的形成与黄铁矿是一致的。黄铁矿中包裹体爆裂温度在170~300℃之间,多数在260℃左右,表明黄铁矿是中温热液阶段的产物。

(5) 矿化与钾化、绢英岩化、黄铁矿化等线型蚀变关系密切。

根据上述特征,矿床成因类型为中低温混合岩化-重熔岩浆热液金矿床。

7. 矿床系列标本简述

本次标本采自玲珑金矿床巷道、矿石堆及渣石堆,采集标本7块,岩性分别为含石英黄铁矿脉金矿石、黄铁矿化石英脉金矿石、黄铁绢英岩金矿石、弱片麻状黑云二长花岗岩、钾化花岗岩、二长花岗岩和辉石闪斜煌斑岩(表2-6),较全面地采集了玲珑金矿床的矿石和围岩标本。

表2-6 玲珑金矿采集标本一览表

序号	标本编号	光/薄片编号	标本名称	标本类型
1	LL-B1	LL-g1/LL-b1	含石英黄铁矿脉金矿石	矿石
2	LL-B2	LL-g2/LL-b2	黄铁矿化石英脉金矿石	矿石
3	LL-B3	LL-g3/LL-b3	黄铁绢英岩金矿石	矿石
4	LL-B4	LL-b4	弱片麻状黑云二长花岗岩	围岩
5	LL-B5	LL-b5	钾化花岗岩	围岩
6	LL-B6	LL-b6	二长花岗岩	围岩
7	LL-B7	LL-b7	辉石闪斜煌斑岩	围岩

注:LL-B代表玲珑金矿标本,LL-g代表该标本光片编号,LL-b代表该标本薄片编号。

8. 图版

(1) 标本照片及其特征描述

LL-B1

含石英黄铁矿脉金矿石。岩石呈浅铜黄色,块状构造。主要成分为黄铁矿,多为集合体,也可见自形晶发育,具强金属光泽,条痕呈灰黑色,粒径多>1.0mm,含量超过95%。脉石矿物主要为烟灰色石英,呈油脂光泽,多为他形粒状,粒径<1.0mm,含量约5%。

LL-B2

　　黄铁矿化石英脉金矿石。岩石呈灰白色,半自形粒状变晶结构,块状构造。主要成分为黄铁矿、石英。黄铁矿:浅铜黄色,自形—半自形晶粒状结构,金属光泽,粒径<3.0mm,含量约65%。石英:灰白色,他形粒状,玻璃光泽,粒径<2.5mm,含量约35%。

LL-B3

　　黄铁绢英岩金矿石。岩石呈灰绿色,局部为浅铜黄色,块状构造。主要成分为黄铁矿、黄铜矿、石英、绢云母,其次可见长石。黄铁矿:多为集合体,也可见自形晶发育,具强金属光泽,条痕呈灰黑色,粒径<1.0mm,含量约25%;黄铜矿:铜黄色,多呈他形粒状及不规则集合体,含量较少。脉石矿物主要为绢云母及石英,其次为长石。绢云母:呈细小鳞片状,粒径<1.0mm,含量约45%。石英:烟灰色,油脂光泽,多为他形粒状,粒径<1.0mm,含量约30%。

LL-B4

　　弱片麻状黑云二长花岗岩。岩石呈灰绿色,半自形片状粒状变晶结构,弱片麻状构造。主要成分为钾长石、斜长石、石英和黑云母。钾长石:灰白色,半自形粒状,白色条痕,玻璃光泽,粒径<2.0mm,含量约30%。斜长石:灰白色,半自形粒状,白色条痕,玻璃光泽,粒径<2.0mm,含量约30%。石英:灰白色,半自形粒状,玻璃光泽,粒径<2.0mm,含量约25%。黑云母:褐黑色,半自形片状,玻璃光泽,局部略具定向分布特征,粒径<1.0mm,含量约15%。

LL-B5

　　钾化花岗岩。岩石新鲜面呈浅肉红色,块状构造。主要成分为石英、钾长石、斜长石、黑云母,可见少量黄铁矿,可见绢云母化蚀变。石英:颗粒多呈他形,油脂光泽,粒径<1.0mm,含量约35%。钾长石为肉红色,斜长石为灰白色,二者粒径均<1.0mm,含量分别为40%、15%。黑云母:褐色,他形片状,粒径<1.0mm,含量约10%。绢云母:细小鳞片状,颗粒细小,含量较少。

LL - B6

二长花岗岩。岩石呈灰绿色，半自形片状粒状结构，块状构造。主要成分为斜长石、石英和黑云母。斜长石：灰白色，半自形粒状，白色条痕，玻璃光泽，粒径＜2.5mm，含量约60%。石英：灰白色，半自形粒状，玻璃光泽，粒径＜2.0mm，含量约25%。黑云母：褐黑色，半自形片状，玻璃光泽，局部略具定向分布特征，粒径＜1.0mm，含量约15%。

LL - B7

辉石闪斜煌斑岩。岩石为灰黑色，块状构造。浅色矿物主要为斜长石，暗色矿物主要为角闪石、辉石和黑云母，暗色矿物自形程度较好，可见暗色矿物呈斑晶，角闪石呈长柱状，辉石呈短柱状，黑云母呈片状。可见细小金属矿物，具金属光泽。斜长石粒径＜1.0mm，含量约40%；角闪石粒径＜1.0mm含量约30%；辉石粒径＜1.0mm，含量约20%，黑云母片径约1.0mm，含量约10%。

(2) 标本镜下鉴定照片及特征描述

LL - g1

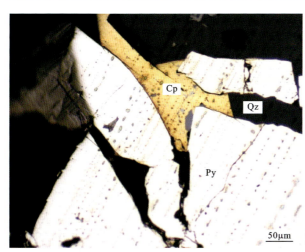 

含石英黄铁矿脉金矿石。自形—半自形粒状结构。金属矿物为黄铁矿（Py）、黄铜矿（Cp）和自然金（Ng）。黄铁矿：浅黄色，自形—半自形晶粒状，也可见集合体，具高反射率，硬度较高，不易磨光；黄铁矿中发育裂隙，可见黄铜矿穿插于其中，也可见金矿物发育于裂隙中；自形晶颗粒粒径0.2~0.6mm，集合体多＞2.0mm，含量90%~95%。黄铜矿：铜黄色，他形粒状，显均质性，较易磨光；黄铜矿颗粒多呈细小他形粒状零星分布，可见黄铜矿分布于黄铁矿裂隙中；粒径0.05~0.2mm，含量较少。自然金：亮黄色，多为不规则粒状，均质性，易磨光；金矿物赋存状态主要为黄铁矿颗粒中的裂隙金及包裹金，粒径0.01~0.05mm，含量较少。

矿石矿物生成顺序：黄铁矿→黄铜矿→自然金。

LL-g2

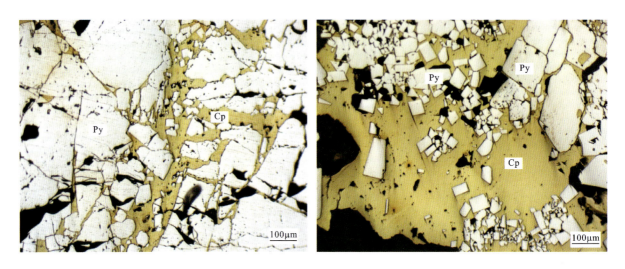

　　黄铁矿化石英脉。自形—半自形粒状结构。金属矿物为黄铁矿(Py)和黄铜矿(Cp)。黄铁矿：浅黄色，自形—半自形晶粒状，可见集合体，具有高反射率，硬度较高，不易磨光；黄铁矿集合体中发育裂隙，可见黄铜矿呈网脉状穿插于其中；自形晶黄铁矿颗粒与黄铁矿集合体为两个世代，可见自形晶黄铁矿交代黄铜矿；自形晶颗粒粒径0.1~0.4mm，集合体多>2.0mm，含量60%~65%。黄铜矿：铜黄色，他形粒状，显均质性，较易磨光；黄铜矿颗粒多呈网脉状分布于黄铁矿裂隙中，也可见细小他形粒状零星分布；他形粒状黄铜矿粒径0.05~0.2mm，集合体粒径>0.5mm，含量约5%。

　　矿石矿物生成顺序：黄铁矿集合体→黄铜矿→自形晶黄铁矿。

LL-g3

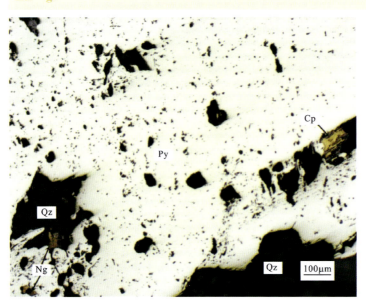

　　黄铁绢英岩金矿石。自形—半自形粒状结构。金属矿物为黄铁矿(Py)、黄铜矿(Cp)和自然金(Ng)。黄铁矿：浅黄色，自形—半自形晶粒状，多为集合体，具高反射率，硬度较高，不易磨光；集合体中发育裂隙，可见黄铜矿他形颗粒交代黄铁矿集合体；自形晶颗粒粒径0.2~0.4mm，集合体多>2.0mm，含量20%~25%。黄铜矿：铜黄色，他形粒状，显均质性，较易磨光；颗粒多呈星点状分布于黄铁矿颗粒中，交代黄铁矿集合体；粒径0.05~0.2mm，含量较少。自然金：亮黄色，多为不规则粒状，均质性，易磨光；自然金赋存状态主要为黄铁矿颗粒中包裹金及黄铁矿与石英颗粒的晶隙金，粒径0.02~0.1mm，含量较少。

　　矿石矿物生成顺序：黄铁矿→黄铜矿→自然金。

LL-b1

含石英黄铁矿脉。自形—半自形粒状结构。岩石主要成分为黄铁矿（Py），脉石矿物为石英（Qz）、斜长石（Pl）。黄铁矿为自形—半自形粒状，可见较为完好的晶形，也可见大量粒状集合体；脉石矿物多发育在黄铁矿颗粒的晶隙及裂隙中，多为半自形—他形板状、粒状。黄铁矿：具均质性，可见自形晶颗粒，也可见粒状集合体，发育裂隙，自形晶粒径0.1～0.4mm，集合体粒径多>1.0mm，含量85%～90%。石英：无色，多为他形粒状，正低突起，表面光洁，无解理，具波状消光现象，一级白干涉色；可见较为破碎的石英颗粒，多沿透明矿物裂隙发育；

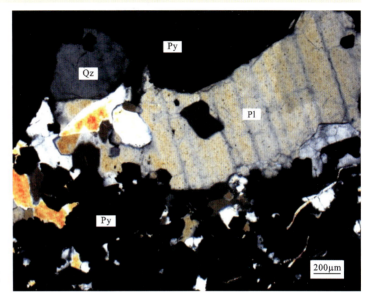

粒径0.2～0.4mm，含量约5%。斜长石：无色，多呈他形，负低突起，一级灰白干涉色；颗粒较为破碎，表面较为干净，可见简单双晶，粒径0.2～0.6mm，含量约5%。

LL-b2

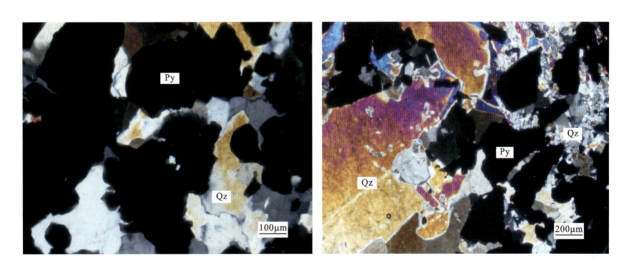

黄铁矿化石英脉。半自形粒状变晶结构。主要成分为金属矿物和石英（Qz）。金属矿物：黑色，自形—半自形粒状，推测为黄铁矿（Py），粒径一般0.05～2.4mm，集合体可达数毫米，含量65%～70%。石英：无色，呈粗大的半自形板条状、细小他形粒状集合体，为硅化作用形成，表面光洁，具波状消光现象，一级黄白干涉色，分布于黄铁矿颗粒之间，粒径一般0.1～2.4mm，最小不足0.02mm，含量30%～35%。

LL-b3

黄铁绢英岩。鳞片变晶结构，粒状变晶结构。主要成分为绢云母（Ser）、石英（Qz）和黄铁矿（Py）。岩石中绢云母呈细小鳞片状，为鳞片变晶结构；石英多呈他形粒状，具粒状变晶结构；黄铁矿颗粒多呈他形粒状集合体，可见少量半自形晶发育。绢云母：无色，细小鳞片状，常组成显微晶质鳞片状集合体，正低突起，干涉色鲜艳，多为二级到三级；多为长石的蚀变产物，保留有长石假象，局部为交代残余结构；粒径多<0.1mm，含量40%~45%。石英：无色，多为颗粒细小的他形粒状，正低突起，表面光洁，无解理，具波状消光现象，一级白干涉色；粒径0.2~0.4mm，含量25%~30%。黄铁矿：具均质性，多为自形晶颗粒，呈细脉浸染状分布于岩石中，局部可见成片分布的黄铁矿集合体，自形晶粒径0.1~0.3mm，集合体多>0.8mm，含量20%~25%。

LL-b4

弱片麻状黑云二长花岗岩。二长结构。主要成分为钾长石（Kf）、石英（Qz）、斜长石（Pl）以及黑云母（Bi）。黑云母呈不连续半定向分布，形成弱片麻状构造。钾长石：无色，半自形板状，一级灰白干涉色，粗大的微斜长石颗粒中含有自形的斜长石和石英颗粒，形成二长结构，粒径一般0.6~2.2mm，含量30%~35%。石英：无色，半自形—他形粒状，一级黄白干涉色，表面光洁，见波状消光现象，集合体局部呈条带状，粒径一般0.2~2.0mm，含量30%~35%。斜长石：半自形粒状，

具轻微绢云母化蚀变，表面浑浊不净，隐约可见聚片双晶发育，一级灰白干涉色，局部与石英的接触处可见蠕虫结构，粒径一般0.4~1.8mm，含量20%~25%。黑云母：褐色，半自形片状，浅黄色—黄褐色多色性，吸收性强，呈不连续半定向排列分布于上述矿物之间，粒径一般0.4~0.8mm，含量10%~15%。

LL-b5

钾化花岗岩。粒状变晶结构。主要成分为钾长石（Kf）、石英（Qz）、斜长石（Pl）、黑云母（Bi）。岩石中钾长石粒径粗细变化较大，以他形—半自形粒状变晶结构为主，具有残留结构和各种交代结构，钾长石强烈交代斜长石。钾长石：无色，多呈他形，负低突起，一级灰白干涉色；钾长石多发生绢云母化及高岭土化蚀变，颗粒大小不一，具粒状变晶结构，部分钾长石强烈交代斜长石，斜长石在钾长石中呈不规则状，局部形成交代残余的条纹长石，粒径0.2~2.0mm，含量35%~40%。石

英:无色,多为颗粒细小的他形粒状,也可见板条状半自形—自形晶颗粒,正低突起,表面光洁,无解理,具波状消光现象,一级白干涉色;可见较为破碎的石英颗粒,多沿透明矿物裂隙发育;粒径为0.1~0.4mm,含量30%~35%。斜长石:无色,多呈他形,负低突起,一级灰白干涉色;斜长石颗粒较为破碎,表面可见碳酸盐化,多被钾长石交代,可见聚片双晶,粒径0.2~0.6mm,含量10%~15%。黑云母:褐绿色,多为长条片状,具明显的多色性,正中突起,可见一组极完全解理;正交偏光镜下干涉色较为鲜艳,局部绢云母化,粒径0.2~0.4mm,含量5%~10%。绢云母:无色,细小鳞片状,正低突起,干涉色鲜艳,多为二级到三级;多为黑云母及钾长石的蚀变产物,局部为交代残余结构;粒径多<0.1mm,含量较少。

LL-b6

二长花岗岩。二长结构。主要成分为斜长石(Pl)、钾长石(Kf)、石英(Qz)、黑云母(Bi)和金属矿物。斜长石:无色,半自形板状、粒状,中心具较强绢云母化蚀变,聚片双晶发育,局部可见环带结构,一级灰白干涉色,粒径0.6~2.4mm,含量35%~40%。钾长石:无色,半自形板状、粒状,负低突起,一级灰白干涉色,粒径一般为0.6~3.2mm,含量25%~30%。石英:无色,半自形—他形粒状,一级黄白干涉色,表面光洁,见波状消光现象,粒径0.2~2.0mm,含量20%~25%。黑云母:褐色,半自形片状,浅黄色—黄褐色多色性,吸收性强,局部具绿泥石化蚀变,粒径0.4~0.6mm,含量10%~15%。金属矿物:黑色,他形粒状,零星分布于上述矿物之间,粒径0.005~0.01mm,含量微少。

LL-b7

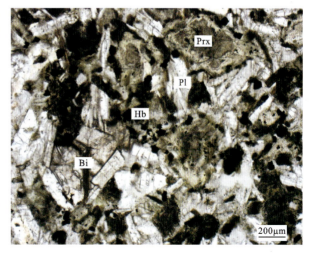

辉石闪斜煌斑岩。煌斑结构,残留结构。主要成分为斜长石(Pl)、角闪石(Hb)、辉石(Prx)和黑云母(Bi),具煌斑结构。斑晶主要为角闪石,也可见少量辉石。部分角闪石蚀变成绿泥石,辉石多数边缘发生绢云母化,中心残留辉石颗粒。基质主要由斜长石、黑云母和金属矿物组成,为微晶结构,黑云母自形程度较好,呈自形细长片状,斜长石次之,呈半自形长柱状,基质中金属矿物呈细小粒状,含量约5%。斜长石:无色,多呈半自形—他形粒状或板状,负低突起,最高干涉色为一级灰白,可见双晶,粒径0.1~0.3mm,含量35%~40%。角闪石:褐色,自形程度较好,呈自形长柱状,正中突起,可见多色性及吸收性,最高干涉色为二级;部分角闪石蚀变成绿泥石,粒径0.1~0.4mm,含量

25%~30%。辉石:无色或淡绿色,短柱状,正高突起,最高干涉色为二级,辉石多数边缘发生绢云母化,中心残留辉石颗粒,成残留结构,粒径0.2~0.4mm,含量15%~20%。黑云母:褐色,自形细长片状,可见一组极完全解理,褐色—黄色多色性明显,干涉色多被自身颜色所掩盖,片径0.2~0.6mm,含量5%~10%。

二、平度旧店金矿

旧店金矿位于青岛平度市东北约35km处,行政区划隶属平度市旧店镇。其大地构造位置位于华北板块(Ⅰ)胶辽隆起区(Ⅱ)胶北隆起区(Ⅲ)胶北断隆(Ⅵ)南墅-云山凸起(Ⅴ)的西南。区域性断裂招平断裂带的南端西侧。矿区累计查明金金属量35t,矿床规模属大型。

1. 矿区地质特征

区内地层以古元古代荆山群和新生代第四系为主。

区内构造以断裂构造为主。主要为北北东—北东向、北西向断裂。北北东—北东向断裂有F1、F2、F4、F5、F6、F7、F9、F12、F16等断裂,北西向断裂主要为碎石山断裂。与成矿有关的主要为北北东—北东向断裂(图2-14)。

区内岩浆岩为中生代玲珑序列崔召单元弱片麻状中粒二长花岗岩、云山单元弱片麻状细粒二长花岗岩,是金矿的主要控矿、容矿围岩。

2. 矿体特征

旧店金矿区共分布大小矿脉20余条(表2-7),主要有交代蚀变岩型和石英脉型两种类型,该类型金矿床(点),其产出都与中生代以来的断裂构造有关,主要受招平断裂带及其次级断裂构造控制,可分为脉状和似层状两种。脉状矿体受一组或几组断裂控制,产状与断裂一致,多呈北北东—北东向分布,沿断裂走向和倾向有膨胀、分支等现象;此外,主断裂及其所导生的次级断裂、层间破碎等构造也控制部分矿体,矿体走向多与断裂方向一致,倾向与地层倾向一致或稍有交角;矿体形态简单,主断裂与次级断裂交会或断裂密集、构造复杂段往往是成矿最有利部位。

表2-7 平度旧店金矿体特征一览表

矿段	矿脉编号	矿体编号	矿体形态	矿体规模/m		赋存标高/m	厚度/m	产状/(°)		平均品位/(g/t)
				长度	斜深			倾向	倾角	
西段	1号脉	Ⅱ7	薄板	350	166	−430~−590	0.90~4.24	342~347	72~77	3.66
		Ⅱ8	薄板	230	130	−410~−510	2.92~4.56	308~314	74~77	3.41
	6号脉	6-Ⅰ	脉状	484	364	−195~183	0.58~1.62	96~130	60~65	2.63
		6-Ⅲ	脉状	102	40	157~197	1.22	105	60	1.55
东段	5号脉	5-Ⅰ	脉状	420	200	−78~−141	0.40~3.15	100~112	54	3.52

3. 矿石特征

矿石金属矿物有银金矿、自然金、金银矿、黄铁矿、磁黄铁矿、黄铜矿、斑铜矿、闪锌矿和方铅矿等;脉石矿物主要有石英、长石、绢云母、方解石及绿泥石等。

矿石结构主要为半自形粒状结构、不等粒结构、变晶结构、压碎结构和包含结构。矿石构造主要为

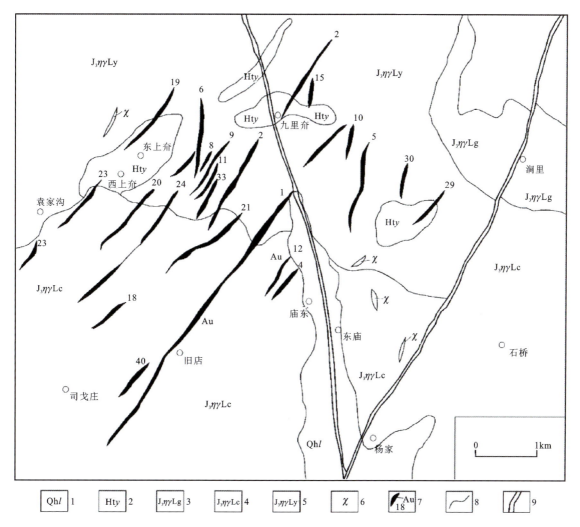

1.第四系;2.滹沱系荆山群野头组;3.晚侏罗世玲珑序列郭家店单元岩体;4.晚侏罗世玲珑序列崔召单元岩体;5.晚侏罗世玲珑序列云山单元岩体;6.煌斑岩;7.金矿体及编号;8.地质界线;9.构造断裂带。

图2-14 旧店金矿构造纲要图(据于学峰等,2018)

致密块状、网脉状、细脉状、细脉浸染状、斑杂状、蜂窝状等构造。

根据矿石结构、构造、主要矿物组合及蚀变岩石特征,矿石自然类型划分为含金石英脉型、含金多金属硫化物石英脉型、含金黄铁绢英岩型、含金多金属硫化物硅质碎裂岩型、含金多金属硫化物碳酸盐化硅质碎裂岩型,以前三种为主。

4. 共伴生矿产评价

伴生有益组分银平均品位17.29g/t,硫平均含量为3.64%,可以综合回收利用。伴生有益组分铜、锌含量低,达不到综合回收利用标准;铅除了4号脉矿体含量较高外,其他矿脉的铅含量都很低,亦达不到综合回收利用标准。

5. 矿体围岩和夹石

矿体围岩主要为云山单元弱片麻状细粒二长花岗岩和崔召单元弱片麻状中粒二长花岗岩,近矿围岩是黄铁绢英岩和绢英岩化花岗岩,矿体部分地段出现斜长角闪岩、黄斑岩等岩脉。矿体一般不含夹石。

6. 成因模式

古元古代荆山群变质岩地层是区域内原始的矿源层,旧店金矿区内交代成因的云山单元岩体中所分布的大量荆山群变质岩残留体与该地区的金成矿关系密切。区内已发现的具有工业意义的金矿床,在空间上皆与荆山群变质岩残留体有关,矿床产于残留体的内外接触带一定范围内。经后期玲珑花岗岩交代重熔,金质于岩浆期后热液阶段随矿液上升,在适当构造部位形成金矿。

矿床分布于花岗岩体内部,控矿构造规模偏小,主干断裂旁侧的次级压扭性断裂、裂隙为容矿、储矿空间,成矿作用以含金石英脉裂隙充填为主,与围岩交代形成的黄铁绢英岩类蚀变岩在矿体构成中居次要地位;矿体形态复杂、品位变化较大。

经过漫长的区域变质作用和多期构造运动、混合岩化、花岗岩化及其重熔作用的升温、碱交代等一系列复杂的成矿作用,围岩中的金不断活化、迁移,最后在适当的温度、压力和有利的化学环境及构造条件下,沉淀富集成矿。

根据以往科研报告的包裹体测温资料,矿床的成矿温度为300～400℃,因此确定旧店金矿区1号脉矿床成因类型为中温热液充填(石英脉)型金矿床。

7. 矿床系列标本简述

本次标本采自旧店金矿床矿石堆,采集标本6块,岩性分别为黄铁矿化石英脉金矿石、黄铁矿化绢英岩金矿石、白云斜长变粒岩金矿石、黄铁绢英岩金矿石、绢云母化二长花岗岩和黑云二长变粒岩(表2-8),较全面地采集了旧店金矿床的矿石和围岩标本。

表2-8 旧店金矿采集标本一览表

序号	标本编号	光/薄片编号	标本名称	标本类型
1	JD-B1	JD-g1/JD-b1	黄铁矿化石英脉金矿石	矿石
2	JD-B2	JD-g2/JD-b2	黄铁矿化绢英岩金矿石	矿石
3	JD-B3	JD-g3/JD-b3	白云斜长变粒岩金矿石	矿石
4	JD-B4	JD-g4/JD-b4	黄铁绢英岩金矿石	矿石
5	JD-B5	JD-b5	绢云母化二长花岗岩	围岩
6	JD-B6	JD-b6	黑云二长变粒岩	围岩

注:JD-B代表旧店金矿标本,JD-g代表该标本光片编号,JD-b代表该标本薄片编号。

8. 图版

(1)标本照片及其特征描述

JD-B1

黄铁矿化石英脉金矿石。岩石呈灰白色,半自形粒状变晶结构,块状构造。主要成分为黄铁矿和石英。黄铁矿:浅铜黄色,自形—半自形晶粒状结构,金属光泽,颗粒紧密镶嵌在一起,粒径<2.0mm,含量约85%。石英:灰白色,他形粒状,玻璃光泽,粒径<0.5mm,含量约15%。

JD-B2

黄铁矿化绢英岩金矿石。岩石呈浅灰绿色,半自形鳞片粒状变晶结构,块状构造。主要成分为黄铁矿、石英和绢云母。黄铁矿:浅铜黄色,自形—半自形晶粒状结构,金属光泽,颗粒紧密镶嵌在一起,粒径<2.0mm,含量约65%。石英:灰白色,他形粒状,玻璃光泽,粒径<0.5mm,含量约20%。绢云母:浅绿色,极其细小鳞片状集合体,丝绢光泽,粒径细小,含量约15%。

JD-B3

白云斜长变粒岩金矿石。岩石呈灰绿色,半自形粒状变晶结构,块状构造。主要成分为斜长石、石英和白云母。斜长石:灰白色,半自形粒状,白色条痕,玻璃光泽,粒径<1.0mm,含量约65%。石英:灰白色,他形粒状,玻璃光泽,粒径<1.0mm,含量约20%。白云母:浅绿色,半自形片状,玻璃光泽,粒径<0.5mm,含量约10%。

JD-B4

黄铁绢英岩金矿石。岩石新鲜面呈灰色—浅灰色,局部呈黄绿色,鳞片变晶结构,块状构造。主要成分为黄铁矿、磁铁矿、石英、绢云母,可见少量斜长石、绿泥石。黄铁矿:浸染状分布于岩石中,可见黄铁矿自形晶发育,也可见粒状集合体,具强金属光泽,粒径>1mm,含量约60%。磁铁矿:铁黑色,多为粒状集合体,条痕呈黑色,半金属光泽,具强磁性,集合体粒径>1mm,含量约5%。石英:颗粒较为细小,呈油脂光泽,粒径>1mm,含量约25%。绢云母:细小鳞片状,粒径<1mm,含量约10%。

JD-B5

绢云母化二长花岗岩。岩石新鲜面呈灰绿色,块状构造。主要成分为钾长石、斜长石、石英、黑云母,可见长石蚀变产物绢云母,以及少量绿泥石。钾长石:肉红色,他形粒状,粒径<1mm,含量约25%。斜长石:无色,半自形板状,粒径<1mm,含量约25%。石英:无色,他形粒状,油脂光泽,粒径<1mm,含量约20%。黑云母:褐色,片状,粒径<1mm,含量约10%。绢云母:灰绿色,鳞片状,粒径<1mm,含量约20%。

JD-B6

黑云二长变粒岩。岩石呈略带肉红的灰绿色，半自形片状粒状变晶结构，块状构造。主要成分为斜长石、钾长石、石英和黑云母。斜长石：灰白色，半自形粒状，白色条痕，玻璃光泽，粒径＜1.0mm，含量约35%。钾长石：肉红色，半自形粒状，白色条痕，玻璃光泽，粒径＜1.0mm，含量约25%。石英：灰白色，他形粒状，玻璃光泽，粒径＜1.0mm，含量约25%。黑云母：褐黑色，半自形片状，玻璃光泽，粒径＜1.0mm，含量约15%。

（2）标本镜下鉴定照片及特征描述

JD-g1

 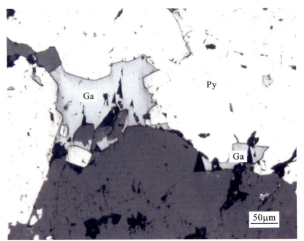

黄铁矿化石英脉。自形—半形晶粒状结构，块状构造。金属矿物为黄铁矿（Py）、方铅矿（Ga）、黄铜矿（Cp）、自然金（Ng）。黄铁矿：黄白色，自形—半自形晶粒状，显均质性，矿物颗粒之间紧密镶嵌在一起，方铅矿沿其边缘和裂隙交代，他形晶粒状黄铜矿分布于黄铁矿裂隙中，自然金分布其中或以粒间金形式存在，粒径一般0.4~2.4mm，含量80%~85%。方铅矿：白色，不规则粒状，显均质性，沿黄铁矿边缘或呈网脉状交代黄铁矿，粒径一般0.05~0.40mm，含量5%~10%。黄铜矿：铜黄色，他形晶粒状，显均质性，分布于黄铁矿裂隙中，粒径一般0.02~0.06mm，含量微少。自然金：亮黄色，不规则粒状，显均质性，分布于黄铁矿颗粒中或分布于黄铁矿颗粒之间，粒径一般0.005~0.030mm，含量微少。

矿石矿物生成顺序：黄铁矿→方铅矿→黄铜矿→自然金。

JD-g2

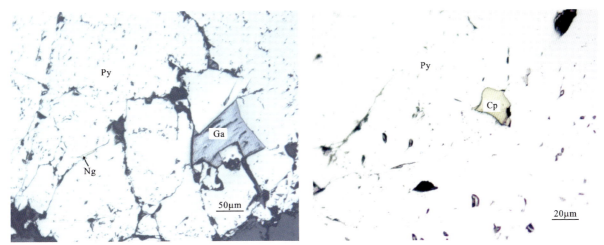

黄铁矿化绢英岩。自形—半形晶粒状结构，稠密浸染状构造。金属矿物为黄铁矿（Py）、方铅矿（Ga）、黄铜矿（Cp）、自然金（Ng）。黄铁矿：黄白色，自形—半自形晶粒状，显均质性，多集中分布在一起，矿物颗粒之间紧密镶嵌，方铅矿沿其边缘和裂隙交代，他形晶粒状黄铜矿分布于黄铁矿裂隙中，自然金分布其中或沿其裂隙分布，粒径一般 0.1～1.6mm，含量 50%～55%。方铅矿：白色，不规则粒状，显均质性，沿黄铁矿边缘或裂隙交代，粒径一般 0.05～0.20mm，含量 5%～10%。黄铜矿：铜黄色，他形晶粒状，显均质性，分布于黄铁矿裂隙中，粒径一般 0.02～0.05mm，含量微少。自然金：亮黄色，不规则粒状，显均质性，分布于黄铁矿颗粒中或分布于黄铁矿裂隙之间，粒径一般为 0.002～0.020mm，含量微少。

矿石矿物生成顺序：黄铁矿→方铅矿→黄铜矿→自然金。

JD-g3

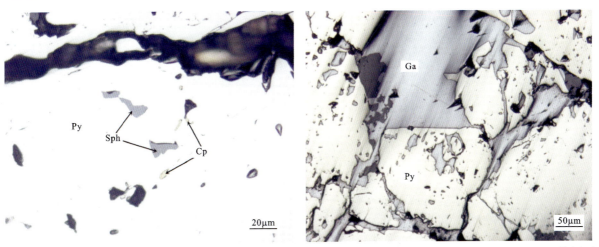

白云斜长变粒岩。半自形晶粒状结构，星散状构造。金属矿物为黄铁矿（Py）、方铅矿（Ga）、黄铜矿（Cp）和闪锌矿（Sph）。黄铁矿：黄白色，自形—半自形晶粒状，显均质性，常呈集合体局部集中分布，粒径一般 0.1～2.2mm，集合体可达 6.0mm，含量 10%～15%。方铅矿：白色，半自形晶粒状，显均质性，分布于黄铁矿集合体之间，或分布于黄铁矿裂隙中，粒径一般 0.05～1.2mm，集合体可达 4.0mm，含量约 2%。黄铜矿：铜黄色，他形晶粒状，显均质性，分布于黄铁矿中，粒径一般 0.01～0.05mm，含量微少。闪锌矿：灰色微带褐色调，他形晶粒状，显均质性，零星分布于黄铁矿中，粒径一般 0.02～0.05mm，含量微少。

矿石矿物生成顺序：黄铁矿→黄铜矿→黄铜矿、闪锌矿。

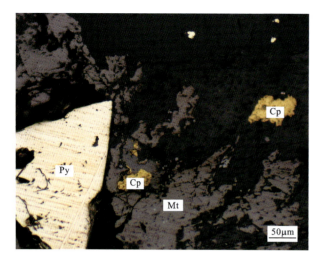

JD - g4

黄铁绢英岩。自形—半自形粒状结构。金属矿物为黄铁矿（Py）、磁铁矿（Mt）、黄铜矿（Cp）。黄铁矿：浅黄色，多为自形—半自形晶粒状，也可见集合体，具有高反射率，硬度较高，不易磨光；黄铁矿集合体中发育裂隙，可见黄铜矿他形颗粒交代黄铁矿颗粒；自形晶颗粒粒径 0.5～0.8mm，集合体多＞2mm，含量 55%～60%。磁铁矿：灰色略带棕色，多呈粒状集合体，无多色性及内反射，显均质性，硬度较高，不易磨光；磁铁矿内部发育裂隙，可见黄铁矿及黄铜矿颗粒交代磁铁矿，也可见透明矿物交代磁铁矿颗粒，呈残留结构、假象结构，集合体粒径 0.5～1.5mm，含量约 5%。黄铜矿：铜黄色，他形粒状，显均质性，较易磨光；黄铜矿颗粒多呈他形粒状交代黄铁矿及磁铁矿；粒径 0.05～0.1mm，含量较少。

矿石矿物生成顺序：磁铁矿→黄铁矿→黄铜矿。

JD - b1

黄铁矿化石英脉。半自形粒状变晶结构。主要成分为金属矿物、石英（Qz）和方解石（Cal）。金属矿物：黑色，自形—半自形粒状，推测为黄铁矿（Py），颗粒之间紧密镶嵌在一起，粒径 0.25～2.4mm，集合体可达 4.0mm，含量 75%～85%。石英：无色，半自形—他形粒状集合体，一级黄白干涉色，表面光洁，分布于金属矿物颗粒之间，粒径 0.05～0.4mm，含量 10%～15%。方解石：无色，半自形粒状，高级白干涉色，零星分布于金属矿物颗粒之间，粒径 0.1～0.6mm，含量约 5%。

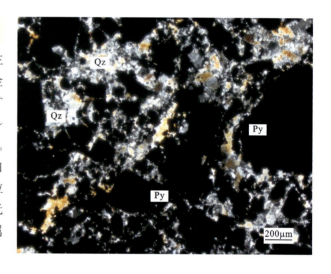

JD - b2

黄铁矿化绢英岩。半自形鳞片粒状变晶结构。主要成分为金属矿物、石英（Qz）和绢云母（Ser）。金属矿物：黑色，自形—半自形粒状，推测为黄铁矿（Py），颗粒之间紧密镶嵌在一起，其间分布细小石英和绢云母，粒径 0.05～2.0mm，含量 60%～70%。石英：无色，他形粒状集合体，一级黄白干涉色，表面光洁，具波状消光现象，粒径 0.1～0.8mm，含量 20%～25%。绢云母：无色，细小鳞片状集合体，平行消光，干涉色极其鲜艳，呈集合体分布于石英颗粒之间，粒径细小，含量 10%～15%。

JD - b3

白云斜长变粒岩。片状粒状变晶结构。主要成分为斜长石(Pl)、石英(Qz)、白云母(Mu)和金属矿物。斜长石：无色，他形粒状，表面绢云母化较强，镜下较污浊，局部见有较细密的聚片双晶，一级灰白干涉色，粒径0.2～1.2mm，含量60%～65%。石英：无色，他形粒状，一级黄白干涉色，表面光洁，填隙分布在斜长石之间，粒径0.1～0.8mm，含量20%～25%。白云母：无色，半自形片状，分布在上述矿物之间，干涉色极其鲜艳，粒径0.4～0.6mm，含量10%～15%。金属矿物：黑色，自形—半自形粒状，零星分布于上述矿物之间，粒径0.1～0.4mm，含量较少。

JD - b4

黄铁绢英岩。鳞片变晶结构。主要成分为绢云母(Ser)、石英(Qz)、黄铁矿(Py)，其次为斜长石(Pl)，可见少量绿泥石。岩石中透明矿物颗粒均较细小，黄铁矿颗粒多呈他形粒状集合体，可见少量半自形晶发育。绢云母：无色，细小鳞片状，常组成显微晶质鳞片状集合体，正低突起，干涉色鲜艳，多为二到三级；多为斜长石的蚀变产物，保留有斜长石假象，局部为交代残余结构；粒径多<0.1mm，含量45%～50%。石英：无色，多为颗粒细小的他形粒状，无解理，正低突起，一级白干涉色，表面光洁，具波状消光现象，粒径0.1～0.2mm，含量25%～30%。黄铁矿：显均质性，多为自形晶颗粒，细脉浸染状分布于岩石中，局部可见成片分布的黄铁矿集合体，自形晶粒径0.1～0.3mm，集合体多>1mm，含量10%～15%。斜长石：无色，多呈他形，负低突起，一级灰白干涉色，可见聚片双晶；斜长石颗粒较为破碎，表面可见碳酸盐化，粒径0.1～0.2mm，含量约5%。

JD - b5

绢云母化二长花岗岩。细粒不等粒结构。主要成分为钾长石(Kf)、斜长石(Pl)、石英(Qz)、黑云母(Bi)，可见绢云母化(Ser)及高岭土化蚀变。岩石中钾长石与斜长石含量相近，黑云母及斜长石多发生绢云母化蚀变，钾长石多发生高岭土化蚀变。钾长石：无色，多呈他形，负低突起，一级灰白干涉色；多发生高岭土化蚀变，偶尔可见绢云母化蚀变，粒径0.2～0.6mm，含量20%～25%。斜长石：无色，多呈他形，负低突起，一级灰白干涉

色;斜长石颗粒较为破碎,可见聚片双晶;多发生绢云母化蚀变,部分斜长石颗粒被绢云母完全取代,仅剩斜长石晶形,呈交代残余结构;粒径0.2～0.6mm,含量20%～25%。石英:无色,多为颗粒细小的他形粒状,也可见板条状半自形—自形晶颗粒,无解理,正低突起,一级白干涉色,表面光洁,具波状消光现象;粒径0.2～0.4mm,含量15%～20%。黑云母:褐绿色,多为长条片状,可见一组极完全解理,正中突起,具明显的多色性;正交偏光镜下干涉色较为鲜艳,局部绢云母化,粒径0.4～0.8mm,含量5%～10%。绢云母:无色,细小鳞片状,常组成显微晶质鳞片状集合体,正低突起,干涉色鲜艳,多为二到三级;多为斜长石的蚀变产物,保留有斜长石假象,局部为交代残余结构;粒径多<0.1mm,含量15%～20%。

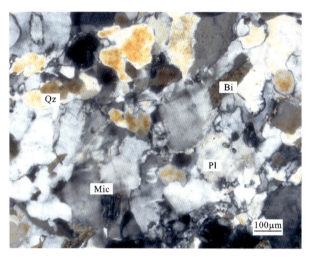

JD - b6

黑云二长变粒岩。半自形片状粒状变晶结构。主要成分为斜长石(Pl)、微斜长石(Mic)、石英(Qz)和黑云母(Bi)。斜长石:无色,半自形—他形粒状,聚片双晶发育,一级灰白干涉色,颗粒之间紧密镶嵌在一起,粒径0.4～0.8mm,含量30%～35%。微斜长石:无色,半自形—他形粒状,格子双晶发育,一级灰白干涉色,颗粒之间紧密镶嵌在一起,粒径0.2～0.8mm,含量25%～30%。石英:无色,他形粒状,一级黄白干涉色,表面光洁,粒径0.1～0.4mm,含量20%～25%。黑云母:深褐色,半自形片状,可见一组完全解理,干涉色受其自身颜色影响而不明显,粒径0.2～0.6mm,含量15%～20%。

三、栖霞马家窑金矿

马家窑金矿位于烟台栖霞市亭口镇马家窑村东1.5km,行政区划隶属栖霞市亭口镇。其大地构造位置位于华北板块(Ⅰ)胶辽隆起区(Ⅱ)胶北隆起(Ⅲ)胶北断隆(Ⅳ)栖霞-马连庄凸起(Ⅴ)。矿区已累计查明金金属量约9.7t,矿床规模为中型。

1. 矿区地质特征

区内出露新太古代变质岩地层及新生代第四系,第四系主要发育在沟谷两侧及山前坡地。胶东群苗家岩组在区内零星出露,呈小规模的长条状或椭圆形的包体形式在栖霞序列中产出,岩性为黑云变粒岩、角闪变粒岩。

区内构造以断裂为主,按其产状可分为3组:北西向控矿断裂构造为马家窑-上庄头断裂的次一级断裂构造,走向330°,倾向北东,倾角30°～50°,主裂面平直光滑,沿走向呈舒缓波状,断裂面常发育有灰绿色薄层断层泥,在主裂面上盘有与主裂面呈30°～40°交角的分支断裂;北东向构造,走向一般5°～30°,倾向北西或南东,倾角大于70°,为成矿后断裂,切穿矿脉;北西向断裂构造,走向320°～330°,倾向南西,倾角70°～80°,断裂形态不规则,裂面粗糙不平整,倾角较陡,为一组张性共轭断裂演化而成的追踪张性断裂,为煌斑岩脉充填。

区内岩浆岩为新太古代栖霞序列马连庄单元中细粒变辉长岩,回龙夼单元条带状中细粒含角闪黑云英云闪长岩和辛庄单元片麻状细粒含角闪黑云英云闪长岩,为马家窑金矿床的容矿围岩;中新生代岩体和岩脉多数为沿北东向展布的细粒角闪闪长岩脉、细晶岩脉,次为北西向展布的煌斑岩脉和辉绿岩株

（脉），少数为沿北东东向展布的细晶岩脉。

矿区地质特征见图2-15。

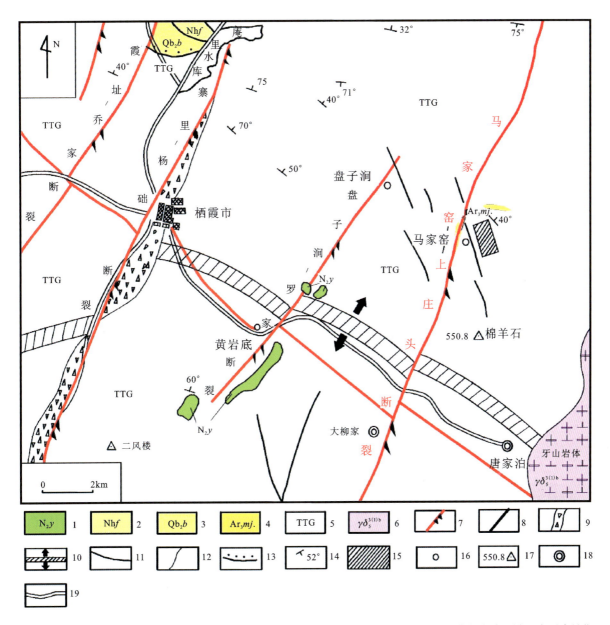

1. 新生界临朐群尧山组橄榄玄武岩、玄武质砾岩、砂砾岩；2. 新元古界蓬莱群辅子夼组薄层、厚层石英岩、板岩互层；3. 新元古界蓬莱群豹山口组板岩、大理岩、石英岩；4. 新太古界胶东群苗家岩组；5. 太古宇TTG岩系（即栖霞超单元，内有胶东群地层残留体）；6. 中生代燕山晚期似斑状花岗闪长岩；7. 压扭性断裂；8. 性质不明断裂；9. 构造破碎带；10. 栖霞复式背斜轴线；11. 地层整合界线；12. 岩体界线；13. 角度不整合界线；14. 倾斜岩层产状；15. 马家窑金矿区；16. 金矿床、矿点；17. 山峰及其海拔；18. 行政单位镇；19. 公路。

图2-15 马家窑金矿地质简图（据王佳良等，2013）

2. 矿体地质特征

马家窑金矿由①号脉和②号脉组成，均为含金石英脉单脉，矿脉严格受构造控制，主要呈扁豆状、豆荚状、串珠状分布。

①号脉在地表全长970m,平均厚度0.8m,最大厚度2m。平均产状60°∠50°,局部地段倾角变缓至30°左右,矿脉与地层有明显斜切关系。位于①号脉勘探地段的Ⅰ号矿体是主要的工业矿体,矿体沿走向及倾向胀缩明显。其厚度最小0.19m,最大2.4m,而以0.3～1m为最多。工业矿体平均厚度0.69m,150m标高以上矿体较厚,向下普遍明显变薄。矿体平均产状60°∠45°,局部地段倾角变缓至30°左右,与矿脉产状大体一致。

②号脉总长840m,单个脉体长60～300m,一般厚0.1～0.5m。其形态为扁豆状、透镜状。皆由白色石英脉及发育其两侧的绢英岩化带组成。北部单一脉产状为60°∠50°,南部两单脉产状为30°∠(30°～38°)。

3. 矿石特征

矿石金属矿物主要有银金矿、黄铁矿、菱铁矿,次为黄铜矿、方铅矿、闪锌矿,还含有少量的辉钼矿;非金属矿物主要为石英,次为绢云母、绿泥石、方解石、铁白云石,还有少量石榴子石。矿石中未发现自然金,银金矿为主要金矿物,主要载金矿物为黄铁矿。

矿石结构以压碎结构、填隙结构、自形—半自形粒状结构为主,次为半自形—他形粒状结构、乳滴状结构、包含结构、溶蚀结构等。矿石构造以脉状构造为主,次为网脉状构造、块状构造、稀疏浸染状构造、稠密浸染状构造、斑杂状构造、蜂窝状构造。

矿石自然类型为原生矿石。矿石工业类型为低硫型金矿石。

4. 共伴生矿产评价

金为矿石中主要有用组分,银、铜、硫、铅、锌为伴生有益组分,可综合回收利用。伴生有益组分含量:银一般30～50g/t,最高达1000g/t;矿石中金、银之比近于1:2;铜一般0.1%～0.25%,最高2.66%;硫多在3%～5%之间,最高17.79%;铅一般0.2%～0.3%,最高达5.58%;锌一般0.02%～0.04%,最高3.04%。伴生组分银、铜、硫、铅、锌品位变化较为剧烈,并且它们与金品位呈同消长关系。

5. 矿体围岩及夹石

矿体围岩主要为黄铁绢英岩。矿体一般不含夹石。

6. 成因类型

由于热液本身的演化与构造活动多次间歇性发生和继承性发展,使在成矿过程中不同成分的矿质在不同时间里于不同条件呈不同形式沉淀下来,形成不同的矿物共生组合,由此,根据矿物共生组合追溯成矿作用,可将其划分为三个成矿阶段。

(1)黄铁矿-石英阶段:共生矿物主要是石英、黄铁矿,局部见菱铁矿。矿物晶体粗大,具压碎结构。该阶段是最早一次矿化作用,只有少量金沉淀。

(2)金-石英-多金属硫化物阶段:共生矿物有黄铁矿、黄铜矿、方铅矿、闪锌矿、银金矿、斜方辉铅铋矿、石英等。它们常呈单独的或其中某几种矿物聚集成网脉状、不规则状及团块状充填于早期矿物的裂隙、晶隙内。该阶段是矿物组合最复杂、矿化作用最强烈、银金矿形成最主要的阶段。

(3)石英-碳酸盐阶段:共生矿物为石英、方解石。方解石细脉伴有自形粒状石英穿插于矿石的晚期裂隙中,此阶段无金矿化,代表矿化作用的结束。

矿床成因:根据上述地质特征,本矿床应属中温热液裂隙充填式含金石英脉型金矿床。

7. 矿床系列标本简述

本次标本采自马家窑金矿床巷道、矿石堆及渣石堆,采集标本6块,岩性分别为绢云母化石英黄铁矿脉金矿石、黄铁矿化石英脉金矿石、黄铁绢英岩金矿石、条带状黑云斜长片麻岩、黑云英云闪长岩和蚀变辉绿玢岩（表2-9），较全面地采集了马家窑金矿床的矿石和围岩标本。

表2-9 马家窑金矿采集标本一览表

序号	标本编号	光/薄片编号	标本名称	标本类型
1	MJ-B1	MJ-g1/MJ-b1	绢云母化石英黄铁矿脉金矿石	矿石
2	MJ-B2	MJ-g2/MJ-b2	黄铁矿化石英脉金矿石	矿石
3	MJ-B3	MJ-g3/MJ-b3	黄铁绢英岩金矿石	矿石
4	MJ-B4	MJ-b4	条带状黑云斜长片麻岩	围岩
5	MJ-B5	MJ-b5	黑云英云闪长岩	围岩
6	MJ-B6	MJ-b6	蚀变辉绿玢岩	围岩

注：MJ-B代表马家窑金矿标本，MJ-g代表该标本光片编号，MJ-b代表该标本薄片编号。

8. 图版

（1）标本照片及其特征描述

MJ-B1

绢云母化石英黄铁矿脉金矿石。岩石呈浅黄色及黄褐色，块状构造。主要成分为黄铁矿、石英和钾长石。黄铁矿：浅黄铜色，浸染状分布，条痕为灰黑色，具有强金属光泽，不透明，无解理，断口参差状，硬度较大，黄铁矿颗粒较为自形，且颗粒破碎，较为细小，自形晶粒径<1.0mm，集合体粒径多>1.0mm，含量约50%。脉石矿物主要为石英和钾长石。石英：无色，他形粒状，油脂光泽，粒径<1.0mm，含量约40%。钾长石：浅肉红色，半自形板状，粒径<1.0mm，含量约10%。

MJ-B2

黄铁矿化石英脉金矿石。岩石呈灰白色—纯白色，脉状构造。主要成分为黄铁矿、石英和方解石。黄铁矿：浅黄铜色，呈脉状分布，条痕为灰黑色，具有强金属光泽，不透明，无解理，断口参差状，硬度较大，黄铁矿颗粒较为自形，且颗粒破碎，较为细小，粒径<1.0mm，含量约10%。石英：多为他形粒状，油脂光泽，粒径<1.0mm，含量约80%。方解石：纯白色，不规则粒状，解理发育，粒径<1.0mm，含量约10%。

MJ - B3

黄铁绢英岩金矿石。岩石呈浅绿色,鳞片粒状变晶结构,块状构造。主要成分为绢云母、石英和金属矿物。绢云母:浅绿色,细小鳞片状集合体,丝绢光泽,粒径细小,含量约60%。石英:灰白色,他形粒状,玻璃光泽,粒径<0.5mm,含量约30%。金属矿物:为黄铁矿,浅铜黄色,自形—半自形粒状,金属光泽,粒径<0.5mm,含量约10%。

MJ - B4

条带状黑云斜长片麻岩。岩石呈灰白色,半自形片状粒状变晶结构,条带状构造,暗色矿物与浅色矿物相间分布。主要成分为斜长石、石英和黑云母。斜长石:灰白色,半自形粒状,白色条痕,玻璃光泽,粒径<1.0mm,含量约50%。石英:灰白色,他形粒状,玻璃光泽,粒径<2.0mm,含量约30%。黑云母:褐黑色,片状,玻璃光泽,粒径<1.0mm,含量约20%。

MJ - B5

黑云英云闪长岩。岩石呈灰绿色,半自形片状粒状变晶结构,块状构造。主要成分为斜长石、石英和黑云母。斜长石:灰白色,半自形粒状,白色条痕,玻璃光泽,粒径<1.0mm,含量约60%。石英:灰白色,他形粒状,玻璃光泽,粒径<1.0mm,含量约20%。黑云母:灰绿色,片状,玻璃光泽,粒径<1.0mm,含量约20%。

MJ - B6

蚀变辉绿玢岩。岩石呈灰绿色,半自形粒状结构,块状构造。主要成分为斜长石、普通辉石。斜长石:灰白色,半自形粒状,白色条痕,玻璃光泽,粒径<1.0mm,含量约60%。普通辉石:黑色,半自形短柱状,玻璃光泽,粒径<0.5mm,含量约40%。

(2)标本镜下鉴定照片及特征描述

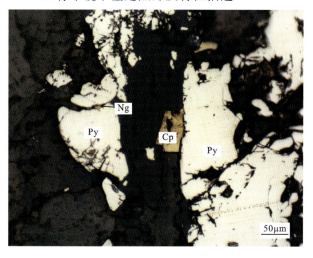

MJ-g1

绢云母化石英黄铁矿脉金矿石。自形—半自形粒状结构。金属矿物为黄铁矿(Py)、黄铜矿(Cp)、闪锌矿(Sph)和自然金(Ng)。黄铁矿:浅黄色,自形—半自形晶粒状,显均质性,硬度较高,不易磨光;黄铁矿颗粒较为破碎,可见大量自形晶黄铁矿颗粒,粒度大小不一;局部可见黄铜矿、闪锌矿交代黄铁矿颗粒,裂隙中可见金矿物;粒径0.1～0.4mm,含量约65%。黄铜矿:铜黄色,他形粒状,显均质性,较易磨光;可见黄铜矿交代黄铁矿颗粒;粒径0.05～0.2mm,含量较少。闪锌矿:灰色,呈他形粒状集合体,显均质性,易磨光,具褐色内反射;可见闪锌矿颗粒交代黄铁矿,粒径0.1～0.2mm,含量较少。自然金:亮黄色,不规则粒状,硬度较低,常见擦痕,分布于黄铁矿颗粒间,为粒间金,粒径0.02～0.05mm,含量较少。

矿石矿物生成顺序:黄铁矿→黄铜矿、闪锌矿→自然金。

MJ-g2

黄铁矿化石英脉金矿石。自形—半自形晶粒状结构,星散状构造。金属矿物为黄铁矿(Py)。黄铁矿:黄白色,自形—半自形晶粒状,显均质性,多聚集在一起,少数零星分布于脉石矿物之间,粒径0.02～0.15mm,含量<5%。

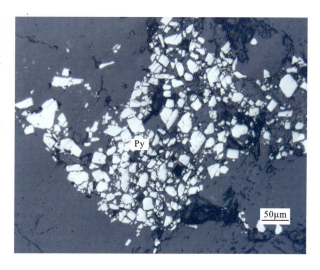

MJ-g3

黄铁绢英岩金矿石。自形—半自形晶粒状结构,星散状构造。金属矿物为黄铁矿(Py)、黄铜矿(Cp)。黄铁矿:黄白色,自形—半自形晶粒状,显均质性,分布于脉石矿物之间,局部较集中,粒径0.05～0.8mm,含量5%～10%。黄铜矿:铜黄色,他形晶粒状,显均质性,分布于黄铁矿中,粒径0.01～0.04mm,含量微少。

矿物生成顺序:黄铁矿→黄铜矿。

MJ - b1

绢云母化石英黄铁矿脉。自形—半自形粒状结构。主要成分为黄铁矿(Py)、石英(Qz),其次为钾长石(Kf),可见鳞片状绢云母(Ser)。黄铁矿:多为自形晶颗粒,显均质性,细脉浸染状分布于岩石中,局部可见成片分布的黄铁矿集合体,自形晶粒径 0.2~0.4mm,集合体多>1.0mm,含量 45%~50%。石英:无色,多为他形粒状,正低突起,正交偏光镜下干涉色为一级灰白,可见波状消光,粒径 0.3~0.5mm,含量 30%~40%。钾长石:无色,他形粒状,矿物颗粒多较为破碎,多发生风化致表面浑浊不清;一级灰白干涉色,可见两组近垂直相交的解理,可见格子双晶,也可见环带构造;粒

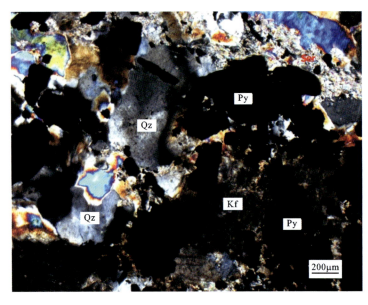

度 0.4~0.6mm,含量 5%~10%。绢云母:无色,细小鳞片状,常组成显微晶质鳞片状集合体,正低突起,干涉色鲜艳,多为二到三级;多为斜长石的蚀变产物,保留有斜长石假象,局部为交代残余结构;粒径多<0.1mm,含量约 5%。

MJ - b2

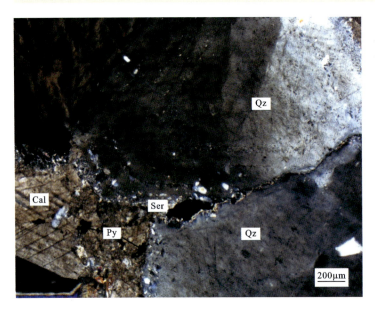

黄铁矿化石英脉。自形—半自形粒状结构。主要成分为石英(Qz),其次为方解石(Cal)、黄铁矿(Py),可见少量绢云母(Ser)。石英:无色,多为他形粒状,正低突起,干涉色为一级灰白,可见波状消光,粒度 0.5~0.8mm,含量 85%~90%。黄铁矿:具均质性,多为自形—半自形晶颗粒,多呈零星状分布于透明矿物中,粒径 0.1~0.2mm,含量约 5%。方解石:无色,多呈不规则颗粒状;闪突起,高级白干涉色;可见菱形解理,也可见聚片双晶;粒径 0.2~0.4mm,含量约 5%。绢云母:无色,细小鳞片状,常组成显微晶质鳞片状集合体,正低突起,干涉色鲜艳,多为二到三级;多为斜长石的蚀变产物,保留有斜长石假象,多沿石英及方解石裂隙发育,粒径<0.01mm,含量较少。

MJ-b3

黄铁绢英岩。鳞片粒状变晶结构。该岩石普遍遭受较强的绢英岩化、黄铁矿化蚀变作用，其中以绢英岩化为主，其次为黄铁矿化。主要成分为绢云母（Ser）、石英（Qz），其次为少量的黑云母（Bi）和金属矿物。绢云母：浅褐色，为细小鳞片状集合体，干涉色十分鲜艳，最高干涉色可达三级绿，粒径细小，含量55%～60%。石英：无色，呈他形粒状，表面光洁，一级黄白干涉色，具波状消光现象，粒径0.2～0.6mm，含量20%～25%。黑云母：半自形片状，平行消光，普遍褪色为白云母，干涉色鲜艳，粒径0.4～0.6mm，含量10%～15%。金属矿物：根据晶形推测为黄铁矿（Py），自形—半自形粒状，较均匀分布，粒径0.05～0.6mm，含量5%～10%。

MJ-b4

条带状黑云斜长片麻岩。半自形片状粒状变晶结构，片麻状构造。主要成分为斜长石（Pl）、石英（Qz）和黑云母（Bi）。黑云母呈不连续定向—半定向分布，形成片麻状构造。斜长石：无色，半自形板状、粒状，聚片双晶发育，裂隙发育，具较强的绢云母化蚀变，一级灰白干涉色，粒径0.4～1.0mm，含量40%～50%。石英：无色，他形粒状，一级黄白干涉色，局部在构造应力作用下，粒状石英被拉长，粒径0.2～1.2mm，最大可达2.0mm，含量30%～35%。黑云母：褐色，半自形片状，一组完全解理，浅黄色—黄褐色多色性，吸收性强，正中突起，平行消光，干涉色被自身颜色所掩盖，呈不连续定向—半定向分布于上述矿物之间，粒径0.4～1.0mm，含量20%～25%。

MJ-b5

黑云斜长片麻岩。半自形片状粒状变晶结构，片麻状构造。主要成分为斜长石(Pl)、石英(Qz)和黑云母(Bi)；黑云母呈不连续定向—半定向分布，形成片麻状构造。斜长石：无色，半自形板状、粒状，聚片双晶发育，裂隙发育，具轻微的绢云母化蚀变，一级灰白干涉色，粒径0.4~1.2mm，含量55%~65%。石英：无色，他形粒状，一级黄白干涉色，局部在构造应力作用下，粒状石英被拉长，粒径0.2~1.0mm，含量20%~25%。黑云母：普遍具绿泥石化蚀变呈浅绿色，半自形片状，平行消光，呈不连续定向—半定向分布于上述矿物之间，粒径0.4~1.0mm，含量15%~20%。

MJ-b6

蚀变辉绿玢岩。斑状结构，基质为辉绿结构。主要成分为斜长石(Pl)、普通辉石(Aug)、普通角闪石(Hb)、金属矿物，其中斑晶成分主要为普通辉石和斜长石，斑晶粒径0.2~1.0mm，基质由板条状斜长石、普通辉石、普通角闪石、金属矿物组成，板条状斜长石构成三角形格架，其间分布粒状普通辉石、普通角闪石和金属矿物，构成辉绿结构，粒径0.02~0.2mm。斑晶含量25%~35%。普通辉石：为半自形短柱状、粒状，已完全发生蛇纹石化蚀变，仅根据晶形判断其矿物成分，粒径0.2~0.6mm，含量20%~25%。斜长石：无色，为半自形板状，已完全绢云母化蚀变，仅根据晶形判断其矿物成分，粒径0.2~1.0mm，含量5%~10%。基质含量65%~75%。基质由细小板条状斜长石(Pl)、普通辉石(Aug)、普通角闪石(Hb)和金属矿物组成，板条状斜长石(含量50%~55%)构成三角形格架，其间分布粒状普通辉石(含量5%~7%)、普通角闪石(含量10%~12%)和金属矿物(约1%)，构成辉绿结构，粒径0.02~0.2mm。金属矿物：黑色，半自形—他形粒状，均匀分布在基质中，粒径0.02~0.05mm，含量约1%。

第三节 金牛山式金矿床

金牛山式金矿床（硫化物石英脉型）主要指发育于山东半岛东部牟平—乳山一带新元古代震旦纪昆嵛山（玲珑期）二长花岗岩及其与古元古代荆山群接触带附近的金矿床，主要见于北北东向和近南北向的牟平-乳山断裂带内以及其旁侧次级断裂内，是以沿断裂发育脉体宽大的含金硫化物（主要为黄铁矿）石英脉为特征的金矿床。多数矿床富含黄铁矿（硫含量一般≥8%），有时伴生其他金属硫化物（主要是铜的硫化物），金品位中等或偏低（各矿床平均品位多在3.00~16.76g/t之间）。其赋矿围岩和控矿构造位置、方向及矿石矿物组合与招远—莱州地区焦家式金矿床和玲珑式金矿床差异明显。

一、乳山市金青顶金矿

金青顶金矿位于威海乳山市东北25km，行政区划隶属于乳山市下初镇。其大地构造位置位于秦岭-大别-苏鲁造山带（Ⅰ）胶南-威海隆起（Ⅱ）威海隆起（Ⅲ）乳山-荣成断隆（Ⅳ）昆嵛山-乳山凸起（Ⅴ）西部，牟平-乳山金成矿带中部。矿区累计查明金金属量31t，矿床规模属大型。

1. 矿区地质特征

区内出露地层由老至新为古元古代荆山群和新生代第四系（图2-16）。其中荆山群野头组为本区金矿成矿的矿源层。

区内构造以北北东向为主，为区内含金石英脉型金矿床的重要控矿构造，自西向东分别为青虎山-唐家沟断裂、石沟-巫山断裂、岔河-三甲断裂、将军石-曲河庄断裂、葛口断裂和马家庄-合子村断裂。断裂最长达20余千米，宽1~20m不等，断裂近于平行，且近等间距分布，走向5°~25°，多倾向南东，倾角75°~90°。

区内岩浆岩分布广泛，主要为中元古代海阳所序列老黄山单元中细粒变辉长岩（斜长角闪岩）、中生代垛崮山序列大孤山单元花岗闪长岩、中生代燕山早期玲珑序列崔召单元弱片麻状中粒二长花岗岩、郭家店单元弱片麻状中粗粒二长花岗岩；区内脉岩发育，主要有石英脉、煌斑岩等。

2. 矿体特征

矿区内共圈定4个矿体，编号分别为Ⅰ、Ⅱ、Ⅱ-1、Ⅱ-2，其中Ⅱ号矿体规模较大，为矿床内主要矿体，Ⅱ-1号矿体为次要矿体，Ⅱ-2号矿体为小矿体。各矿体主要特征详见表2-10。

表2-10 金青顶金矿体特征一览表

矿体编号	分布区间		矿体形态	产状/(°)		规模		平均厚度/m	平均品位/(g/t)
	平面区间/线	标高/m		走向	倾角	长度/m	斜深/m		
Ⅱ	23~35	-785~-1220	脉状	5~29	66~88	650	480	2.06	6.58
Ⅱ-1	29~31	-947~-987	脉状	21	82	177	22	3.12	3.02
Ⅱ-2	39	23~35	脉状	28	82	20	20	0.86	2.16

3. 矿石特征

矿石金属矿物为黄铁矿，少量闪锌矿、方铅矿，微量黄铜矿、磁黄铁矿。非金属矿物为石英，少量绢

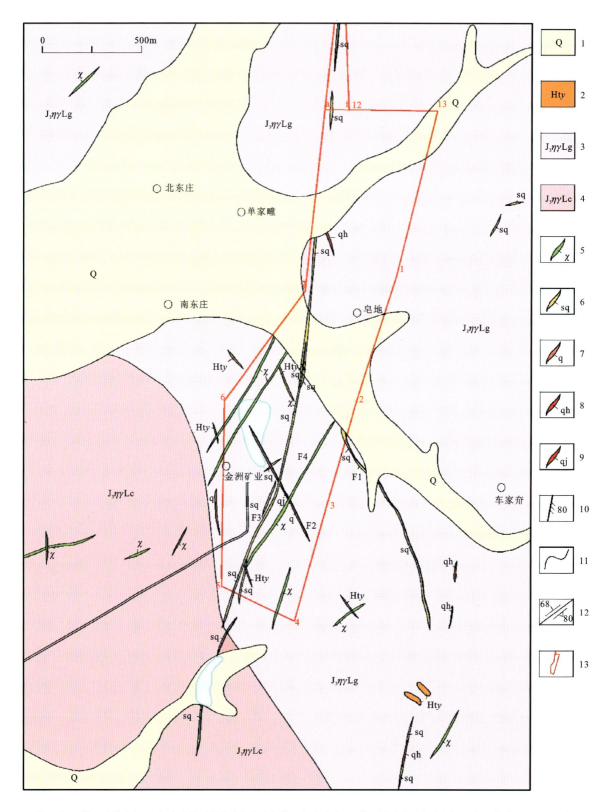

1.第四系;2.荆山群野头组;3.郭家店单元弱片麻状含中粗粒二长花岗岩;4.崔召单元弱片麻状中粒二长花岗岩;5.煌斑岩脉;6.硅化绢云母化蚀变带;7.石英脉;8.褐铁矿化石英脉;9.含金黄铁矿石英脉;10.压扭性断裂及产状;11.地质界线;12.产状(°)/片麻理产状;13.勘查区范围。

图2-16 金青顶金矿地质简图(据付世兴等,2018)

云母、碳酸盐矿物等。金的赋存状态主要为裂隙金和晶隙金,次为包体金。金矿物为自然金,其中黄铁矿为主要载金矿物。

矿石结构主要为半自形粒状结构、压碎结构,次为他形交代结构,少见填隙结构。矿石构造主要为块状、团块状、浸染状、脉状、斑杂状和角砾状构造。

矿石自然类型均为原生矿石,根据其矿物共生组合、结构、构造等特征,分为以下矿石类型:①黄铁矿(化)石英脉型,以金青顶Ⅱ号矿体代表;②黄铁矿化花岗岩型,以金青顶矿区Ⅱ-1、Ⅱ-2 矿体为代表。矿石工业类型为中硫金矿石。

4. 共伴生矿产评价

矿石中的主要有益元素是金,平均品位 6.41g/t。银平均品位 38.43g/t、硫平均品位 4.85%,达到综合回收利用水平,其他元素均达不到综合回收利用水平。矿石中有害组分为砷,最高 $402×10^{-6}$,含量较低,不会对选冶产生影响。

5. 矿体围岩和夹石

矿体顶底板围岩多受热液交代作用,均已蚀变,主要为(绢云母化)钾化二长花岗岩、(黄铁矿化)石英脉、黑云斜长片麻岩等,间接围岩为二长花岗岩、黑云斜长片麻岩等。

矿体夹石厚度一般小于 1.50m,最大厚度 1.67m。矿体夹石以蚀变的花岗岩为主,其次为石英脉和煌斑岩。

6. 成因模式

牟平-乳山金成矿带金矿主要受北北东向断裂控制,大中型金矿床(点)星罗棋布,其中金青顶金矿为本区最大的石英脉型金矿,是本区金矿典型代表。金青顶金矿与昆嵛山花岗岩和荆山群变质岩具有同源演化关系,成矿溶液以重熔岩浆水为主,有变质水和大气降水的加入。主矿体形成于 295~311℃和 75.8~77.7MPa 的条件下,属岩浆期后中温热液型矿床。

综上,金青顶金矿属于与花岗岩在成因和时空上相关的中低温热液石英脉充填型金矿床。

7. 矿床系列标本简述

本次标本采自金青顶金矿渣石堆,采集标本 5 块,岩性分别为褐铁黄铁矿化绢英岩金矿石、黄铁矿化石英脉金矿石、钠长石化绢云母化花岗岩、钾长石化绢云母化花岗岩、橄榄煌斑岩(表 2-11),较全面地采集了金青顶金矿床的矿石和围岩标本。

表 2-11 金青顶金矿采集标本一览表

序号	标本编号	光/薄片编号	标本名称	标本类型
1	JQD-B1	JQDg1/JQD-b1	褐铁黄铁矿化绢英岩金矿石	矿石
2	JQD-B2	JQDg2/JQD-b2	黄铁矿化石英脉金矿石	矿石
3	JQD-B3	JQD-b3	钠长石化绢云母化花岗岩	围岩
4	JQD-B4	JQD-b4	钾长石化绢云母化花岗岩	围岩
5	JQD-B5	JQD-b5	橄榄煌斑岩	围岩

注:JQD-B 代表金青顶金矿标本,JQD-g 代表该标本光片编号,JQD-b 代表该标本薄片编号。

8.图版

（1）标本照片及其特征描述

JQD-B1

褐铁黄铁矿化绢英岩金矿石。岩石呈灰绿色，半自形鳞片粒状变晶结构，块状构造。主要成分为英、绢云母和黄铁矿。石英：灰白色，半自形粒状，玻璃光泽，粒径＜3.0mm，含量约65%。绢云母：浅绿色，极其细小鳞片状集合体，丝绢光泽，粒径细小，含量约25%。黄铁矿：浅铜黄色，自形—半自形晶粒状结构，金属光泽，粒径＜1.0mm，含量约5%。

JQD-B2

黄铁矿化石英脉金矿石。岩石呈灰白色，半自形粒状变晶结构，块状构造。主要成分为石英、黄铁矿。石英：灰白色，他形粒状，玻璃光泽，粒径＜3.0mm，含量约70%。黄铁矿：浅铜黄色，自形—半自形晶粒状结构，金属光泽，呈集合体分布较集中，粒径＜1.0mm，含量约30%。

JQD-B3

钠长石化绢云母化花岗岩。岩石为灰白色，中—细粒粒状结构，块状构造。主要成分为斜长石、钾长石和石英。可见少量白云母和金属矿物。斜长石：灰白色，粒径1.0mm左右，含量约50%。钾长石：肉红色，粒径1.0~2.0mm，含量约20%。石英：无色，油脂光泽，粒径＜1.0mm，含量约20%。

JQD-B4

钾长石化绢云母化花岗岩。岩石为灰白色带肉红色,中—细粒粒状结构,块状构造。主要成分为斜长石、钾长石和石英。可见少量白云母和金属矿物。斜长石:灰白色,粒径1.0mm左右,含量约50%。钾长石:肉红色,粒径1.0~2.0mm,含量约30%。石英:无色,具油脂光泽,粒径<1.0mm,含量约20%。

JQD-B5

橄榄煌斑岩。岩石为灰黑色,块状构造。浅色矿物主要为长石,粒径<0.1mm,含量约20%。暗色矿物自形程度较好,粒度大者呈斑晶,粒径可达3.0~4.0mm,含量约30%;粒度较小者粒径<0.1mm,含量约20%。可见细小金属矿物,具金属光泽,含量约30%。

(2)标本镜下鉴定照片及特征描述

JQD-g1

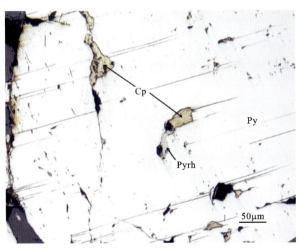

褐铁黄铁矿化绢英岩金矿石。半自形晶粒状结构,稀疏浸染状构造。金属矿物为黄铁矿(Py)、黄铜矿(Cp)和磁黄铁矿(Pyrh)。黄铁矿:黄白色,为自形—半自形晶粒状,显均质性,呈集合体集中分布,粒径0.02~2.0mm,含量30%~35%。黄铜矿:铜黄色,半自形—他形晶粒状,显均质性,沿黄铁矿裂隙或其边缘交代,粒径0.05~1.2mm,集合体可达4.0mm,含量10%~15%。磁黄铁矿:乳黄色微带粉色调,他形晶粒状,强非均质性,沿黄铁矿裂隙分布,粒径0.02~0.05mm,含量微少。

矿石矿物生成顺序:黄铁矿→黄铜矿→磁黄铁矿。

JQD – g2

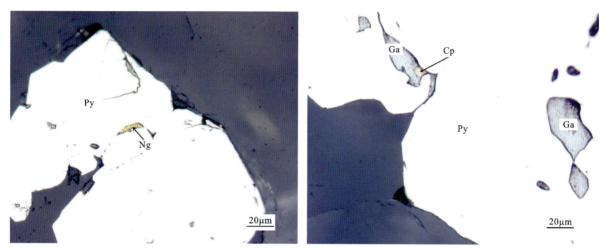

黄铁矿化石英脉金矿石。半自形晶粒状结构,稀疏浸染状构造。金属矿物为黄铁矿(Py)、方铅矿(Ga)、黄铜矿(Cp)和自然金(Ng)。黄铁矿:黄白色,自形—半自形晶粒状,显均质性,呈集合体集中分布,粒径0.02~1.4mm,含量25%~30%。方铅矿:白色,呈不规则粒状,显均质性,沿黄铁矿边缘或其裂隙交代黄铁矿,粒径0.02~0.10mm,含量较少。黄铜矿:铜黄色,他形晶粒状,显均质性,分布于方铅矿中或沿黄铁矿裂隙分布,粒径0.005~0.010mm,含量微少。自然金:亮黄色,呈不规则粒状,显均质性,分布于黄铁矿中或分布于其裂隙之间,粒径0.005~0.020mm,含量微少。

矿石矿物生成顺序:黄铁矿→方铅矿→黄铜矿→自然金。

JQD – b1

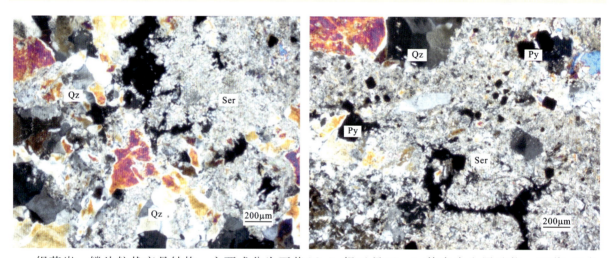

绢英岩。鳞片粒状变晶结构。主要成分为石英(Qz)、绢云母(Ser),其次为金属矿物。石英:无色,半自形板状、粒状,一级黄白干涉色,表面光洁,具波状消光现象,镜下可见呈粗大板状的石英集合体,或粒径细小的他形粒状石英,推测由硅化作用形成,粒径0.6~3.2mm,最小不足0.20mm,含量60%~70%。绢云母:无色,细小鳞片状集合体,干涉色可达三级蓝绿,集合体略具斜长石假象,粒径细小,含量25%~30%。金属矿物:黑色,自形—半自形粒状,具较好的四边形晶形,推测为黄铁矿(Py),零星分布于上述矿物之间,粒径0.05~0.60mm,含量约5%。

JQD-b2

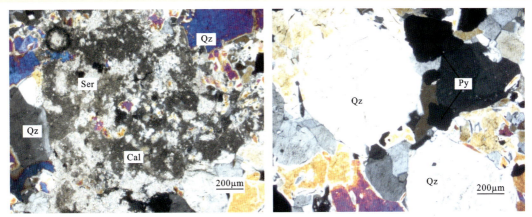

黄铁矿化石英脉。半自形粒状变晶结构。主要成分为石英(Qz)、金属矿物、方解石(Cal)和绢云母(Ser)。石英：无色，半自形板条状、细小他形粒状集合体，为硅化作用形成，表面光洁，具波状消光现象，一级黄白干涉色，粒径0.6~2.8mm，最小不足0.1mm，含量60%~65%。金属矿物：黑色，自形—半自形粒状，推测为黄铁矿(Py)，局部集中分布，粒径0.05~1.2mm，含量20%~25%。方解石：无色，半自形—他形粒状，高级白干涉色，局部呈集合体，分布不均匀，粒径0.2~1.0mm，含量10%~15%。绢云母：无色，细小鳞片状集合体，干涉色鲜艳，分布于方解石集合体中，粒径细小，含量较少。

JQD-b3

钠长石化钾长石化绢云母化花岗岩。中—细粒半自形粒状变晶结构，花岗变晶结构，交代结构。主要成分为斜长石(Pl)、钾长石(Kf)、石英(Qz)、白云母(Mu)和金属矿物，金属矿物含量约5%。岩石中斜长石自形程度较好，钾长石次之，他形石英填充于矿物颗粒之间形成花岗结构。岩石普遍遭受蚀变作用，如钠长石化、钾长石化、绢云母化等，形成条纹长石(Pth)和钠长石(Ab)等矿物，呈交代结构。岩石中金属矿物以两种形式产出，一类粒度稍大，填充于长石、石英等矿物颗粒之间；另一类粒度细小，主要与白云母共生。斜长石：无色，多呈板状或粒状，负低突起，最高干涉色为一级灰白；斜长石颗粒普遍发生绢云母化，粒径0.1~0.5mm，粒度大者可达1mm，含量45%~55%。钾长石：无色，半自形—他形板状，负低突起，最高干涉色为一级灰白；钾长石受钠长石化形成条纹长石，钾长石化还可形成颗粒较大的干净的钾长石；粒径0.2~0.6mm，粒度大者可达1~2mm，含量15%~20%。石英：无色，他形粒状，多呈浑圆状，表面光洁，具波状消光现象，干涉色最高为一级黄白；石英受钠长石化可形成粒状或叶片状钠长石，粒径0.1~0.4mm，含量15%~20%。白云母：无色，半自形片状，闪突起，干涉色较鲜艳，达二级至三级，可见一组解理，片径0.2~0.8mm，含量约5%。白云母多包含细小金属矿物，推测白云母为黑云母蚀变产物。

JQD-b4

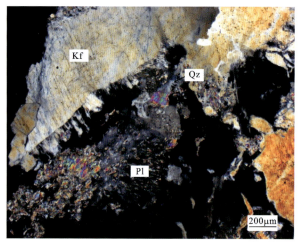

钾长石化绢云母化花岗岩。中一细粒半自形粒状变晶结构，花岗变晶结构，交代结构。主要成分为斜长石(Pl)、钾长石(Kf)和石英(Qz)，可见少量白云母(Mu)、碳酸盐矿物(Cb)和金属矿物，金属矿物含量约5%。岩石中斜长石自形程度较好，钾长石次之，他形石英填充于矿物颗粒之间形成花岗结构。岩石普遍遭受蚀变作用，如钾长石化、绢云母化等，矿物颗粒之间呈交代结构。岩石中金属矿物以两种形式产出，一类粒度稍大，填充于长石、石英等矿物颗粒之间；另一类粒度细小，主要与白云母共生。斜长石：无色，多呈板状或粒状，负低突起，最高干涉色为一级灰白；斜长石颗粒多数发生绢云母化，少数未变化的斜长石可见双晶；粒径0.1~0.5mm，粒度大者可达1.0mm，含量40%~50%。钾长石：无色，半自形—他形板状，负低突起，最高干涉色为一级灰白；岩石经钾长石化可形成颗粒较大且干净的钾长石；粒径0.2~0.6mm，粒度大者可达1.0~2.0mm，含量20%~25%。石英：无色，他形粒状，多呈浑圆状，表面光洁，具波状消光现象，干涉色最高为一级黄白；粒径0.1~0.4mm，含量15%~20%。白云母：无色，半自形片状，闪突起，干涉色较鲜艳，达二级至三级，可见一组解理，片径0.2~0.8mm，含量5%。白云母多包含细小金属矿物，推测白云母为黑云母蚀变产物。碳酸盐矿物：无色，呈不规则粒状集合体，闪突起，高级白干涉色，可见菱形解理，粒径0.2~0.4mm，含量较少。

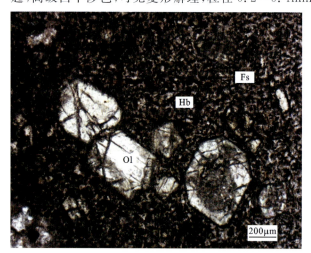

JQD-b5

橄榄煌斑岩。煌斑结构。主要成分为角闪石(Hb)、橄榄石(Ol)和长石(Fs)。斑晶为橄榄石，部分橄榄石受到蚀变作用。基质主要由长石、角闪石和金属矿物组成，为微晶结构，角闪石自形程度较好，呈自形长柱状，长石自形程度较差，基质中金属矿物呈细小粒状，含量约30%。角闪石：多数位于基质中，褐色，自形程度较好，长柱状；正中突起，可见多色性及吸收性，最高干涉色为二级；粒径<0.1mm，含量25%~30%。橄榄石：无色，多数为自形粒状，也可见自形短柱状，切面呈两端尖锐的长六边形；正高突起，最高干涉色为二级顶部；部分橄榄石受到蚀变作用，中心发生碳酸盐化，边缘蚀变为细小辉石或角闪石；粒度不均，但均以斑晶形式产出，多数0.2~0.6mm，少数可达3.0~4.0mm，含量20%~25%。长石：无色，多呈半自形—他形粒状或板状，负低突起，最高干涉色为一级灰白，未见双晶；粒径<0.1mm，含量15%~20%。

二、牟平邓格庄金矿

邓格庄金矿位于烟台市牟平区城南东约30km邓格庄村南至水道镇北部一带，行政区划隶属牟平区水道镇。其大地构造位置位于秦岭-大别-苏鲁造山带（Ⅰ）胶南-威海隆起区（Ⅱ）威海隆起（Ⅲ）乳山-荣成断隆（Ⅳ）昆嵛山-乳山凸起（Ⅴ）。矿区位于胶东东部著名的牟-乳成矿带内，金牛山断裂带的中段西侧，成矿条件极为优越。矿区累计查明金金属量25t，矿床规模属大型。

1. 矿区地质特征

区内出露地层较简单，除少量古元古代荆山群呈包体零星分布外，主要为新生代第四纪沉积物（图2-17）。

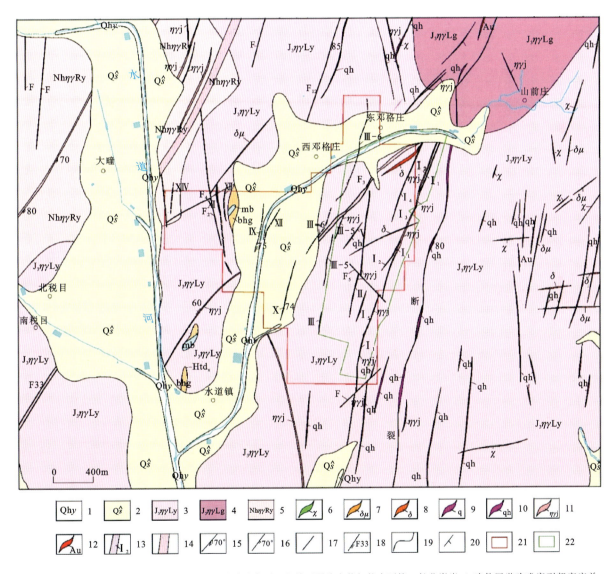

1. 全新统沂河组；2. 第四系山前组；3. 晚侏罗世玲珑序列云山单元弱片麻状细粒含石榴二长花岗岩；4. 晚侏罗世玲珑序列郭家店单元中粗粒二长花岗岩；5. 南华世荣成序列玉林店单元细中粒含黑云二长花岗质片麻岩；6. 煌斑岩脉；7. 闪长玢岩脉；8. 闪长岩脉；9. 石英脉；10. 黄铁矿石英脉；11. 绢英岩化二长花岗岩；12. 金矿体；13. 矿化带位置及编号；14. 挤压破碎带；15. 压扭性断裂及产状；16. 张扭性断裂及产状；17. 性质不明断裂；18. 断裂及编号；19. 地质界线；20. 地层产状；21. 探矿许可证范围；22. 采矿许可证范围。

图2-17 邓格庄金矿地质简图（据万鹏等，2017）

区内构造主要为北北东向、北北西向、北东向、北西向脆性断裂。其中北北东向压扭性断裂构造为控制金矿脉的主要构造,金牛山主断裂两侧的次级断裂为金矿体的主要赋存部位,而在断裂交会处及缓倾斜的分支断裂中则多是矿体的富集地段,断裂构造的形态、规模直接控制和约束着金矿脉及金矿体的变化。

区内岩浆岩主要为新元古代荣成序列玉林店单元中细粒含黑云二长花岗质片麻岩,中生代玲珑序列云山单元弱片麻状细粒含石榴二长花岗岩、郭家店单元中粗粒二长花岗岩。另外,尚有中生代脉岩侵入,主要为煌斑岩、闪长岩、闪长玢岩、伟晶岩、石英脉等,沿矿脉或穿切矿脉分布,规模较小。

2. 矿体特征

矿区内目前发现 12 条矿化蚀变带,主要矿化蚀变带为Ⅰ、Ⅱ、Ⅲ、Ⅹ号矿化蚀变带。在 12 条矿化蚀变带中共圈定 46 个矿体,其中Ⅲ-6_2为主要矿体,Ⅹ-1、Ⅲ-5_1、Ⅲ-6_1、Ⅱ-1、Ⅰ$_{2-2}$为次要矿体,其他小矿体为零星小矿体。主要矿体、次要矿体特征详见表 2-12,图 2-18。

表 2-12 邓格庄金矿体特征一览表

主、次要矿体	矿体编号	赋存标高/m	走向长度/m	倾向延深/m	产状/(°) 倾向	产状/(°) 倾角	平均厚度/m	矿体平均Au品位/(g/t)	变化系数/% 厚度	变化系数/% 品位
主要	Ⅲ-6_2	93.6～-672.2	1050	707.00	290	85	0.76	4.69	59.30	89.00
次要	Ⅰ$_{2-2}$	51.36～-602	1612	851.00	290	75	0.49	7.89	49.43	52.13
次要	Ⅱ-1	124～-624	1370	675.00	290	83	0.74	5.56	38.95	42.84
次要	Ⅲ-5_1	91.4～-605.4	480	675.50	290	75	0.45	6.03	35.16	39.57
次要	Ⅲ-6_1	72.8～-404.2	487	462.20	290	85	0.76	8.72	50.70	89.59
次要	Ⅹ-1	61～-423	467	462.00	110	71	1.52	6.37	70.54	71.00

3. 矿石特征

矿石金属矿物主要为黄铁矿,少量黄铜矿、磁黄铁矿、磁铁矿、褐铁矿、铜蓝、方铅矿、闪锌矿、银金矿、金银矿、自然金;脉石矿物主要为石英,少量方解石、绢云母和斜长石。

矿石结构以晶粒状结构、碎斑结构、碎裂结构、自形—半自形粒状结构为主,次为交代残余结构。矿石构造以块状构造、浸染状构造为主,条带状构造次之。

矿石自然类型为原生矿石,矿石工业类型为高硫黄铁矿石英脉型金矿石。

4. 共伴生矿产评价

金矿石中主要有益组分为金,其他伴生有益组分,银平均品位 27.62g/t,铜平均品位 0.18%,铅平均品位 1.44%,锌平均品位 1.55%,硫平均品位 11.12%,均达到伴生组分综合评价要求。

5. 矿体围岩和夹石

矿体顶、底板围岩主要为绢英岩化二长花岗岩,少量为煌斑岩,局部为中粗粒二长花岗岩、钠长石化二长花岗岩。矿体不含夹石。

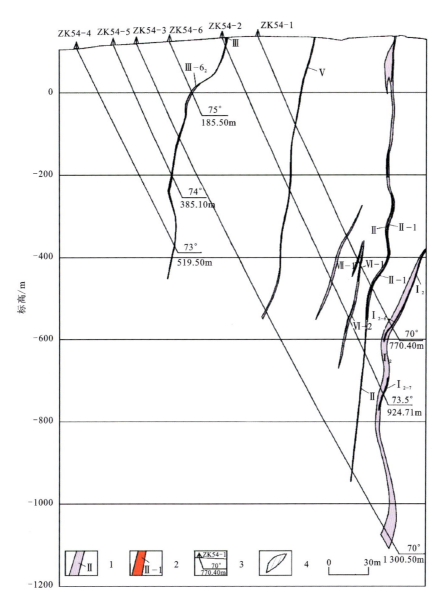

1.矿化带位置及编号;2.矿体位置及编号;3.钻孔位置及编号、孔号;4.采空区。

图 2-18　邓格庄金矿 54 勘探线地质剖面图(据万鹏等,2017)

6. 成因模式

区内古老的变质岩系(荆山群地层)为金矿床的原始矿源层,中生代强烈的构造-岩浆活动,使围岩中的金等成矿元素活化,在物理化学条件不断变化的情况下,使金等成矿元素富集,形成该金矿床。本矿床属中温热液充填富硫含金黄铁矿石英脉型金矿床。

7. 矿床系列标本简述

本次标本采自邓格庄矿床渣石堆,采集标本 6 块,岩性分别为黄铁矿绢英岩金矿石、二长花岗岩、硅化花岗岩、黑云二长花岗岩、辉绿玢岩、绿泥石化硅化蚀变岩(表 2-13),较全面地采集了邓格庄金矿床的矿石和围岩标本。

表 2-13 邓格庄金矿采集标本一览表

序号	标本编号	光/薄片编号	标本名称	标本类型
1	DGZ-B1	DGZ-g1/DGZ-b1	黄铁矿绢英岩金矿石	矿石
2	DGZ-B2	DGZ-b2	二长花岗岩	围岩
3	DGZ-B3	DGZ-b3	硅化花岗岩	围岩
4	DGZ-B4	DGZ-b4	黑云二长花岗岩	围岩
5	DGZ-B5	DGZ-b5	辉绿玢岩	围岩
6	DGZ-B6	DGZ-g2/DGZ-b6	绿泥石化硅化蚀变岩	矿石

注:DGZ-B 代表邓格庄金矿标本,DGZ-g 代表该标本光片编号,DGZ-b 代表该标本薄片编号。

8. 图版

(1)标本照片及其特征描述

DGZ-B1

黄铁矿绢英岩金矿石。岩石呈浅黄色—灰白色,块状构造,局部呈脉状。主要成分为黄铁矿、石英、斜长石,局部可见少量绢云母化蚀变。黄铁矿:浅铜黄色,呈脉状、浸染状分布于岩石中,可见黄铁矿自形晶发育,强金属光泽,粒径>1.0mm,含量约50%。石英:无色,他形粒状,油脂光泽,粒径<1.0mm,含量约30%。斜长石:灰白色,半自形板状,粒径<1.0mm,含量约5%。绢云母:浅绿色,细小鳞片状,粒径<1.0mm,含量约15%。

DGZ-B2

二长花岗岩。岩石呈肉红色,半自形粒状结构,块状构造。主要成分为斜长石、石英、钾长石和黑云母。斜长石:灰白色,半自形粒状,白色条痕,玻璃光泽,粒径<2.5mm,含量约35%。石英:灰白色,他形粒状,玻璃光泽,局部呈条带状,粒径<2.0mm,含量约30%。钾长石:肉红色,半自形粒状,白色条痕,玻璃光泽,粒径<3.0mm,含量约25%。黑云母:因绿泥石化呈浅绿色,片状,粒径<1.0mm,含量约10%。

DGZ - B3

硅化花岗岩。岩石呈灰白色,半自形粒状结构,块状构造。主要成分为石英、斜长石和钾长石。石英:灰白色,半自形粒状,玻璃光泽,粒径可达 3.0mm,含量约 55%。斜长石:灰白色,半自形粒状,因绢云母化略具丝绢光泽,粒径<2.5mm,含量约 35%。钾长石:肉红色,半自形粒状,白色条痕,玻璃光泽,粒径<1.0mm,含量约 10%。

DGZ - B4

黑云二长花岗岩。岩石呈浅灰绿色,半自形粒状结构,块状构造。主要成分为斜长石、钾长石、石英和黑云母。斜长石:浅灰绿色,半自形粒状,白色条痕,玻璃光泽,粒径<4.0mm,含量约 65%。石英:烟灰色,他形粒状,玻璃光泽,粒径<1.0mm,含量约 20%。黑云母:浅褐色,半自形片状,玻璃光泽,粒径<1.0mm,含量约 15%。

DGZ - B5

辉绿玢岩。岩石呈灰绿色,斑状结构,块状构造。主要成分为普通辉石,普通辉石已完全发生碳酸盐化蚀变,仅根据晶形判断其矿物成分,粒径<1.0mm,含量约 20%。基质由斜长石、普通辉石和金属矿物构成,辉绿结构,粒径<0.4mm,含量约 80%。

DGZ - B6

绿泥石化硅化蚀变岩。岩石呈灰绿色,块状构造。主要成分为黄铁矿,其次为石英。黄铁矿:浅铜黄色,自形—半自形晶粒状,金属光泽,颗粒之间紧密镶嵌在一起,粒径<2.0mm,含量约 70%。石英:灰白色,他形粒状,玻璃光泽,粒径<2.0mm,含量约 30%。

（2）标本镜下鉴定照片及特征描述

DGZ-g1

黄铁矿绢英岩金矿石。自形—半自形晶粒状结构，稠密浸染状构造。金属矿物为黄铁矿（Py）和黄铜矿（Cp）。黄铁矿：黄白色，自形—半自形晶粒状，显均质性，矿物颗粒之间紧密镶嵌在一起，粒径 0.2~2.0mm，含量 65%~70%。黄铜矿：铜黄色，他形晶粒状，显均质性，分布于黄铁矿裂隙中，粒径 0.005~0.08mm，含量微少。

矿石矿物生成顺序：黄铁矿→黄铜矿。

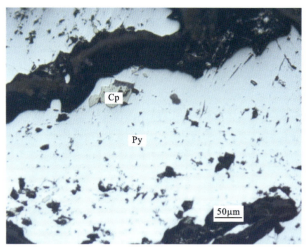

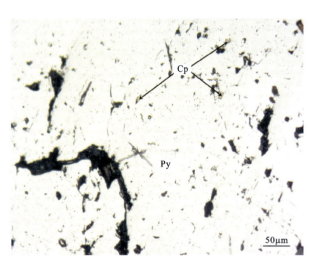

DGZ-g2

绿泥石化硅化蚀变岩。自形—半自形晶粒状结构，稠密浸染状构造。金属矿物为黄铁矿（Py）和黄铜矿（Cp）。黄铁矿：黄白色，自形—半自形晶粒状，显均质性，颗粒之间紧密镶嵌在一起，可见黄铁矿晶体中包含他形黄铜矿，粒径 0.2~2.2mm，最小不足 0.1mm，含量 65%~70%。黄铜矿：铜黄色，他形晶粒状，显均质性，分布于黄铁矿裂隙中，或以包体形式分布于黄铁矿中，分布较均匀，粒径 0.01~0.04mm，含量较少。

矿石矿物生成顺序：黄铁矿→黄铜矿。

DGZ-b1

黄铁矿绢英岩。细粒片状粒状变晶结构。主要成分为黄铁矿（Py）、绢云母（Ser）和石英（Qz），可见少量斜长石（Pl）。岩石保留原岩的变余石英、长石斑晶而形成变余斑状结构。绢云母细小鳞片状集合体取代斜长石，并具有斜长石的假象形成交代假象结构，交代不完全时，形成交代残余结构。黄铁矿：自形—半自形粒状，可见较大颗粒的集合体，也可见少量呈零星状分布于透明矿物中，自形晶粒径 0.2~0.4mm，黄铁矿集合体可达 2.0mm 以上，含量 45%~50%。绢云母：无色，细

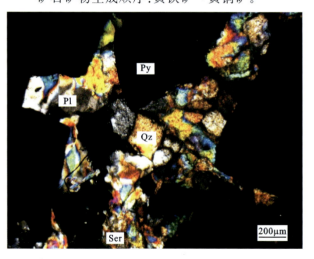

小鳞片状，常组成显微晶质鳞片状集合体，正低突起，干涉色鲜艳，多为二到三级；多为斜长石的蚀变产物，保留有斜长石假象，局部为交代残余结构；粒径多<0.1mm，含量 35%~40%。石英：无色，可见他形粒状，也可见板条状自形、半自形晶体，正低突起，表面光洁，无解理，具波状消光现象，一级白干涉色；粒径 0.2~0.5mm，含量 5%~10%。斜长石：无色，多呈他形，负低突起，一级灰白干涉色；斜长石颗粒较为破碎，表面可见碳酸盐化，可见聚片双晶，粒径 0.2~0.4mm，含量较少。

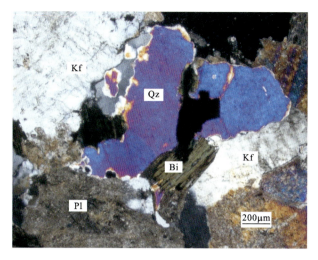

DGZ-b2

二长花岗岩。半自形粒状结构。主要成分为斜长石(Pl)、石英(Qz)、钾长石(Kf)、黑云母(Bi)和金属矿物。斜长石：无色，半自形板状、他形粒状，聚片双晶发育，一级灰白干涉色，普遍遭受较强的绢云母化蚀变，粒径0.6~2.4mm，含量30%~35%。石英：无色，半自形—他形粒状，表面光洁，具波状消光现象，一级黄白干涉色，粒径0.2~2.2mm，含量30%~35%。钾长石：无色，半自形板状，负低突起，一级灰白干涉色，表面轻微黏土矿化，粒径0.8~3.2mm，含量25%~30%。黑云母：半自形片状，几乎完全发生绿泥石化蚀变，粒径0.4~1.0mm，含量5%~10%。金属矿物：黑色，半自形粒状，零星几颗，粒径0.1~0.6mm，含量较少。

DGZ-b3

硅化花岗岩。半自形粒状结构。主要成分为石英(Qz)、斜长石(Pl)、钾长石(Kf)和金属矿物。石英：无色，半自形—他形粒状，表面光洁，具波状消光现象，一级黄白干涉色，粗大的石英颗粒紧密镶嵌在一起，粒径0.8~3.2mm，细小的石英颗粒粒度不足0.2mm，含量55%~60%。斜长石：无色，半自形板状、他形粒状，聚片双晶发育，一级灰白干涉色，普遍遭受较强的绢云母化蚀变，粒径0.6~2.6mm，含量30%~35%。钾长石：无色，半自形板状，负低突起，一级灰白干涉色，表面具黏土矿化蚀变，粒径0.4~1.2mm，含量5%~10%。金属矿物：黑色，他形粒状，零星可见，粒径0.04~0.10mm，含量较少。

DGZ-b4

黑云二长花岗岩。半自形粒状结构。主要成分为斜长石（Pl）、钾长石（Kf）、石英（Qz）和黑云母（Bi）。斜长石：无色，半自形板状、粒状，表面强绢云母蚀变，一级灰白干涉色，聚片双晶发育，粒径0.6～4.0mm，含量35%～40%。钾长石：无色，半自形板状、粒状，一级灰白干涉色，粒径0.8～4.0mm，含量25%～30%。石英：无色，他形粒状，表面光洁，一级黄白干涉色，粒径0.2～1.2mm，含量20%～25%。黑云母：浅褐色，半自形片状，褪色现象明显，局部聚集分布，片径0.4～1.0mm，含量10%～15%。

DGZ-b5

辉绿玢岩。斑状结构，基质为辉绿结构。主要成分为斜长石（Pl）、普通辉石（Aug）和金属矿物。斑晶含量15%～20%，粒径一般0.4～1.0mm。斑晶成分为普通辉石。普通辉石：自形—半自形粒状，已完全发生碳酸盐化蚀变，仅根据晶形推断其矿物成分，可见聚斑结构，粒径0.4～1.0mm，含量15%～20%。基质含量80%～85%，粒径＜0.4mm，由板条状的斜长石（含量60%～62%）组成的三角格架中均匀分布他形粒状普通辉石（含量20%～22%）和他形金属矿物（含量＜1%），构成辉绿结构。

DGZ-b6

绿泥石化硅化蚀变岩。半自形鳞片粒状变晶结构。该岩石普遍遭受较强的硅化、绿泥石化等蚀变作用，主要成分为石英（Qz）、绿泥石（Chl），其次为少量的金属矿物。石英：半自形粒状，表面光洁，有波状消光现象，紧密镶嵌在一起，粒径大小不等，推测为硅化作用形成的硅化石英，粒径一般为0.4～1.6mm，最大可达2.8mm，最小不足0.1mm，含量50%～60%。绿泥石：镜下为绿色或褐色，为半自形放射状、鳞片状，一级灰干涉色，紧密镶嵌在一起呈团块状，或呈细脉状分布，粒径

0.05～0.10mm，集合体粒径可达2.4mm，含量35%～40%。金属矿物：自形—半自形粒状，黑色，推测为黄铁矿（Py），零星分布，粒径0.1～0.4mm，含量5%～10%。

第四节　蓬家夼式金矿床

蓬家夼式金矿床（层间蚀变角砾岩型）分布在胶东半岛东部的栖霞东南部及乳山市西北部的郭城—崖子一带。此外烟台福山南部也有少量，其他地区分布较少。金矿床所处大地构造位置位于鲁东隆起区胶莱坳陷东北缘与胶南-威海造山带的交接部位，位于牟平-即墨断裂带与郭城断裂之间。属于受层间滑脱构造控制的金矿床。

一、乳山蓬家夼金矿

蓬家夼金矿位于威海乳山市西北方向35km处的蓬家夼村南平缓丘陵地带，行政区划隶属乳山市崖子镇。其大地构造位置横跨华北板块（Ⅰ）南缘与苏鲁-大别造山带（Ⅰ）两个Ⅰ级大地构造单元，分别处于华北地台（Ⅰ）鲁东隆起区（Ⅱ）胶莱坳陷（盆地）（Ⅲ）桃村凹陷（Ⅳ）和苏鲁-大别造山带（Ⅰ）苏鲁造山带（Ⅱ）胶南-威海隆起区（Ⅲ）威海断隆（Ⅳ）地区，地质构造复杂，成矿条件优越。矿区累计查明金金属量13.4t，矿床规模属中型。

1. 矿区地质特征

区内出露地层为古元古代荆山群陡崖组徐村石墨岩系段，中生代莱阳群林寺山组、止风庄组和新生代第四系沂河组、临沂组、山前组。

区内构造可分为韧性剪切带和脆性断裂两种。韧性剪切带属区域上沙家北西向韧性剪切带的一部分，分布于矿区北侧九曲单元中，规模较大，长约9km，宽8km，糜棱面理走向180°～220°、倾角15°～20°，矿物拉伸线理走向280°～290°、倾角8°～12°，岩性为二长花岗质糜棱岩。脆性断裂划分为近东西向、北东向二组。

区内岩浆岩较发育，主要有中生代玲珑序列九曲单元和中生代脉岩。九曲单元与金成矿关系最为密切，岩性为弱片麻状细中粒含石榴二长花岗岩。脉岩主要有角闪闪长岩、闪长岩、闪长玢岩及煌斑岩、角闪正长岩细晶岩、石英脉等，呈脉状沿不同方向分布。

矿区地质特征见图2-19。

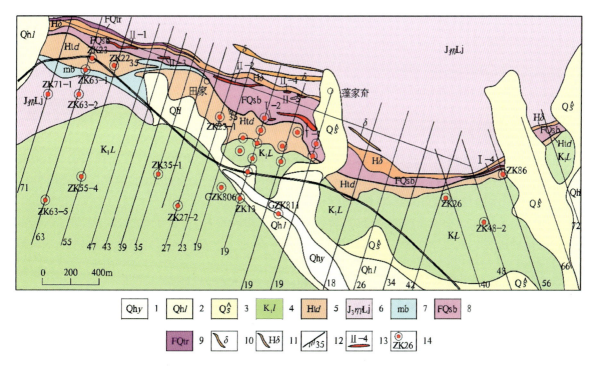

1.第四系沂河组；2.第四系临沂组；3.第四系山前组；4.白垩系林寺山组；5.荆山群陡崖组；6.晚侏罗世玲珑序列九曲单元弱片麻状细中粒二长花岗岩；7.荆山群白云石大理岩；8.荆山群长英质构造角砾岩；9.荆山群长英质碎裂岩；10.闪长岩；11.角闪闪长岩；12.压扭性断裂；13.金矿体及编号；14.见矿钻孔位置及编号。

图2-19　蓬家夼金矿地质简图（据孙风月等，1995）

2. 矿体特征

主矿体有3个,分别为Ⅰ-1、Ⅰ-2、Ⅱ-1,矿体严格受蓬家夼近东西向滑脱断裂构造蚀变(矿化)带控制。矿体总体走向近东西,倾向南,倾角13°～55°。矿体形态为脉状,主要矿体特征见表2-14。

表2-14 蓬家夼金矿矿体特征一览表

矿体编号	走向长度/m	倾向延深/m	产状/(°)		平均厚度/m	Au/(g/t)	变化系数/%	
			倾向	倾角			厚度	品位
Ⅰ-1	600	490	200	5～50	10.28	3.24	83	82
Ⅰ-2	200	350	190	10～50	3.31	3.30	90	144
Ⅱ-1	480	365	198	27～34	2.48	2.11	77	70

3. 矿石特征

矿石金属矿物主要为黄铁矿,次为闪锌矿、方铅矿、黄铜矿、斑铜矿、铜蓝、磁黄铁矿、银金矿、自然金等,脉石矿物主要为石英、长石、白云石、绢云母、方解石、石墨等。金矿物为银金矿、自然金。金矿物粒度分级主要为微粒金(含量占75%),金的赋存状态以粒间金为主,有少量裂隙金、包体金。

矿石结构主要为碎裂结构、碎斑状结构、自形—半自形粒状结构,以碎裂结构为主。矿石构造主要为浸染状构造、角砾状构造,次为脉状构造、块状构造、蜂窝状构造等。

矿石自然类型分为黄铁矿化长英岩质构造角砾岩型、黄铁矿化大理岩质构造角砾岩型、黄铁矿白云石大理岩型等。矿石工业类型属中硫低品位蚀变岩型金矿石。

4. 共伴生矿产评价

矿石中主要有益组分为金,平均品位2.55g/t;伴生元素硫平均品位4.69%,可综合回收利用;银、铜、铅、锌含量低,达不到综合回收利用要求。

5. 矿体围岩和夹石

矿体顶部围岩为石墨斜长片麻岩质碎裂岩、石墨斜长片麻岩质构造角砾岩、长英质碎裂岩、长英质构造角砾岩,底部围岩为长英质碎裂岩、长英质构造角砾岩、角闪闪长岩、糜棱岩(九曲单元二长花岗岩),近矿围岩为黄铁矿化长英质构造角砾岩、黄铁矿化长英质碎裂岩及黄铁矿化白云石大理岩及闪长玢岩。

矿体夹石为黄铁矿化长英质构造角砾岩、黄铁矿化长英质碎裂岩、黄铁矿化白云石大理岩,其次为沿断裂带充填的脉岩。夹石厚度4～15m,长度50～150m,宽度50～250m,形态多为透镜状。

6. 成因模式

胶东金矿密集区是胶莱幔隆的一部分。中生代郯庐断裂的左行走滑作用和胶莱幔隆引起的深部物质上涌和壳幔相互作用,形成了区内强烈的构造-岩浆活动和大规模的成矿系统。在左行走滑作用和幔隆作用的不同阶段,形成了不同的金矿化类型;此外,后期构造及成矿作用对前期成矿作用进行了叠加和改造。这正是胶东金矿密集区内不同类型金-多金属矿床得以形成的关键所在。

总体而言,太古代形成的基性—中酸性火山岩、火山碎屑岩(包括超基性火山岩)是金的初始矿源层。早元古代期间,胶东地块南、北两侧沉积了一套火山岩、碎屑岩及碳酸盐建造(分别为荆山群和粉子山群)。在18亿年左右,本区受到南北向的挤压作用,相当于吕梁运动(或中条运动),形成了轴向近东西的复背斜构造和以东西向为主的韧性剪切带等线性构造。元古宙末期形成元古宙花岗岩,韧性剪切带扩展,形成早期金矿化。中生代时,由于太平洋构造域的构造挤压和郯庐断裂的左行走滑作用,胶东地区深部地幔上隆、地壳开始减薄。伴随地幔隆起形成了大型的穹隆构造体系,并发育不同层次的伸展构造,制约了壳幔相互作用的方式、强度及空间范围,从而使岩浆作用、成矿作用具有明显的期次性。在胶东地壳减薄作用的初期,由于异常地热梯度的存在,地壳发生强烈的重熔作用,形成了壳源的玲珑式花岗岩和郭家岭式花岗闪长岩。同时,由于脆性断裂切穿了深部无属性流体库,在岩浆期后热液的强烈参与下,沿陡倾斜的脆性断裂形成石英脉型金矿床(玲珑式),沿缓倾斜的拆离断层则形成了蚀变岩型金矿床(焦家式)。

随着区域左行走滑作用和地壳减薄作用的进一步发展,胶莱盆地开始形成;盆地内的深部拆离构造进一步抬升,并在原韧性剪切变形的基础上叠加了脆性变形。同时,深部地幔物质发生部分熔融,形成深部碱性岩浆库和地壳中的钙碱性岩浆库,沿区域性的北东向断裂发生强烈的壳幔混源的花岗岩浆活动和火山岩浆活动(青山期)。在岩浆热液的参与下,深部无属性流体库沿缓倾斜的拆离断层向上快速运移;同时,在异常地热梯度的驱动下,大气降水开始下渗,同时淋滤和萃取围岩中的成矿物质。随着物理化学条件的改变和上述两种成矿热液的混合,金矿床在有利的构造扩容空间形成(蓬家夼式)。

7. 矿床系列标本简述

本次自蓬家夼金矿采坑及矿石堆采集标本 5 块,岩性分别为黄铁矿化长英岩质构造角砾岩金矿石、黄铁矿化大理岩质构造角砾岩金矿石、石墨斜长片麻岩、黑云二长片麻岩(表 2-15),较全面地采集了蓬家夼金矿床的矿石和围岩标本。

表 2-15 蓬家夼金矿床采集标本一览表

序号	标本编号	光/薄片编号	标本名称	标本类型
1	PJ-B1	PJ-g1/PJ-b1	黄铁矿化长英岩质构造角砾岩金矿石	矿石
2	PJ-B2	PJ-g2/PJ-b2	黄铁矿化长英岩质构造角砾岩金矿石	矿石
3	PJ-B3	PJ-g3/PJ-b3	黄铁矿化大理岩质构造角砾岩金矿石	矿石
4	PJ-B4	PJ-b4	石墨斜长片麻岩	围岩
5	PJ-B5	PJ-b5	黑云二长片麻岩	围岩

注:PJ-B 代表蓬家夼金矿床标本,PJ-g 代表该标本光片编号,PJ-b 代表该标本薄片编号。

8. 图版

(1)标本照片及其特征描述

PJ-B1

黄铁矿化长英岩质构造角砾岩金矿石。岩石呈灰白色,半自形粒状变晶结构,块状构造。主要成分为石英、方解石和黄铁矿。石英:灰白色,粒径细小,呈隐晶质集合体,玻璃光泽,其次呈细脉状,粒径<0.5mm,含量约55%。方解石:灰白色,半自形粒状,玻璃光泽,多呈细脉状分布,粒径<1.0mm,含量约25%。黄铁矿:浅铜黄色,自形—半自形晶粒状结构,金属光泽,分布较均匀,粒径<1.0mm,局部呈集合体,集合体粒径可达2.0mm,含量约20%。

PJ-B2

黄铁矿化长英岩质构造角砾岩金矿石。岩石新鲜面呈浅肉红色—黄绿色,碎裂结构,角砾状构造。主要成分为角砾和基质。角砾主要为长英质,如钾长石、斜长石及石英,其次可见自形晶的黄铁矿;基质主要成分为石英及长石,也可见少量绢云母。角砾大多呈棱角—次棱角状,粒径多>1.0mm,大小混杂,排列紊乱,含量约50%。基质主要由硅质如石英、长石等胶结物组成,多为微粒结构,含量约50%。

PJ-B3

黄铁矿化大理岩质构造角砾岩金矿石。岩石新鲜面呈灰色—浅灰色,局部呈黄绿色,碎裂结构,角砾状构造。主要成分为角砾和基质。角砾主要为大理岩,其次可见黄铁矿及石英;基质主要成分为石英及方解石。角砾大多呈棱角—次棱角状,粒径多>1.0mm,大小混杂,排列紊乱,含量约70%。基质主要由硅质如石英、方解石等胶结物组成,多为微粒结构,含量约30%。

PJ-B4

石墨斜长片麻岩。岩石新鲜面呈灰黑色,片麻状构造。岩石主要成分为斜长石、石英和石墨。斜长石:可见绢云母化蚀变,粒径多<1.0mm,少量颗粒粒径>1.0mm,含量约50%。石英:多为无色透明,他形粒状,油脂光泽,粒径<1.0mm,含量约40%。石墨呈黑色片状,可见铅灰色金属光泽,粒径<1.0mm,含量约10%。岩石中矿物多发生形变,浅色透明矿物定向排列,可见片麻状构造。

PJ-B5

黑云二长片麻岩。岩石呈灰绿色,半自形片状粒状变晶结构,石英被拉长呈条带状,石英与长石各自呈集合体定向分布形成条带状,黑云母呈不连续定向分布,形成片麻状构造。主要成分为斜长石、石英和黑云母。斜长石:灰白色,半自形粒状,白色条痕,玻璃光泽,粒径<1.0mm,含量约65%。石英:灰白色,他形粒状,玻璃光泽,粒径<1.0mm,含量约20%。黑云母:浅褐色,半自形片状,玻璃光泽,粒径<1.0mm,含量约15%。

（2）标本镜下鉴定照片及特征描述

PJ-g1

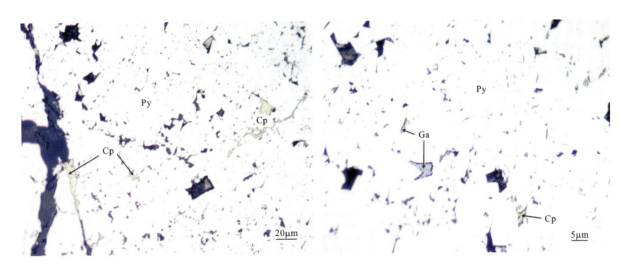

黄铁矿化长英岩质构造角砾岩。半自形晶粒状结构，稠密浸染状构造。金属矿物为黄铁矿（Py）、黄铜矿（Cp）和方铅矿（Ga）。黄铁矿：黄白色，半自形晶粒状，显均质性，呈集合体分布，沿其裂隙或晶粒之间分布少量的黄铜矿和方铅矿，粒径0.05～1.2mm，含量55%～60%。黄铜矿：铜黄色，不规则晶粒状，显均质性，分布于黄铁矿裂隙中或分布于黄铁矿颗粒之间，粒径0.005～0.15mm，含量较少。方铅矿：白色，不规则晶粒状，显均质性，分布于黄铁矿裂隙中或分布于黄铁矿颗粒之间，粒径0.005～0.05mm，含量较少。

矿石矿物生成顺序：黄铁矿→黄铜矿、方铅矿。

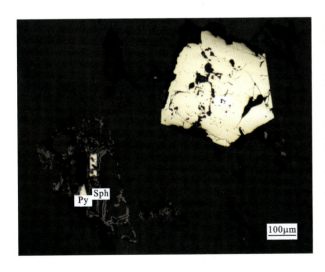

PJ-g2

黄铁矿化长英岩质构造角砾岩。自形—半自形粒状结构。金属矿物为黄铁矿（Py）和闪锌矿（Sph）。黄铁矿：浅黄色，多为自形—半自形晶粒状，具有高反射率，硬度较高，不易磨光；黄铁矿自形程度较好，呈星点状分布，可见部分黄铁矿颗粒发育裂隙，多被透明矿物交代，也可见闪锌矿颗粒交代黄铁矿；粒径0.1～0.5mm，含量约5%。闪锌矿：灰色，呈不规则粒状，显均质性，易磨光，具褐色—无色内反射，交代黄铁矿颗粒，局部可见闪锌矿完全交代黄铁矿颗粒，具黄铁矿晶形，呈交代残余结构；粒径0.05～0.2mm，含量较少。

矿石矿物生成顺序：黄铁矿→闪锌矿。

PJ-g3

黄铁矿化大理岩质构造角砾岩。自形—半自形粒状结构。金属矿物为黄铁矿(Py)和闪锌矿(Sph)。黄铁矿：浅黄色,自形—半自形晶粒状,具高反射率,硬度较高,不易磨光;黄铁矿自形程度较好,且黄铁矿颗粒较为细小,呈星点状分布;粒径0.05~0.1mm,含量较少。闪锌矿：灰色,呈不规则粒状,显均质性,易磨光,具褐色—无色内反射,多位于透明矿物晶隙间;粒径0.01~0.5mm,含量较少。

矿石矿物生成顺序：黄铁矿→闪锌矿。

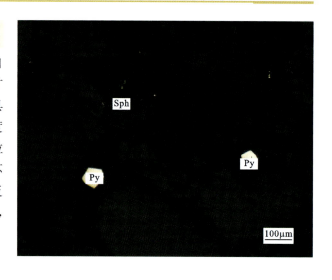

PJ-b1

黄铁矿化长英岩质构造角砾岩。粒状变晶结构。该岩石普遍遭受较强的硅化、碳酸盐化、黄铁矿化蚀变作用,主要成分为石英(Qz)、方解石(Cal)、金属矿物和斜长石(Pl)。石英：无色,半自形—他形粒状,表面光洁,多为隐晶质集合体,推测为硅化作用形成,也可见板条状石英集合体呈细脉状分布,粒径0.1~0.4mm,含量50%~55%。方解石：无色,半自形—他形粒状,闪突起明显,高级白干涉色,普遍交代原岩或呈细脉穿插分布,粒径0.1~0.6mm,含量20%~25%。金属矿物：黑色,自形—半自形粒状,较均匀分布于透明矿物中间,局部集中分布,粒径0.05~0.8mm,集合体粒径可达2.0mm,含量15%~20%。斜长石：无色,半自形板状、粒状,一级灰白干涉色,具碳酸盐化蚀变现象,推测为原岩剩余矿物,分布集中,仅局部可见,粒径0.2~0.8mm,含量5%~10%。

PJ-b2

黄铁矿化长英岩质构造角砾岩。碎裂结构。岩石主要由角砾(50％)和基质(50％)组成。角砾主要成分为钾长石(Kf)、石英(Qz)和斜长石(Pl)，其次为黄铁矿(Py)。钾长石：无色，多呈他形，负低突起，一级灰白干涉色；钾长石多见绢云母化蚀变，也可见高岭土化，部分钾长石见聚片双晶；钾长石颗粒多呈棱角—次棱角状，粒径多＞0.5mm，局部可见＞2mm的颗粒，含量35％～40％。石英：无色，他形粒状，正低突起，表面光洁，无解理，具波状消光现象，一级白干涉色；粒径0.4～0.8mm，含量约5％。斜长石：无色，多呈他形，负低突起，一级灰白干涉色；斜长石颗粒较为破碎，表面可见碳酸盐化，可见聚片双晶，粒径0.4～0.6mm，含量约5％。黄铁矿：显均质性，多为自形晶颗粒，星点状分布于岩石中，自形晶粒径0.1～0.2mm，含量约5％。基质主要成分为石英(Qz)、钾长石(Kf)和斜长石(Pl)，可见少量的绢云母(Ser)，多为长石的蚀变产物，粒径均＜0.1mm。石英：无色，细小粒状，干涉色为一级灰，含量30％～35％。钾长石：无色，细小粒状，干涉色为一级灰，含量5％～10％。斜长石：无色，细小粒状，正交偏光镜下干涉色为一级灰，含量约5％。绢云母：无色，细小鳞片状，正低突起，干涉色鲜艳，多为二到三级；多为斜长石的蚀变产物，含量较少。

PJ-b3

黄铁矿化大理岩质构造角砾岩。碎裂结构。岩石主要由角砾(70％)和基质(30％)组成。角砾主要成分为方解石(Cal)，其次为石英(Qz)、黄铁矿(Py)。方解石：无色，多呈不规则颗粒状；闪突起，高级白干涉色；可见菱形解理，也可见聚片双晶；可见方解石组成的集合体，局部形成大理岩质角砾；方解石粒径0.4～0.8mm，大理岩角砾粒径多＞1mm，含量55％～60％。石英：无色，他形粒状，正低突起，表面光洁，无解理，具波状消光现象，一级白干涉色；粒径0.2～0.6mm，含量约

5％。黄铁矿：显均质性，多为自形晶颗粒，星点状分布于岩石中，自形晶粒径0.1～0.2mm，含量约5％。基质主要成分为石英(Qz)和方解石(Cal)。石英：无色，细小粒状，干涉色为一级灰，粒径＜0.1mm，含量15％～20％。方解石：无色，细小粒状，闪突起，高级白干涉色；可见菱形解理，粒径＜0.1mm，含量5％～10％。

PJ-b4

石墨斜长片麻岩。粒状变晶结构。主要成分为斜长石(Pl)、石英(Qz)和石墨(Gph)。矿物多定向排列，局部矿物发生形变，可见绢云母化蚀变。斜长石：无色，多呈板状或柱状，负低突起，一级灰白干涉色；斜长石颗粒较为破碎，表面因绢云母化和黏土化而导致浑浊不清，可见钠长石双晶及聚片双晶，局部可见长石颗粒定向排列，可见长石拉长现象，也可见斜长石较细小颗粒与石英颗粒相嵌；粒径0.2～0.6mm，含量45％～50％。石英：无色，他形粒状，正低突起，表面光洁，无解理，具波状消光现象，一级白干涉色；局部可见石英颗粒定向排列；粒径0.1～0.3mm，含量35％～40％。石墨：黑色，呈六方形片状，可见细小鳞片状，局部弯曲；粒径0.1～0.2mm，含量5％～10％。

PJ – b5

　　黑云二长片麻岩。半自形片状粒状变晶结构。主要成分为斜长石（Pl）、微斜长石（Mic）、石英（Qz），其次为黑云母（Bi）。斜长石：无色，半自形粒状，见有较细密的聚片双晶，一级灰白干涉色，表面轻微土化、绢云母化，常与微斜长石分布在一起呈条带状，粒径 0.4～1.2mm，含量 35%～40%。微斜长石：无色，半自形粒状，一级灰白干涉色，格子双晶发育，具轻微土化蚀变，常与斜长石分布在一起呈条带状，粒径 0.4～1.0mm，含量 25%～30%。石英：无色，半自形—他形粒状，常被拉长呈条带状，一级黄白干涉色，表面光洁，具波状消光现象，多聚集分布在一起，集合体呈条带状，粒径 0.2～2.0mm，含量 20%～25%。黑云母：浅褐色，半自形片状，多色性不明显，干涉色可达三级，常具褪色现象，呈不连续定向分布特征，粒径 0.4～0.8mm，含量 10%～15%。

二、牟平发云夼金矿

　　发云夼金矿位于烟台市牟平区城区南西约 37km 处宋家沟村北，行政区划隶属牟平区王格庄镇。其大地构造位置位于秦岭-大别-苏鲁造山带（Ⅰ）胶南-威海隆起区（Ⅱ）威海隆起（Ⅲ）乳山-荣成断隆（Ⅳ）昆嵛山-乳山凸起（Ⅴ）。矿区累计查明金金属量 22t，矿床规模属大型。

1. 矿区地质特征

区内出露地层较简单，除少量新生代第四纪沉积物及古元古代荆山群变质地层呈包体零星分布外，主要为中生代白垩纪莱阳群沉积地层(图 2-20)。莱阳群主要为林寺山组，岩性为灰白色、灰绿色、粉红色、紫红色等杂色砾岩，岩石较为坚硬，内部发育绢英岩化，黄(褐)铁矿化蚀变，部分为高岭土化，是主要的赋矿部位。

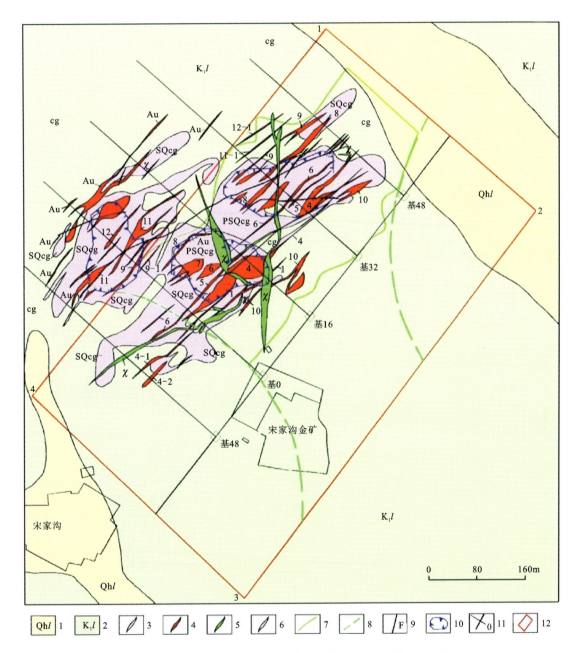

1.全新世临沂组；2.早白垩世林寺山组灰白色砾岩；3.黄铁矿化绢英岩化砾岩；4.金矿体；5.煌斑岩脉；6.绢英岩化砾岩；7.露天开采边界；8.爆破安全线；9.断层；10.民采坑；11.勘探线、基线位置及编号；12.矿区范围。

图 2-20 发云夼金矿地质简图(据于东斌，2011)

区内构造主要表现为韧性剪切变形带和脆性断裂。脆性断裂构造主要有缓倾斜断裂(谭家断裂)、陡倾斜断裂(朱吴-崖子断裂)、裂隙密集带。金矿体则赋存在裂隙密集带中,该区裂隙密集带是控制矿体的主要构造。

区内岩浆岩主要为中生代玲珑序列九曲单元弱片麻状中细粒含石榴二长花岗岩。区内脉岩常见有煌斑岩脉、闪长玢岩脉、闪长岩脉、辉绿玢岩脉及伟晶岩脉。其中煌斑岩脉在区内最为发育,常穿切破坏矿体。

2. 矿体特征

发云夼金矿体赋存在白垩纪莱阳群林寺山组一段灰白色砾岩中,矿体主要受裂隙密集带控制,集中成群,大致平行分布在长600m、宽450m范围内。矿体形态较复杂,呈不规则脉状、透镜体分布(图2-21);矿体长60～540m,控制最大斜深50～460m,赋存标高140～-300m;矿体走向0°～50°,倾向南东,倾角40°～85°;单矿体平均厚度0.88～9.70m,矿区矿体平均厚度5.93m;单矿体金平均品位1.17～6.16g/t,矿区金平均品位2.67g/t。

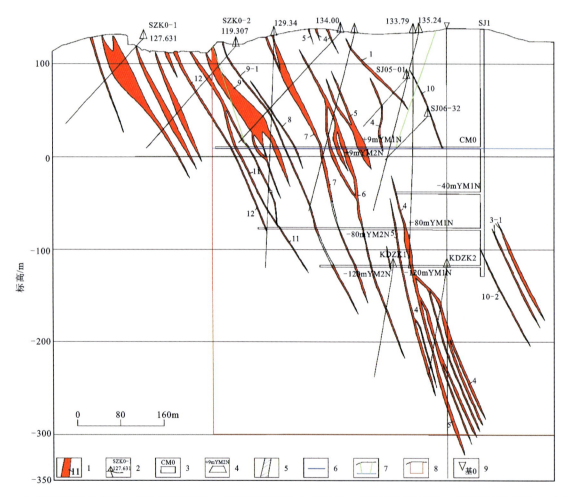

1.矿体及编号;2.钻孔;3.穿脉位置及编号;4.沿脉位置及编号;5.采空区;6.露天开采最低标高;7.露天开采边坡线;8.采矿许可证范围;9.基点位置及编号。

图2-21 发云夼金矿0勘探线剖面图(据于东斌,2011)

3. 矿石特征

矿石矿物成分较简单,金属矿物主要为银金矿、黄铁矿,少量黄铜矿、闪锌矿、方铅矿、磁铁矿、褐铁矿。金矿物以银金矿为主。非金属矿物主要为长石、石英、钾长石、白云母、黏土矿物和碳酸盐类矿物，绢云母化、大理岩化发育。

矿石结构以粒状结构、碎裂结构、填隙结构为主，次为交代结构、包含结构。矿石构造为致密块状、团块状、脉状、浸染状、角砾状、蜂窝状构造。

矿石自然类型可分为氧化矿石、混合矿石和原生矿石。矿石工业类型属低硫金矿石。

4. 共伴生矿产评价

矿石中主要有益组分为金，平均品位 2.67g/t。矿石中硫平均含量 1.76%，大部分达到伴生组分评价要求；银仅有少量样品含量达到伴生组分评价要求，可在选冶过程中顺便回收；铜、铅、锌含量低，达不到伴生组分评价标准；伴生有害组分砷最高品位 302.2×10^{-6}，不会对矿石的选冶产生影响。

5. 矿体围岩和夹石

矿体顶、底板围岩及夹石与矿体矿石类型相同，主要为黄铁矿化绢英岩化砾岩，少量为煌斑岩。

矿体中夹石数量较少，夹石主要分布在矿体厚大部位，多呈透镜状，一般长 30m 左右，宽 4～8m，与矿体产状一致。

6. 成因模式

元古宙时期区内形成火山岩-碳酸盐岩相沉积，经区域变质作用形成片麻岩、斜长角闪岩、变粒岩、石墨片岩、大理岩等，为金矿提供部分矿源层，并为层间滑动断层的产生提供了相应的构造界面和润滑层。进入中生代，由于古太平洋板块向北西方向欧亚板块的俯冲作用，强烈的岩浆活动形成钙碱性花岗岩，胶东地区地幔上隆及郯庐断裂的左行走滑作用，导致胶莱盆地开始形成，盆地强烈下陷，形成巨厚的砂砾岩沉积，持续的伸展作用，在盆地中产生中基性火山岩，与此同时，在盆地边缘特别是北缘地区沿能干性与非能干性地层发生层间滑动作用，形成低角度层间滑动断层。

火山活动晚期产生的热液携带了深部的成矿物质向盆地边缘有利构造部位——层间滑动断层运移，在断层带顶部碎粉岩或不透水层的屏蔽下，形成下盘还原环境下的热液循环系统。上盘系统中岩石的脆性破裂体系为地下水的深循环提供了通道，构成了一个氧化环境下的水溶液循环系统。两系统的热液循环萃取基岩中成矿物质，并在断层附近的物理化学条件突变带（上下水溶液循环系统的汇合处）沉淀下来，富集成似层状工业矿体。

7. 矿床系列标本简述

本次采集标本 4 块，岩性分别为黄铁矿化砾岩金矿石、黄铁矿化黑云斜长片麻岩金矿石、砾岩、蚀变闪长玢岩（表 2-16），较全面的采集了发云夼金矿矿床的矿石和围岩标本。

表 2-16 发云夼金矿床采集标本一览表

序号	标本编号	光/薄片编号	标本名称	标本类型
1	FY-B1	FY-g1/FY-b1	黄铁矿化砾岩金矿石	矿石
2	FY-B2	FY-g2/FY-b2	黄铁矿化黑云斜长片麻岩金矿石	矿石
3	FY-B3	FY-b3	砾岩	围岩
4	FY-B4	FY-b4	蚀变闪长玢岩	围岩

注：FY-B 代表发云夼金矿床标本，FY-g 代表该标本光片编号，FY-b 代表该标本薄片编号。

8. 图版

(1)标本照片及其特征描述

FY-B1

黄铁矿化砾岩金矿石。岩石呈灰白色,见有较大砾屑,砾屑成分复杂,见有片麻岩砾屑、石英岩砾屑、绢英岩砾屑,砾屑粒径＞2.0mm,含量约65%;胶结物为钙质胶结,其间混入长英质矿物,粒径＜0.5mm,含量约25%。黄铁矿:浅铜黄色,自形—半自形晶粒状结构,金属光泽,粒径＜0.5mm,含量约10%。

FY-B2

黄铁矿化黑云斜长片麻岩金矿石。岩石呈灰绿色,片状粒状结构,片麻状构造。主要成分为斜长石、黑云母、石英和黄铁矿。斜长石:半自形粒状集合体,因绢云母化呈丝绢光泽,粒径＜1.0mm,含量约60%。黑云母:褐黑色,片状,玻璃光泽,定向分布,粒径＜1.0mm,含量约20%。石英:灰白色,他形粒状集合体,玻璃光泽,粒径细小,含量约15%。黄铁矿:浅铜黄色,自形—半自形晶粒状结构,金属光泽,粒径＜0.5mm,含量约5%。

FY-B3

砾岩。岩石呈灰白色,见有较大砾屑,砾屑成分复杂,见有片麻岩砾屑、变粒岩砾屑,砾屑粒径＞2.0mm,含量约65%;胶结物为钙质、泥质胶结,其间混入长英质矿物和黄铁矿,粒径＜0.5mm,含量约35%。

FY-B4

蚀变闪长玢岩。岩石呈灰绿色,斑状结构,块状构造。斑晶为普通角闪石假象,呈浅绿色,假六方形断面,蚀变较强,粒度＜1.0mm,含量约40%;基质粒径细小,肉眼不易分辨。

（2）标本镜下鉴定照片及特征描述

FY-g1

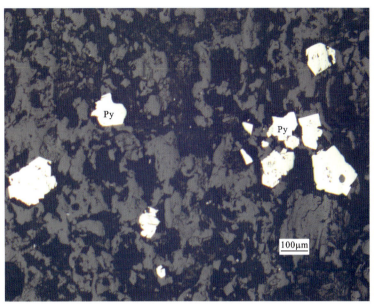

黄铁矿化砾岩。自形—半自形晶粒状结构，稀疏浸染状构造。金属矿物为黄铁矿（Py），其余均为透明矿物。黄铁矿：黄白色，自形—半自形晶粒状，显均质性，常以单晶形式均匀分布于脉石矿物之间，粒径0.05~0.5mm，个别粒径可达1.0mm，含量5%~10%。

FY-g2

黄铁矿化黑云斜长片麻岩。自形—半自形晶粒状结构，稀疏浸染状构造。金属矿物为黄铁矿（Py），其余均为透明矿物。黄铁矿：黄白色，自形—半自形晶粒状，显均质性，均匀分布于脉石矿物之间，粒径0.2~1.2mm，含量10%~15%。

FY-b1

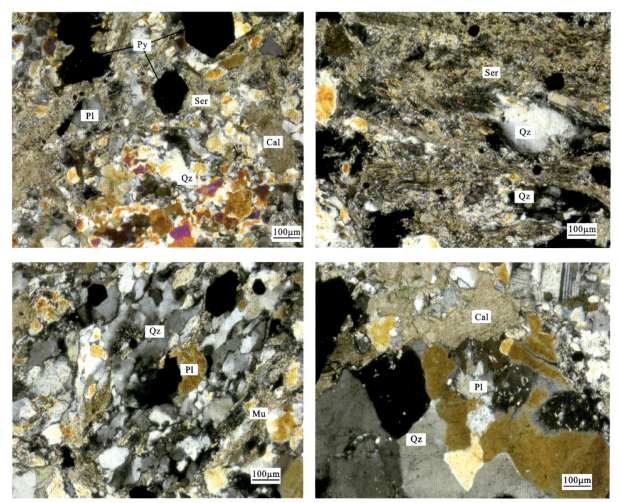

黄铁矿化复成分砾岩。砾屑结构，孔隙式及基底式胶结。岩石由碎屑、胶结物两部分组成。砾屑含量65%~70%，多呈次椭圆状，主要成分为白云母斜长片麻岩、斜长石英岩、绢英岩，其中白云母斜长片麻岩中白云母不连续定向分布，石英集合体呈条带状定向分布；斜长石英岩中石英呈细粒变晶结构，他形斜长石聚集分布于石英之间；绢英岩中绢云母呈细小片状集合体，且具定向分布特征，其间分布细小石英集合体，局部可见较粗大石英，推测为原岩剩余；砾屑直径＞2.0mm，最大可达数毫米，粒径较粗大。胶结物含量20%~30%，主要为钙质胶结，其间夹杂着石英(Qz)、斜长石(Pl)、白云母(Mu)，钙质矿物成分为方解石(Cal)，分布在砾屑之间。金属矿物：黑色，自形—半自形粒状，推测为黄铁矿(Py)，粒径0.05~0.6mm，含量5%~10%。

FY-b2

黄铁矿化黑云斜长片麻岩。片粒状变晶结构。主要成分为斜长石(Pl)、黑云母(Bi)、石英(Qz)和金属矿物。黑云母呈不连续定向分布，形成片麻状构造。斜长石：无色，他形粒状，隐约可见聚片双晶，具强绢云母化蚀变，一级灰白干涉色，粒径0.4~1.2mm，含量55%~60%。黑云母：褐色，片状，一组完全解理，正中突起，平行消光，干涉色被自身颜色所掩盖，呈不连续定向排列分布于上述矿物之间，粒径0.4~1.0mm，含量20%~25%。石英：他形粒状，一级黄白干涉色，均匀分布于斜长石颗粒间，局部的石英晶体被拉长，粒径0.2~0.6mm，含量15%~20%。金属矿物：黑色，自形—半自形粒状，推测为黄铁矿(Py)，均匀分布于上述矿物之间，粒径0.1~0.6mm，含量＜5%。

FY-b3

砾岩。砾屑结构，孔隙式及基底式胶结。岩石由碎屑、胶结物两部分组成。砾屑含量60%~70%，多呈次椭圆状—圆状，主要由白云母斜长片麻岩、二长变粒岩、花岗质糜棱岩组成，其中白云母斜长片麻岩中白云母定向分布，石英集合体呈条带状定向分布；二长变粒岩中钾长石、斜长石、石英呈细粒变晶结构，其次含有少量白云母；花岗质糜棱岩中斜长石呈透镜状，石英被拉长呈条带状；砾屑直径＞2mm，最大可达数毫米，粒径较粗大。胶结物含量30%~40%，主要为钙质和少量泥质胶结，其间夹杂着石英（Qz）、斜长石（Pl）、钾长石（Kf）、白云母（Mu）和金属矿物，钙质矿物成分为方解石（Cal），分布在砾屑之间，金属矿物为少量较自形黄铁矿（Py），粒径0.1~0.4mm。

FY-b4

蚀变闪长玢岩。斑状结构，基质为显微晶质结构。斑晶含量35%~45%，由普通角闪石（假象）组成，粒径0.4~1.2mm。普通角闪石：半自形柱状、粒状，可见六边形切面，已经全部发生碳酸盐化蚀变，仅保留其假象，粒径0.4~1.2mm，含量35%~45%。基质含量55%~65%，粒度＜0.2mm。主要由半自形—他形板条状斜长石（含量45%~50%）和他形粒状普通角闪石（含量10%~15%）构成显微晶质结构，基质中的普通角闪石也已完全发生碳酸盐化蚀变，均匀分布于斜长石之间。金属矿物：镜下呈褐黑色，较均匀分布于基质斜长石矿物之间，粒径细小，含量较少。

第五节　辽上式金矿床

通过对比大量不同品级矿石成分及结构、构造特征后发现，辽上金矿区高品位金矿石往往发育含黄铁矿的碳酸盐脉，碳酸盐脉呈细脉、微细脉、网脉状沿碎裂岩石中裂隙不规则充填。金矿物主要赋存于含黄铁矿碳酸盐脉体内，且此脉体中的碳酸盐矿物90%以上为白云石。受构造控制的黄铁矿碳酸盐脉型金矿，是继焦家式（破碎带蚀变岩型）和玲珑式（石英脉型）之外发现的另一重要金矿新类型。

辽上金矿位于烟台市牟平城区西南约70km，行政区划隶属牟平区观水镇。其大地构造位置位于华北板块（Ⅰ）胶辽隆起区（Ⅱ）胶北隆起（Ⅲ）回里-养马岛断垄（Ⅳ）王格庄凸起（Ⅴ）南部，南接胶莱盆地莱阳断陷，东临秦岭-大别造山带，地质构造复杂。矿区位于胶东牧牛山成矿区中部，是胶东地区重要的金成矿区域。矿区累计查明金金属量76t，矿床规模属大型。

1. 矿区地质特征

区内地层主要为古元古代荆山群大理岩、变粒岩、含石墨斜长片麻岩、斜长角闪岩等变质岩组合（图2-22），为该地区重要的赋矿围岩。

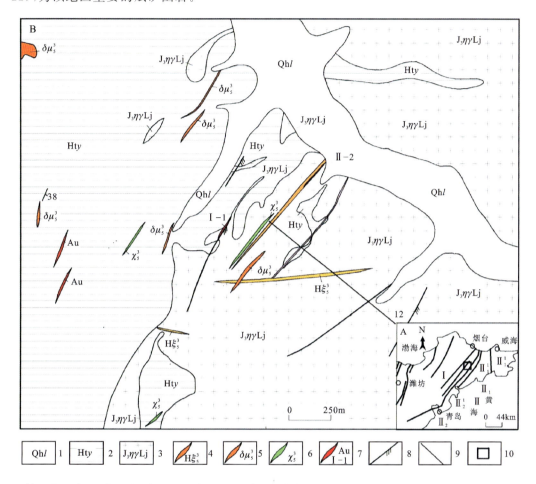

1.第四系；2.滹沱系荆山群野头组；3.晚侏罗世玲珑序列九曲单元；4.角闪正长岩；5.闪长玢岩脉；6.煌斑岩脉；
7.金矿体及编号；8.压扭性断裂；9.地质剖面线及编号；10.矿区范围。

图2-22 辽上金矿地质简图（据宋明春等,2013）

区内构造以脆性断裂为主，郭城断裂从矿区西北部通过，为区域上牟平-即墨断裂带的一部分，控制着该地区盆地的展布。其次级断裂往往形成良好的储矿空间，辽上金矿主矿体即受郭城断裂下盘的次级裂隙构造控制。

区内中生代玲珑二长花岗岩发育，出露于矿区南东部，为侏罗纪晚期的产物，也是该地区成矿期主要的热液运移通道和近矿围岩。区内中生代中基性脉岩较为发育，与金矿形成关系密切。

2. 矿体特征

辽上矿区浅部查明金矿体近20个，多产于变质岩与花岗岩接触部位。一般规模不大，长度<100m，厚度0.5～2.0m，产状各异。金品位1.0g/t～4.5g/t，围岩为变质岩或花岗岩，受断裂和脉岩破坏程度低。

厚大矿体主要在深部−500m以下，在Ⅲ号矿化带内发现4个厚大金矿体，沿北东走向缓倾断裂（密集裂隙带）展布（表2-17）。产出较集中，近于平行（图2-23）。总体走向37°，控制长度300m；倾向南东,倾角16°~44°,平均37°,控制最大倾向长度近600m。单矿体厚度一般1.5~12m,最大47.00m(Ⅲ-9矿体),单工程累加厚度最大可达100m。矿体形态变化较稳定。矿体向深部有变厚趋势。矿体金品位1.0~5.5g/t,最高为242.56g/t,平均3.5g/t,组分变化较均匀。

表2-17 辽上金矿矿体特征一览表

矿体编号	赋存标高/m	矿体形态	产状/(°)		矿区内规模/m			平均金品位/(g/t)
			走向	倾角	长度	斜深	平均厚度	
Ⅲ-8	-500~-872	似层状	37	5~53	311	79~730	5.66	2.53
Ⅲ-9	-518~-952	透镜状	37	7~55	310	176~754	15.72	3.66
Ⅲ-10	-524~-983	楔状	37	8~54	380	17~760	7.45	3.19
Ⅲ-11	-583~-1010	楔状	37	8~55	310	16~791	6.00	2.88

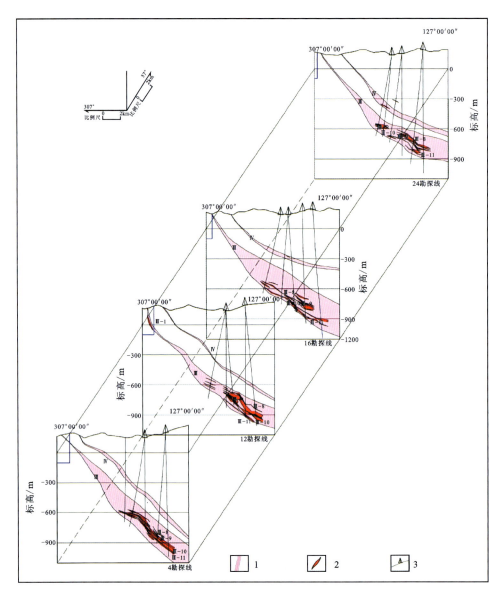

1.矿化蚀变带;2.矿体;3.钻孔。

图2-23 辽上金矿床主要勘探线联合剖面图(据宋明春等,2013)

3. 矿石特征

矿石中金属矿物主要为黄铁矿，其次为黄铜矿和磁黄铁矿，少量方铅矿和磁铁矿；脉石矿物主要有斜长石、钾长石、白云石、石英、方解石、绢云母和透辉石等，不同矿石类型中的脉石矿物组合不同。碳酸盐矿物主要为白云石，含少量方解石，与黄铁矿紧密镶嵌共生。黄铁矿多呈自形—半自形浸染状分布，局部为团块状，少量呈星点状。金矿物即赋存于黄铁矿碳酸盐（细）脉之中。

矿石结构主要为自形—半自形粒状结构、粒状变晶结构，其次为碎裂结构、碎斑碎粒结构、交代结构。矿石构造为浸染状、细脉状、角砾状、团块状、网脉状构造等。

矿石自然类型（图 2-24）主要有含黄铁矿碳酸盐脉二长花岗岩型、含黄铁矿碳酸盐脉变质岩型和黄铁矿碳酸盐脉型，均以含黄铁矿碳酸盐（细）脉为特征。矿石工业类型属中硫化物型金矿石。

a. 含黄铁矿碳酸盐脉二长花岗岩型；b、c. 含黄铁矿碳酸盐脉变质岩型；d. 黄铁矿碳酸盐脉型。

图 2-24 辽上金矿矿石类型（据宋明春等，2013）

4. 共伴生矿产评价

矿石中硫含量较高，平均品位 6.08%，可作为伴生有益组分综合回收利用。银、铜、铅、锌含量一般较低，达不到伴生矿产指标要求。有害元素砷最高含量 0.068×10^{-2}，不会对选冶产生影响。

5. 矿体围岩和夹石

矿体顶底板围岩主要为二长花岗岩、透辉石大理岩、角闪变粒岩。

矿体中夹石不发育,规模小,长度一般小于15m,宽0.3～2.0m,局部较宽,多呈透镜状产出,产状与矿体一致,夹石岩性主要为二长花岗岩和大理岩、煌斑岩。前者与矿体的界线不清晰,呈渐变过渡关系,煌斑岩与矿体的界线清晰。

6. 成因模式

三叠纪末,华北与扬子克拉通碰撞,鲁东地区的超高压变质带形成。晚侏罗世,鲁东地区继续受华北和扬子克拉通碰撞影响,处于抬升隆起阶段,岩石圈加厚,陆壳重熔,形成型玲珑型花岗岩(160～150Ma)。早白垩世,受太平洋板块俯冲影响,岩石圈拆沉,引起软流圈上涌及岩浆板底垫托,导致壳幔物质强烈交换,产生强烈岩浆活动、大规模流体作用,地壳结构受到强烈改造,形成热隆-伸展构造。鲁东地区由以伟德山型花岗岩为标志的强烈岩浆热隆作用、以胶莱盆地为典型的伸展断陷盆地、以盆缘断裂为代表的铲式正断层、以昆嵛山变质核杂岩为主的变质核杂岩系统和爆发式成矿事件构成的热隆-伸展构造系统,是深部岩石圈拆沉、地壳减薄的浅部响应。热隆-伸展构造系统为金矿成矿提供了有利条件。

深部成矿流体向上迁移到某一深度与来自于大气降水的浅部流体混合,为金成矿提供了流体和物质来源;由伸展作用产生的断裂构造为成矿提供了有利空间,当成矿物质在基底边缘的密集断裂中沉淀时,则形成辽上式金矿床(图2-25)。

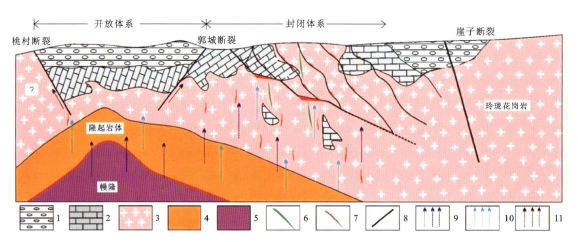

1.莱阳群;2.荆山群;3.玲珑花岗岩;4.隆起岩体;5.幔隆区;6.基性—超基性脉岩;7.金矿体;8.断层;9.深源流体;10.混合流体;11.逃逸流体。

图2-25 辽上式金矿成矿模式图(据宋明春等,2013)

7. 矿床系列标本简述

本次标本采自辽上矿床巷道、矿石堆及渣石堆,采集标本6块,岩性分别为黄铁矿化碳酸盐脉金矿石、浅肉红色黄铁矿化二长花岗岩金矿石、灰白色黄铁矿化大理岩金矿石、肉红色二长变粒岩、浅灰白色金云母大理岩、灰绿色含石榴子石斜长角闪岩(表2-18),较全面地采集了辽上金矿床的矿石和围岩标本。

表 2-18　辽上金矿采集标本一览表

序号	标本编号	光/薄片编号	标本名称	标本类型
1	LS-B1	LS-g1/LS-b1	黄铁矿化碳酸盐脉金矿石	矿石
2	LS-B2	LS-g2/LS-b2	浅肉红色黄铁矿化二长花岗岩金矿石	矿石
3	LS-B3	LS-g3/LS-b3	灰白色黄铁矿化大理岩金矿石	矿石
4	LS-B4	LS-b4	肉红色二长变粒岩	围岩
5	LS-B5	LS-b5	浅灰白色金云母大理岩	围岩
6	LS-B6	LS-b6	灰绿色含石榴子石斜长角闪岩	围岩

注:LS-B代表辽上金矿标本,LS-g代表该标本光片编号,LS-b代表该标本薄片编号。

8. 图版

(1)标本照片及其特征描述

LS-B1

黄铁矿化碳酸盐脉金矿石。岩石呈灰白色,半自形粒状结构,块状构造。主要成分为黄铁矿、方解石。黄铁矿:浅铜黄色,半自形粒状,金属光泽,粒径粗大,含量约60%。方解石:灰白色,半自形粒状集合体,玻璃光泽,粒径<2.0mm,含量约40%。

LS-B2

浅肉红色黄铁矿化二长花岗岩金矿石。岩石呈带肉红色的灰绿色,半自形粒状变晶结构,块状构造。主要成分为钾长石、石英、斜长石、黄铁矿和黑云母。钾长石:肉红色,半自形粒状,白色条痕,玻璃光泽,粒径<1.0mm,含量约35%。石英:灰白色,他形粒状,玻璃光泽,粒径<1.0mm,含量约25%。斜长石:灰白色,半自形粒状,白色条痕,玻璃光泽,粒径<1.0mm,含量约20%。黄铁矿:浅铜黄色,自形—半自形晶粒状结构,金属光泽,粒径<0.5mm,呈脉状分布,含量约15%。黑云母:褐黑色,半自形片状,玻璃光泽,粒径<1.0mm,含量约5%。

LS – B3

灰白色黄铁矿化大理岩金矿石。岩石呈灰白色，半自形粒状变晶结构，块状构造。主要成分为黄铁矿和方解石。黄铁矿：浅铜黄色，自形—半自形晶粒状结构，金属光泽，粒径＜1.0mm，含量约60%。方解石：灰白色，半自形粒状，玻璃光泽，粒径＜1.0mm，含量约40%。

LS – B4

肉红色二长变粒岩。岩石呈肉红色，半自形粒状结构，块状构造。主要成分为钾长石、斜长石、石英和黑云母。钾长石：肉红色，半自形粒状，白色条痕，玻璃光泽，粒径＜2.0mm，含量约40%。斜长石：灰白色，半自形粒状，白色条痕，玻璃光泽，粒径＜1.5mm，含量约25%。石英：灰白色，他形粒状，玻璃光泽，局部呈条带状，粒径＜1.0mm，含量约25%。黑云母：褐黑色，片状，玻璃光泽，粒径＜1.0mm，含量约10%。

LS – B5

浅灰白色金云母大理岩。岩石呈浅灰绿色，半自形片状粒状变晶结构，块状构造。主要成分为方解石和金云母。方解石：灰白色，半自形粒状集合体，玻璃光泽，粒径＜1.0mm，含量约55%；金云母：褐色，片状，玻璃光泽，粒径＜1.0mm，含量约45%。

LS – B6

灰绿色含石榴子石斜长角闪岩。岩石呈灰绿色，半自形柱状粒状变晶结构，块状构造。主要成分为普通角闪石、斜长石。普通角闪石：黑绿色，半自形长柱状、粒状，玻璃光泽，粒度＜2.0mm，含量约65%。斜长石：灰白色，半自形粒状，白色条痕，玻璃光泽，粒径＜0.5mm，含量约35%。

（2）标本镜下鉴定照片及特征描述

LS-g1

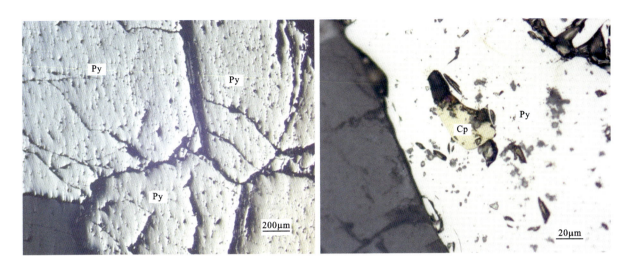

黄铁矿化碳酸盐脉金矿石。自形—半自形晶粒状结构，稠密浸染状构造。金属矿物为黄铁矿（Py）和黄铜矿（Cp），其余均为透明矿物。黄铁矿：黄白色，自形—半自形晶粒状，显均质性，矿物颗粒之间紧密镶嵌在一起，他形晶粒状黄铜矿分布于黄铁矿裂隙中，粒径0.4～1.8mm，集合体可达数毫米，含量55%～60%。黄铜矿：铜黄色，他形晶粒状，显均质性，分布于黄铁矿裂隙中，粒径0.02～0.06mm，含量微少。

矿石矿物生成顺序：黄铁矿→黄铜矿。

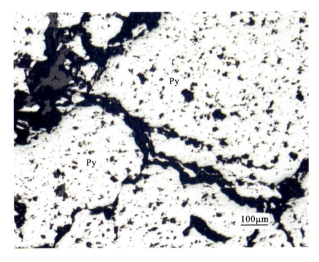

LS-g2

浅肉红色黄铁矿化二长花岗岩金矿石。自形—半自形晶粒状结构，稀疏浸染状构造。金属矿物为黄铁矿（Py）。黄铁矿：黄白色，自形—半自形晶粒状，显均质性，矿物颗粒之间紧密镶嵌在一起，粒径0.2～0.8mm，集合体可达2.2mm，含量20%～25%。

LS-g3

灰白色黄铁矿化大理岩金矿石。半自形晶粒状结构，稠密浸染状构造。金属矿物为黄铁矿（Py）和黄铜矿（Cp）。黄铁矿：黄白色，自形—半自形晶粒状，显均质性，呈集合体集中分布，粒径 0.02～2.0mm，含量 60%～65%。黄铜矿：铜黄色，半自形—他形晶粒状，显均质性，沿黄铁矿裂隙或其边缘交代，粒径 0.05～0.20mm，含量 5%～10%。

矿石矿物生成顺序：黄铁矿→黄铜矿。

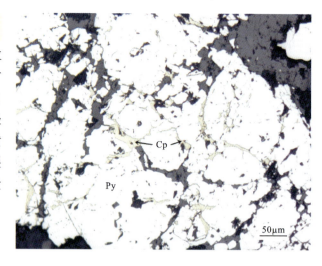

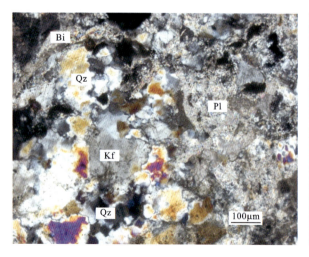

LS-b1

黄铁矿化方解石脉。半自形状粒状结构。主要成分为黄铁矿（Py）和方解石（Cal）。黄铁矿：黑色不透明，半自形粒状，分布于方解石集合体之间，粒度粗大，集合体可达 6.0mm，含量 55%～60%。方解石：无色，他形粒状，高级白干涉色，聚集分布在一起，粒径 0.4～2.0mm，含量 40%～45%。

LS-b2

蚀变二长变粒岩。半自形粒状变晶结构。主要成分为钾长石（Kf）、石英（Qz）、斜长石（Pl）、金属矿物和黑云母（Bi）。钾长石：无色，半自形板状，负低突起，一级灰白干涉色，表面轻微黏土矿化，粒径 0.2～

1.0mm,含量30%~35%。石英:无色,他形粒状集合体,一级黄白干涉色,表面光洁,具波状消光现象,粒径0.2~0.6mm,含量25%~27%。斜长石:无色,半自形板状、他形粒状,一级灰白干涉色,遭受较强的绢云母化、碳酸盐化蚀变,仅少部分残留,粒径0.2~1.0mm,含量20%~25%。金属矿物:黑色,自形—半自形粒状,推测为黄铁矿(Py),局部集中,粒径0.05~0.4mm,含量10%~15%。黑云母:半自形片状,几乎完全退化成白云母,平行消光,粒径0.4~0.8mm,含量5%~8%。

LS-b3

黄铁矿化大理岩。半自形粒状变晶结构。主要成分为金属矿物和方解石(Cal),其次含有少量白云母(Mu)和石英(Qz)。金属矿物:黑色,自形—半自形晶粒状,推测为黄铁矿(Py),沿金属矿物颗粒间隙分布透明矿物,粒径0.05~1.0mm,含量55%~60%。方解石:无色,半自形—他形粒状,闪突起明显,高级白干涉色,双晶纹平行于菱形解理长对角线,粒径0.1~1.0mm,含量40%~45%。白云母:无色,半自形片状,干涉色极其鲜艳,呈细小片状集合体分布于方解石颗粒之间,粒径0.05~0.20mm,含量较少。

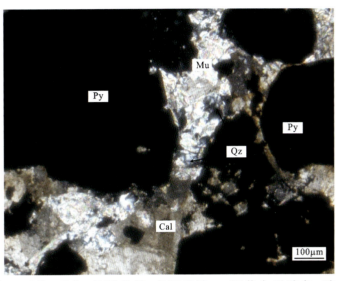

石英:无色,他形粒状,表面光洁,一级黄白干涉色,零星分布于方解石之间,粒径0.02~0.05mm,含量较少。

LS-b4

二长变粒岩。半自形粒状变晶结构。主要成分为钾长石(Kf)、斜长石(Pl)、石英(Qz),其次为少量的黑云母(Bi)、金属矿物等,局部可见石英集合体呈条带状分布。钾长石:无色,半自形—他形板状、粒状,一级灰白干涉色,表面具轻微土化,粒径0.6~1.8mm,含量35%~40%。斜长石:无色,他形粒状,表面绢云母化较强,镜下较污浊,局部见有较细密的聚片双晶,多集中分布在一起,粒径0.2~1.6mm,含量25%~30%。石英:无色,他形粒状,表面光洁,具波状消光现象,局部呈拉长的条带状,粒径0.2~0.8mm,含量25%~30%。黑云母:褐色,半自形片状,多数发生绿泥石化蚀变,粒径0.4~1.0mm,含量5%~10%。金属矿物:黑色,半自形粒状,零星分布于上述矿物中,粒径0.05~0.40mm,含量较少。

LS-b5

金云母大理岩。半自形片状粒状变晶结构。主要成分为方解石（Cal）、金云母（Phl），其次为蛇纹石（Sep）。方解石：无色，半自形—他形粒状，闪突起明显，沿解理方向对称消光，干涉色高级白，常见双晶，双晶纹平行菱形解理的长对角线，矿物颗粒紧密镶嵌在一起，粒径 0.1~0.8mm，含量 50%~55%。金云母：浅黄褐色，半自形片状，干涉色可达三级，均匀分布于方解石集合体之间，局部略具定向，常见其蚀变为绿泥石，粒径 0.4~1.2mm，含量 35%~40%。蛇纹石：无色，呈半自形鳞片状集合体，近于平行消光，一级灰白干涉色，集合体零星分布于上述矿物之间，粒径 0.08~0.4mm，含量 5%~10%。

LS-b6

含石榴子石斜长角闪岩。半自形柱状粒状变晶结构。主要成分为普通角闪石（Hb）和斜长石（Pl），其次为少量的石英（Qz）、石榴石（Gr）和金属矿物。普通角闪石：蓝绿色，半自形柱状、粒状，多色性明显，干涉色可达二级蓝绿，颗粒之间紧密镶嵌在一起，粒径 0.4~1.6mm，含量 60%~65%。斜长石：无色，他形粒状，一级灰白干涉色，较均匀分布于普通角闪石集合体之间，粒径 0.2~0.6mm，含量 25%~30%。石英：无色，他形粒状，表面光洁，一级黄白干涉色，零星分布于斜长石之间，粒径 0.05~0.4mm，含量 5%~10%。石榴子石：无色，半自形粒状，显均质性，正极高突起，粒径 0.6~1.0mm，含量约 5%。金属矿物：黑色，半自形—他形晶粒状，零星分布于普通角闪石中，粒径 0.05~0.15mm，含量较少。

第三章　与中生代燕山期潜火山岩及浅成侵入岩有关的热液型及接触交代型金矿床

第一节　归来庄式金矿床

归来庄式金矿床(隐爆角砾岩型)主要分布于平邑县铜石地区的南部,分布局限。金矿床分布在鲁西隆起区中南部的泗水-平邑坳陷带南侧,北西向燕甘断裂从区内中部通过,近东西向次级断裂控制着金矿床的分布。矿床形成与中生代燕山早期侵入的二长闪长质岩石及二长—正长岩伴随的隐爆角砾岩及粗面斑岩有关。

一、平邑归来庄金矿

归来庄金矿位于临沂市平邑县城东南25km,行政区划隶属平邑县地方镇。其大地构造位置位于华北板块(Ⅰ)鲁西隆起区(Ⅱ)鲁中隆起(Ⅲ)尼山-平邑断隆(Ⅳ)尼山凸起(Ⅴ)北东翼,平邑-方城凹陷(Ⅴ)的南部边缘。

归来庄金矿为一大型构造-隐爆角砾岩型金矿床,控制长度大于2km,矿体宽度5~15m。岩浆沿构造通道侵入铜石杂岩体外围的寒武纪、奥陶纪地层中,形成隐爆角砾岩型矿体,岩浆热液沿裂隙渗入碳酸盐岩地层中,形成灰岩型矿体。矿区累计查明金金属量34t,矿床规模属大型。

1. 矿区地质特征

区内出露地层为寒武系、奥陶系和第四系(图3-1)。其中寒武纪—奥陶纪三山子组为本矿床成矿有利层位,岩性主要为厚层白云岩、含燧石结核白云岩。

区内断裂构造主要为北西向、近东西向和北东向三组,为燕甘断裂的派生次级构造,展布于燕甘断裂东侧(图3-2)。根据形成顺序及其与成矿的关系可分为控矿断裂和成矿后断裂。其中归来庄F1断层出露长度2200m,总体走向85°,倾向南,倾角45°~68°,自西向东、由浅而深倾角有变缓的趋势。东段水平断距50m,垂直断距85~120m;西段水平断距180m,垂直断距90~120m。破碎带宽0.60~29.30m,沿走向和倾向均呈舒缓波状延展,具膨胀狭缩、分支复合等特征。该断层控制了Ⅰ号蚀变带和①号矿体,是归来庄金矿床的导矿和储矿构造。Ⅰ号蚀变带为一构造隐爆-侵入角砾岩带,其规模、产状、形态与F1断层基本一致。带内主要发育有硅化萤石化角砾岩和硅化褐铁矿化二长闪长玢岩及硅化碎裂状二长斑岩;在其顶底板发育有硅化碎裂状灰岩、白云质灰岩、白云岩等。它们构成了①号矿体的主要含矿岩石。

区内岩浆岩为一中偏碱性次火山杂岩体——铜石杂岩体的一部分,位于铜石杂岩体的东部边缘。岩性主要为二长闪长玢岩、二长斑岩,呈岩株、岩脉和岩床状产出,侵位于寒武系、奥陶系等地层中。区内脉岩较发育,主要是粗斑、中斑二长斑岩脉,其次为细斑正长斑岩脉。

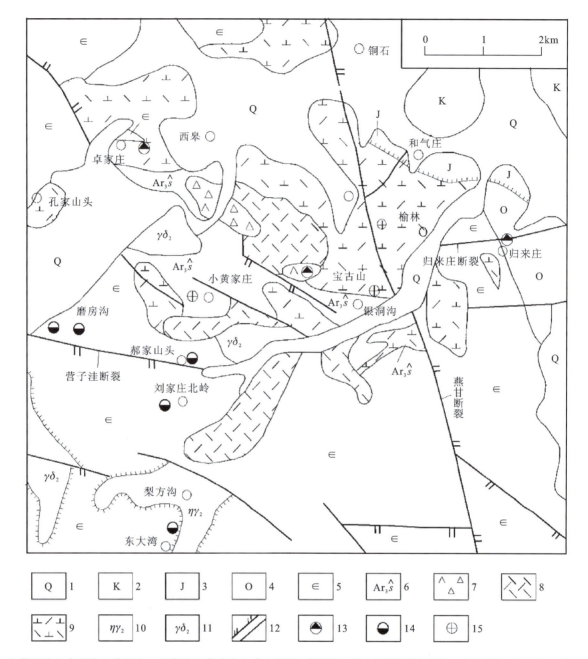

1.第四系;2.白垩系;3.侏罗系;4.奥陶系;5.寒武系;6.泰山岩群山草峪组;7.燕山早期隐爆角砾岩;8.燕山早期二长斑岩;9.燕山早期二长闪长玢岩;10.古元古代二长花岗岩;11.古元古代花岗闪长岩;12.断层;13.隐爆角砾岩型(归来庄式)金矿床;14.镁质碳酸盐岩微细浸染型(磨坊沟式)金矿床;15.其他热液型金矿床(点)。

图3-1 鲁西归来庄矿田地质矿产略图(据于学峰,2010)

区内隐爆角砾岩较发育,根据其产出部位及成因大体分为两类:一类是产于铜石次火山杂岩体内部的宝古山隐爆-崩塌角砾岩,另一类是产于岩体边缘构造带中的归来庄隐爆-侵入角砾岩。后者为归来庄金矿床的赋矿母岩。归来庄隐爆-侵入角砾岩产出于铜石杂岩体东部边缘,古生界碳酸盐岩中的近东西向断裂带内。角砾岩带受归来庄F1、F2断裂控制,其形态、产状、规模与断裂带基本一致。角砾成分复杂,主要为二长斑岩、正长斑岩及二长闪长玢岩,次为灰岩、白云质灰岩、白云岩和砂岩,偶见变粒岩角砾。角砾形态各异,呈棱角状—浑圆状,许多来自较深层位的角砾呈球状、椭球状或纺锤状,其长轴方向与断裂带走向或倾向一致。角砾大小悬殊,从几毫米至数米,一般几厘米至几十厘米。胶结物主要为粗

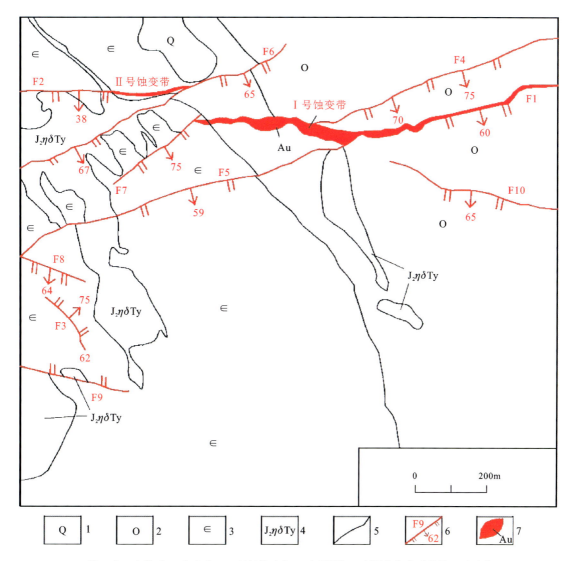

1.第四系;2.奥陶系;3.寒武系;4.二长闪长玢岩;5.地质界线;6.断层产状(°)及编号;7.金矿体。

图 3-2 归来庄金矿地质构造简图(据于学峰,2010)

面斑岩质。在角砾岩带与顶底板围岩接触部位,发育有以碳酸盐岩为主的震碎角砾岩或碎裂岩。在边部常见岩浆岩为主的角砾岩,呈脉状充填于白云岩的裂隙中,表明角砾岩是侵入的性质。角砾岩破碎强烈,主要发育有硅化、萤石化、绢云母化、泥化、碳酸盐化及黄铁矿(褐铁矿)化等蚀变,并伴有金矿化。蚀变分带不明显,常见多种蚀变叠加,在顶底板处局部形成一强泥化带。

2. 矿体特征

矿区共圈定 11 个矿体,其中①-1 号矿体规模最大,其余 10 个矿体多为单工程控制的零星小矿体。

①-1 号矿体呈脉状产出,矿化连续,其形态、产状与蚀变带基本一致。走向近东西,倾向南,倾角 45°~63°,矿体赋存标高 130~-150m。矿体单工程最大厚度 29.12m,最小厚度 0.90m,平均厚度 6.81m。厚度变化系数 82.33%,厚度稳定程度属较稳定型。矿体单样品最高品位 475.40g/t,单工程最高品位 27.06g/t,最低品位 1.05g/t。矿体沿走向和倾向品位变化较大,品位变化系数 189%,有用组分分布均匀程度属不均匀型。

3. 矿石特征

矿石矿物除自然金、银金矿、碲铜金矿外，还有褐铁矿、黄铁矿，次为黄铜矿、方铅矿、闪锌矿、赤铁矿、碲镍矿、碲铅矿等；脉石矿物主要为斜长石、钾长石、方解石、白云石、石英、萤石，次为绢云母、伊利石等。其中褐铁矿、黄铁矿、方解石、白云石、石英等为主要载金矿物。

矿石结构主要为晶粒结构、假象结构、浸蚀结构、交代残余结构、交代环边结构、星状结构、填隙结构及板状丛生结构等。矿石构造为角砾状构造、浸染状构造、脉状、网脉状构造、梳状、晶洞状构造，土状、蜂窝状构造等。

矿石自然类型为氧化矿石。矿石工业类型属低硫金矿石。

4. 共伴生矿产评价

矿床中伴生铜、铅、锌、钼、锑、硫等有益组分含量均较低，达不到综合回收利用要求。伴生银含量8.0～15.0g/t，最高为151.58g/t，矿床银平均品位11.99g/t。银矿物主要为银金矿、自然银等，矿物特征及赋存状态与金矿物相似，银与金紧密伴生。生产实践证明，银较易综合回收利用。

5. 矿体围岩和夹石

矿体近矿围岩主要为角砾岩、碳酸盐岩及二长闪长玢岩、二长斑岩。当矿体由角砾岩含金矿石组成，围岩为碳酸盐岩或玢岩、斑岩时，二者界线清晰。

矿体夹石主要产于①号矿体的厚大部位及分支复合处，其产状与矿体基本一致，矿物成分、结构构造与同类型矿石相近，主要为角砾岩和少量碳酸盐岩。夹石多呈透镜状分布于矿体内部，规模较小。

6. 成因模式

太古宙，鲁西地区形成了一套巨厚的砂质、钙泥质、泥砂质夹基性火山岩建造。伴随海底火山喷发，金元素从上地幔或下地壳运移至地壳表层。经区域变质作用，使原岩脱水，形成变质热液，促使金元素活化、迁移，重新分配，汇集于泰山岩群黑云变粒岩、黑云角闪变粒岩及其他岩层中，构成了本区金的主要矿源层。

中生代燕山运动晚期，沂沭断裂带的左行扭动，派生了鲁西旋卷构造及鲁南小型帚状构造。本区形成了燕甘断裂及其次级构造，为岩浆活动及成矿热液的运移提供了通道。二长闪长质、二长—正长质岩浆频繁活动，高度分异，形成铜石次火山杂岩体。二长—正长质岩浆分异晚期阶段的残余岩浆，同化了地壳上部的酸性岩石（矿源层），促使矿源层中的金元素进一步活化，并被残余岩浆及期后热液汲取，形成了富含挥发分和矿质的残余岩浆气液（图3-3）。

在二长—正长质岩浆活动后期，富含挥发分的残余岩浆汽液，沿地层、构造薄弱地带运移，从而形成了两种主要的成矿类型，即构造隐爆角砾岩型和碳酸盐岩型。

构造-隐爆角砾岩型：在归来庄F1断裂深部，由于前缘岩浆冷凝固结，形成封闭环境，下部岩浆气液继续上侵聚集，封闭体系内温度、压力急剧增高，当能量达到一定程度时，便导致了强烈的次火山隐爆作用。在强大的能量驱动下隐爆产物贯入F1断裂，形成隐爆-侵入角砾岩。

在隐爆角砾岩形成晚期，富含矿质及挥发分的次火山岩浆期后热液，在地下水的参与下沿低压扩容带继续运移，并从围岩中进一步汲取矿质。当含矿热液运移到角砾岩带及其顶底板裂隙发育的围岩中时，随着物理化学的条件的变化，金、银、碲及其他金属、非金属元素逐渐沉淀，并发生了相应的围岩蚀变作用。经多次蚀变作用、多阶段矿化的叠加，形成了归来庄中低温热液构造-隐爆角砾岩型金矿床。

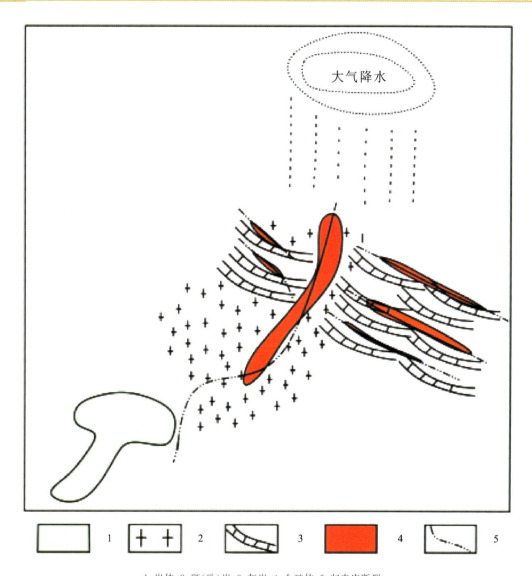

1.岩体;2.斑(玢)岩;3.灰岩;4.金矿体;5.归来庄断裂。

图 3-3 归来庄金矿床成矿模式示意图(据于学峰,2010)

7. 矿床系列标本简述

本次标本采自归来庄金矿床矿石堆,采集标本 4 块,岩性分别为紫褐色、灰褐色萤石化安山质火山角砾岩,灰白色次石英闪长玢岩,灰白色次花岗闪长斑岩和灰色白云质灰岩(表 3-1),较全面地采集了铜井金矿床的矿石和围岩标本。

表 3-1 归来庄金矿床采集标本一览表

序号	标本编号	光/薄片编号	标本名称	标本类型
1	GL-B1	GL-g1/GL-b1	紫褐色、灰褐色萤石化安山质火山角砾岩	矿石
2	GL-B2	GL-b2	灰白色次石英闪长玢岩	围岩
3	GL-B3	GL-b3	灰白色次花岗闪长斑岩	围岩
4	GL-B4	GL-b4	灰色白云质灰岩	围岩

注:GL-B 代表归来庄金矿标本,GL-g 代表该标本光片编号,GL-b 代表该标本薄片编号。

8. 图版

(1)标本照片及其特征描述

GL-B1

紫褐色、灰褐色萤石化安山质火山角砾岩。岩石呈紫褐色、灰褐色,火山角砾结构,块状构造。角砾成分以岩浆岩为主,其次为沉积岩角砾。角砾形态各异,大小不一,包括粒径＞2mm的火山岩集块、火山角砾和粒径＜2mm的岩屑,通常较粗的角砾磨圆度较高,多呈浑圆状、次圆状;细小角砾则多为次圆状—棱角状,角砾含量约70%,角砾中可见浅灰色方铅矿颗粒,多自形,粒径＜1mm,含量约10%。胶结物多为隐晶质,含量约30%。岩石可见萤石化蚀变,萤石呈蓝紫色,不规则粒状,多为胶结物,含量约20%。

GL-B2

灰白色次石英闪长玢岩。岩石呈略带肉红色的灰白色,斑状结构,块状构造。该岩石斑晶由斜长石和普通角闪石组成。斜长石:灰白色,半自形粒状,白色条痕,玻璃光泽,粒径＜3.0mm,含量约40%。普通角闪石:黑绿色,半自形长柱状,玻璃光泽,粒径＜1.0mm,含量约25%。基质是由细小的斜长石和角闪石构成的显微晶质结构,含量约35%。

GL-B3

灰白色次石英闪长玢岩。岩石呈略带肉红色的灰白色,斑状结构,块状构造。该岩石斑晶由斜长石、普通角闪石和石英组成。斜长石:灰白色,半自形粒状,白色条痕,玻璃光泽,粒径＜3.0mm,含量约35%。普通角闪石:黑绿色,半自形长柱状,玻璃光泽,粒度＜1.0mm,含量约20%。石英:灰白色,他形粒状,玻璃光泽,粒径＜0.5mm,含量约10%。基质是由细小的斜长石和角闪石、石英构成的显微晶质结构,含量约35%。

GL-B4

灰色白云质灰岩。岩石呈灰色,块状构造。主要成分为方解石和白云石。方解石:灰白色,半自形粒状,玻璃光泽,粒径细小,含量约70%。白云石:灰褐色,自形—半自形粒状,玻璃光泽,呈团块状分布,含量约30%。二者不易区分,应结合显微镜下观察。

（2）标本镜下鉴定照片及特征描述

GL-g1

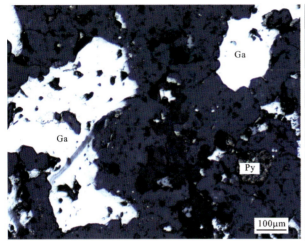
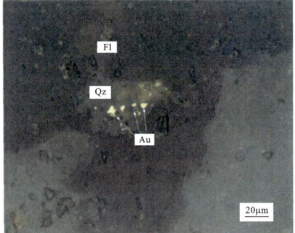

萤石化安山质火山角砾岩。自形—半自形粒状结构。金属矿物为方铅矿（Ga）、黄铁矿（Py）。方铅矿：纯白色，自形—半自形粒状，也可见他形粒状集合体，显均质性，易磨光；可见三组解理相交而呈黑三角孔；可见方铅矿交代黄铁矿颗粒呈交代残余结构；方铅矿可见两个世代，其中较晚世代交代前一世代方铅矿颗粒呈残余结构，二者均为半自形粒状颗粒；粒径0.1～0.4mm，含量10%～15%。黄铁矿：浅黄色，自形—半自形晶粒状，显均质性，硬度较高，不易磨光，表面多见麻点；黄铁矿颗粒较为破碎，多被方铅矿交代，形成交代残余结构；粒径0.1～0.2mm，含量约5%。据于学峰（2010）研究成果，归来庄矿区金矿物可呈角砾状微粒聚集出现，包含于非金属矿物（石英）中。

矿石矿物生成顺序：黄铁矿→方铅矿。

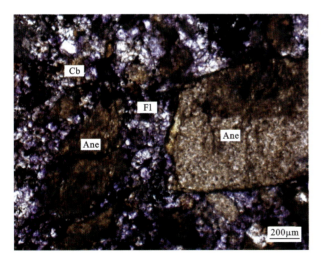

GL-b1

萤石化安山质火山角砾岩。火山角砾结构。主要由角砾及胶结物组成，其中，角砾含量65%～70%，主要为安山岩（Ane）角砾，也可见碳酸盐（Cb）角砾；胶结物含量30%～35%。岩石中胶结物多为隐晶质，发育较强的萤石化蚀变，多数胶结物被萤石交代。安山岩角砾：主要由角闪石等暗色矿物、斜长石斑晶及斜长石、碱性长石等基质组成，可见交织结构；角砾具一定磨圆度，呈次圆状，角砾粒径多>2mm，有时可达数厘米，含量55%～60%。碳酸盐角砾：主要为方解石及白云石组成的碳酸盐，磨圆度较差，多呈棱角状，角砾粒径2mm左右，含量5%～10%。胶结物：多为隐晶质结构，局部可见显微晶质结构，可见长石及方解石，也可见少量石英，多被萤石交代。萤石：紫色，颜色分布不均而呈斑点状，呈不规则粒状填充于其他矿物之间，负中—高突起，显均质性，含量25%～30%。

GL－b2

次石英闪长玢岩。斑状结构，基质为显微晶质结构。主要成分为斜长石（Pl）、普通角闪石（Hb），其次为石英（Qz）和金属矿物等。斑晶含量55%～65%，由斜长石、普通角闪石组成，粒度0.4～3.2mm。斜长石：无色，半自形板状，表面发生轻微绢云母化、碳酸盐化蚀变，一级灰白干涉色，聚片双晶发育，粒度0.6～3.2mm，含量35%～40%。普通角闪石：浅绿色，半自形柱状、粒状，二级蓝绿干涉色，具弱的暗化现象，表面具碳酸盐化蚀变，粒度0.4～1.2mm，含量20%～25%。基质含量35%～45%，基质主要由斜长石（含量20%～25%）、石英（含量5%～8%）和碳酸盐化的角闪石（含量10%～12%）构成显微晶质结构，粒径一般<0.2mm。金属矿物：黑色，自形—半自形粒状，零星分布于基质中，粒径0.05～0.20mm，含量较少。

GL－b3

次花岗闪长斑岩。斑状结构，基质为显微晶质结构。主要成分为斜长石（Pl）、普通角闪石（Hb），其次为石英（Qz）和金属矿物等。斑晶含量60%～70%，由斜长石、普通角闪石、石英组成，粒度0.2～2.0mm。斜长石：无色，半自形板状，表面轻微绢云母化、碳酸盐化蚀变，一级灰白干涉色，聚片双晶发育，粒度0.6～3.2mm，含量35%～37%。普通角闪石：浅绿色，半自形柱状、粒状，二级蓝绿干涉色，表面具碳酸盐化蚀变，具暗化边现象，粒度0.4～1.2mm，含量20%～23%。石英：无色，他形粒状，一级黄白干涉色，表面光洁，粒度0.2～0.6mm，含量5%～10%。基质含量30%～40%，基质主要由斜长石（含量20%～22%）、石英（含量5%～10%）和碳酸盐化的角闪石（含量5%～8%）构成显微晶质结构，粒径一般<0.2mm。金属矿物：黑色，自形—半自形粒状，零星分布于基质中，粒径0.05～0.20mm，含量较少。

GL－b4

白云质灰岩。自形—半自形结构。主要成分为方解石（Cal）和白云石（Do），其次为少量的石英（Qz）以及金属矿物。方解石：无色，他形粒状，晶形不完整，高级白干涉色，少数呈细脉状分布，细脉方解石中分布金属矿物，粒径0.002～0.03mm，含量70%～75%。白云石：无色，自形—半自形粒状，晶形较完整，高级白干涉色，见有菱形解理，多以集合体形式呈团块状、不规则状分布于方解石集合体中，粒径0.05～0.15mm，含量25%～30%。石英：无色，他形粒状，一级黄白干涉色，呈细小粒状零星分布在方解石集合体之中，粒径0.01～0.02mm，含量微少。金属矿物：黑色，他形粒状，零星分布于方解石中，或沿方解石细脉呈脉状分布，粒径0.005～0.03mm，含量较少。

二、五莲七宝山金矿

七宝山金矿位于日照市五莲县城西北约18km,行政区划隶属五莲县于里乡和高泽乡。其大地构造位置位于华北板块（Ⅰ）胶辽隆起区（Ⅱ）胶莱盆地西部（Ⅲ）高密-诸城断陷（Ⅳ）诸城凹陷（Ⅴ）的西部。矿区累计查明金金属量12t,矿床规模属中型。

1. 矿区地质特征

区内地层主要为中生代白垩纪莱阳群、青山群及新生代第四系(图3-4)。莱阳群主要分布于矿区东南部,自下而上分为林寺山组、龙旺庄组、曲格庄组和法家茔组;青山群呈环带状分布于七宝山杂岩体周围,自下而上分为八亩地组和方戈庄组;第四系包括山前组和临沂组,为沿现代河床、山前坡地一带发育的一套松散砂砾层、砂土层。

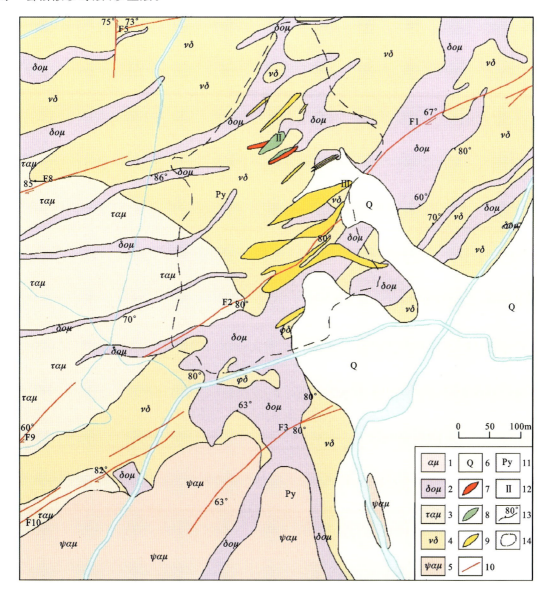

1.安山玢岩;2.石英闪长玢岩;3.粗安玢岩;4.辉石闪长岩;5.角闪安山玢岩;6.第四系冲积、坡积层;7.金铜矿露头;8.铜矿露头;9.金矿露头;10.实测及推测断层;11.矿脉编号;12.扭性断层及断层面倾角;13.侵入体与围岩接触面产状;14.露天采场。

图3-4 七宝山金矿区域地质简图(据张淼,2016)

区内构造错综复杂,断裂构造及火山机构较为发育,属断裂构造复杂地区。断裂构造主要发育北东向、北西向和近东西向三组,其中以北东向断裂为主。各组断裂均具多期活动性,沿断裂多见有石英闪长玢岩充填。区内火山机构发育,在火山机构中心为环状杂岩体占据。自火山机构中心向外依次发育有环状钾化黄铁绢英岩化和青磐岩化蚀变。在火山机构次火山杂岩体内外接触带内发育有隐爆角砾岩筒构造,该矿床即位于隐爆角砾岩筒内。

区内火山作用强烈,次火山岩发育,主要发育七宝山次火山杂岩体,总体呈北西延长的近椭圆状分布,面积达 $8.0km^2$。各期次侵入的次火山岩在空间分布上密切相伴,按它们穿插关系、岩性特点,可划分为 4 期。区内岩石蚀变较发育,主要有钾化、黄铁绢英岩化(次生石英岩化)、青磐岩化、硅化及碳酸盐化等,呈面状及脉状叠加出现。

2. 矿体特征

矿体主要赋存于七宝山杂岩体的花岗闪长斑岩(石英闪长玢岩)体内,矿体在空间上呈不规则筒状,向深部含矿角砾岩筒规模逐渐变小、趋于尖灭,矿区在空间上组成 5 条矿脉带,金矿体主要赋存于Ⅰ、Ⅲ、Ⅳ号矿脉带(表3-2)。

表 3-2 七宝山金矿脉带特征一览表

矿脉编号	延长/m	延深/m	矿体形态	产状/°		平均厚度/m	平均品位/(g/t)
				倾向	倾角		
Ⅰ	250	600	脉状	150	45	13.48	2.39
Ⅲ	100	200	似层状	145	5~15	2.28	2.46
Ⅳ	100	150	似层状	150	5	2.83	3.54

3. 矿石特征

矿石矿物成分有镜铁矿、黄铁矿、黄铜矿、自然金和自然银等;脉石矿物主要有白云石、石英和菱铁矿等。镜铁矿、黄铜矿、黄铁矿及石英是主要的载金矿物。

矿石结构以自形晶片状结构、晶粒结构(自形晶、他形粒)为主,压碎结构、填隙结构、揉皱结构、交代残余结构次之。少量—微量的包体结构、交代反应边结构、乳浊状结构、格子状结构及胶状结构。矿石构造以角砾状构造、细脉状构造为主,脉状、晶洞(晶簇)及细脉浸染状构造次之。

矿石自然类型属原生金铜矿石。矿石工业类型属低硫型金铜矿石。

4. 共伴生矿产评价

矿石中共伴生有用组份主要为金、铜、银、硫,金矿石和铜金矿石中其有用组分具有相互共生、伴生的特点。

5. 矿体围岩和夹石

矿体顶底板围岩及夹石主要为辉石二长岩-辉石闪长岩、石英闪长玢岩-花岗闪长斑岩,局部为安山玢岩。由于围岩和夹石数量较多,且与矿体呈渐变过渡关系,矿体与围岩界线主要以化学分析结果确定。

6. 成因模式

在岩石圈伸展-减薄和郯庐断裂带发生大规模左行平移构造的环境下,中生代火山喷发,次火山岩侵入，发生矿化活动。七宝山金矿床的产出位置在空间上与矿区石英闪长玢岩-花岗闪长斑岩关系密切，且石英闪长玢岩-花岗闪长斑岩相对于矿区其他类型岩浆岩明显更富金，所以七宝山金矿床的成矿作用与七宝山侵入杂岩体之石英闪长玢岩-花岗闪长斑岩的侵入活动相关，其成矿流体应为其结晶分异所产生的高温、高盐度流体。金成矿元素沉淀机制可能为：早期构造裂隙活动所引起成矿流体减压沸腾，成矿流体中 H_2O、CO_2、H_2S 等挥发分逸离进入气相，一方面导致流体中金属元素浓度增大，另一方面，H_2S 等的逸离造成流体 pH 值增大和还原 S 浓度增大，与此同时产生的冷却作用等一起造成了金及其他金属元素的沉淀。流体的持续沸腾引起 H_2O、CO_2、H_2S 等挥发性气体不断逸逸，并在侵入体浅部不断地积聚。金属硫化物的沉淀、H_2S 等酸性气体挥发分的逸逸，导致流体性质由还原性逐渐向氧化性转化，盐度亦随之不断降低。当岩体顶部聚集的气体的蒸汽压大于岩体内压时，便会发生隐爆作用。隐爆作用所引起的急剧的压力释放、温度降低和气体逸逸，导致了金属氧化物——镜铁矿的沉淀。金属氧化物不断沉淀析出，成矿流体中的氧逐渐被消耗，流体氧逸度降低，当流体中残余的氧不足以使铁元素以氧化物形式析出时，铁、铜便以黄铁矿、黄铜矿等硫化物的形式沉淀析出来，该阶段同时也构成了金沉淀成矿的主要阶段。成矿作用的晚期，成矿元素的沉淀、析出已经基本完成，成矿体系逐渐转变为开放体系，少量的大气降水混入，成矿流体亦逐渐向低温-低盐度方向演化（图 3-5）。

7. 矿床系列标本简述

本次标本采自五莲七宝山矿区，采集标本 4 块，岩性分别为含黄铁矿石英闪长质碎裂岩、黄铁矿化石英闪长质碎裂岩和含角闪二长斑岩（表 3-3），较全面地采集了五莲七宝山矿区的矿石和围岩标本。

表 3-3 七宝山金矿采集标本一览表

序号	标本编号	光/薄片编号	标本名称	标本类型
1	QB-B1	QB-g1/QB-b1	含黄铁矿石英闪长质碎裂岩	矿石
2	QB-B2	QB-g2/QB-b2	黄铁矿化石英闪长质碎裂岩	矿石
3	QB-B3	QB-b3	含角闪二长斑岩	围岩
4	QB-B4	QB-b4	含角闪二长斑岩	围岩

注：QB-B 代表七宝山金矿标本，QB-g 代表该标本光片编号，QB-b 代表标本薄片编号。

8. 图版

(1) 标本照片及其特征描述

QB-B1

含黄铁矿石英闪长质碎裂岩。岩石呈黄褐色，块状构造。岩石中碎裂结构发育，矿物颗粒多较为破碎，可见绢云母化蚀变。主要成分为斜长石、石英和角闪石，可见黄铁矿。斜长石：无色，半自形板状，粒径 1.0～2.0mm，含量约 40%。石英：无色，他形粒状，油脂光泽，粒径<1.0mm，含量约 30%。角闪石：灰绿色，长柱状，粒径约 1.0mm，含量约 20%。黄铁矿：浅铜黄色，自形—半自形粒状，金属光泽，粒径约 1.0mm，含量约 10%。

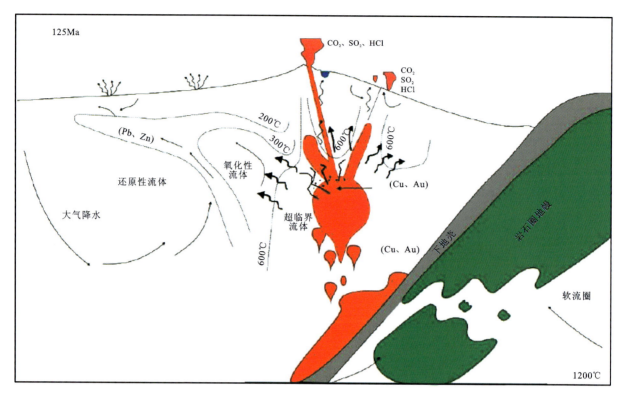

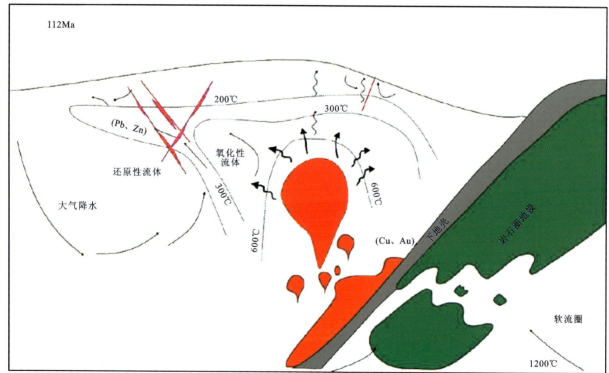

图3-5 七宝山金矿成矿模式示意图(据张淼,2016)

QB-B2

黄铁矿化石英闪长质碎裂岩。岩石呈浅黄及灰黑色,块状构造。岩石中碎裂结构发育,矿物颗粒多较为破碎,主要成分为斜长石、石英和角闪石,可见黄铁矿。斜长石:无色,半自形板状,粒径1.0~2.0mm,含量约30%。石英:无色,他形粒状,油脂光泽,粒径<1.0mm,含量约20%。角闪石:灰绿色,长柱状,粒径约1.0mm,含量约20%。黄铁矿:浅铜黄色,自形—半自形粒状,金属光泽,粒径约1.0mm,含量30%。

QB-B3

含角闪二长斑岩。岩石呈灰白色至浅肉红色,块状构造。岩石由斑晶和基质组成,主要成分为斜长石、钾长石,其次为石英、角闪石。斜长石:无色,他形,粒径大小不一,斑晶可达2.0mm,基质粒径不足0.1mm,含量约40%。钾长石:肉红色,他形粒状,粒径大小不一,斑晶可达1.0mm,基质中粒径不足0.1mm,含量约40%。石英:无色,他形粒状,颗粒细小,粒径<1.0mm,含量约15%。角闪石:褐色,长柱状,粒径<1.0mm,含量约5%。

QB-B4

含角闪二长斑岩。岩石呈灰白色至浅肉红色,块状构造。岩石由斑晶和基质组成,主要成分为斜长石、角闪石、黑云母,其次为石英。斜长石:无色,他形,粒径大小不一,斑晶可达2.0mm,基质中粒径不足0.1mm,含量约50%。角闪石:褐色,长柱状,粒径<1.0mm,含量约30%。黑云母:褐色,片状,粒径约1.0mm,含量约10%。石英:无色,他形粒状,颗粒细小,粒径<1.0mm,含量约10%。

(2)标本镜下鉴定照片及特征描述

QB-g1

含黄铁矿石英闪长质碎裂岩。自形—半自形粒状结构。金属矿物为黄铜矿(Cp)、赤铁矿(Hm)、黄铁矿(Py)和磁铁矿(Mt)。黄铜矿:铜黄色,他形粒状,显均质性,较易磨光;多成片分布,可见黄铜矿呈网脉状穿插于裂隙发育的黄铁矿颗粒,也可见黄铜矿交代黄铁矿颗粒;可见赤铁矿颗粒交代黄铜矿形成交代残余结构,也可见黄铜矿呈他形粒状零星分布;粒径0.1~0.3mm,集合体多>1.0mm,含量25%~30%。赤铁矿:灰色微带蓝色,自形片状、束状及放射状晶体,强非均质性,具深红色内反射;多呈放射状集合体,局部可见较为细长的针状晶体;可见赤铁矿颗粒受应力作用发生弯折,可见赤铁矿交代黄铁矿及黄铜矿,局部形成交代残留结构;粒径0.1~0.4mm,含量15%~20%。黄铁矿:浅黄色,自形—半自

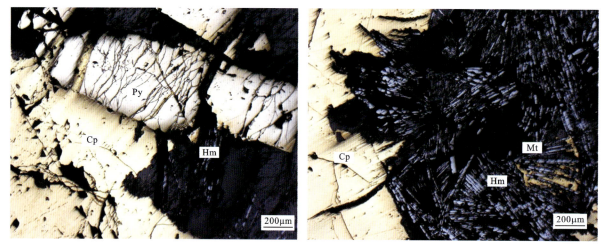

形晶粒状,显均质性,硬度较高,不易磨光,表面多见麻点;可见黄铁矿颗粒中裂隙发育,并发育黄铜矿细脉;也可见放射状赤铁矿交代黄铁矿,黄铁矿颗粒均自形程度较好;粒径0.1~0.4mm,含量15%~20%。磁铁矿:反射色为灰色略带棕色,多呈针状假象,无多色性及内反射,显均质性,硬度较高,不易磨光;片状及针状赤铁矿交代磁铁矿颗粒,呈残留结构、假象结构,粒径0.2~0.4mm,含量约5%。

矿石矿物生成顺序:磁铁矿→黄铁矿→黄铜矿→赤铁矿。

QB-g2

黄铁矿化石英闪长质碎裂岩。自形—半自形粒状结构。金属矿物为黄铁矿(Py)、赤铁矿(Hm)、黄铜矿(Cp)。黄铁矿:浅黄色,自形—半自形晶粒状,显均质性,硬度较高,不易磨光,表面多见麻点;可见黄铁矿颗粒中裂隙发育,并发育黄铜矿细脉;可见黄铁矿交代赤铁矿,也可见黄铜矿颗粒交代黄铁矿颗粒,黄铁矿颗粒均自形程度较好;粒径0.1~0.4mm,含量35%~40%。赤铁矿:灰色微带蓝色,自形片状、束状及放射状晶体,强非均质性,具深红色内反射;多呈片状及细长的针状晶体,局部可见片状集合体,偶尔可见放射状集合体;可见黄铁矿交代赤铁矿,也可见赤铁矿呈脉状穿插黄铜矿颗粒,显示了赤铁矿存在于两个矿化阶段;粒径0.1~0.4mm,含量10%~15%。黄铜矿:铜黄色,他形粒状,显均质性,较易磨光;多成片分布,可见黄铜矿呈脉状穿插于裂隙发育的黄铁矿颗粒,也可见黄铜矿交代黄铁矿颗粒;可见赤铁矿脉穿插黄铜矿颗粒,也可见黄铜矿呈他形粒状零星分布;粒径0.1~0.3mm,集合体多>1.0mm,含量10%~15%。

矿石矿物生成顺序:赤铁矿→黄铁矿→黄铜矿→赤铁矿。

QB-b1

含黄铁矿石英闪长质碎裂岩。碎裂结构。主要成分为角闪石(Hb)、斜长石(Pl)，其次为石英(Qz)，可见金属矿物，多为黄铁矿(Py)。岩石中裂隙发育，矿物碎斑多呈棱角状，大小不一，含量约65%；裂隙中填充细小的矿物碎斑，含量约35%。岩石可见绢云母化蚀变发育。碎斑主要由石英、斜长石、角闪石及金属矿物组成。斜长石：无色，多呈他形，负低突起，一级灰白干涉色；颗粒较为破碎，表面可见绢云母化蚀变，可见聚片双晶，可见粒径＞2.0mm的斜长石颗粒，粒径0.4～2.0mm，含量20%～25%。角闪石：褐色，长柱状，也可见不规则粒状集合体，正中突起，干涉色为二级，多被矿物自身颜色所掩盖，有明显的多色性及吸收性，可见两组菱形解理，粒径0.2～0.8mm，含量15%～20%。石英：无色，可见他形粒状，也可见板条状自形、半自形晶体，正低突起，表面光洁，无解理，具波状消光现象，一级白干涉色；粒径0.2～0.5mm，含量5%～10%。金属矿物：自形—半自形粒状，可见较大颗粒的集合体，多数填充于透明矿物之间，粒径0.4～0.8mm，据手标本及镜下晶形推断为黄铁矿(Py)，含量5%～10%。碎基主要由石英及斜长石组成。石英：无色，他形粒状，一级白干涉色，粒径约0.1mm，含量15%～20%。斜长石：无色，多呈他形，一级灰白干涉色，粒径约0.1mm，含量10%～15%。

QB-b2

黄铁矿化石英闪长质碎裂岩。碎裂结构。主要成分为角闪石(Hb)、斜长石(Pl)，其次为石英(Qz)，可见大量金属矿物，多为黄铁矿(Py)。岩石中裂隙较大，矿物碎斑多呈棱角状，大小不一，含量约70%；裂隙中填充细小的矿物碎斑，含量约30%。碎斑主要由石英、斜长石、角闪石及金属矿物组成。角闪石：褐色，长柱状，也可见不规则粒状集合体，正中突起，干涉色为二级，多被矿物自身颜色所掩盖，有明显的多色性及吸收性，可见两组菱形解理，粒径为0.2～0.6mm，

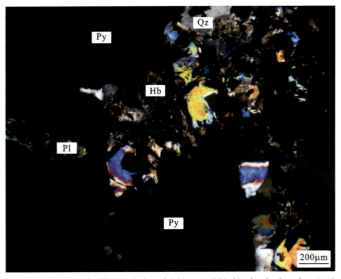

含量15%～20%。斜长石：无色，多呈他形，负低突起，一级灰白干涉色；斜长石颗粒较为破碎，表面可见碳酸盐化，可见聚片双晶，粒径0.4～0.8mm，含量10%～15%。石英：无色，他形粒状，也可见板条状自形、半自形晶体，正低突起，表面光洁，无解理，具波状消光现象，一级白干涉色；粒径0.2～0.5mm，含量约5%。金属矿物：自形—半自形粒状，可见较大颗粒的集合体，多数填充于透明矿物之间，粒径0.4～0.8mm，据手标本及镜下晶形推断为黄铁矿(Py)，含量30%～35%。碎基主要由斜长石及石英组成。斜长石：无色，多呈他形，一级灰白干涉色，粒径约0.1mm，含量10%～15%。石英：无色，他形粒状，一级白干涉色；粒径约0.1mm，含量10%～15%。

QB-b3

含角闪二长斑岩。斑状结构。岩石主要成分为斑晶和基质。斑晶含量约40%，主要为斜长石(Pl)和钾长石(Kf)，其次为角闪石(Hb)及少量金属矿物。钾长石：无色，他形粒状，表面多发生风化致表面浑浊不清，也可见绢云母化蚀变，一级灰白干涉色，可见格子双晶，粒度0.4~0.8mm，含量15%~20%。斜长石：无色，多呈他形，负低突起，一级灰白干涉色，斜长石斑晶表面土化，有时见斑晶周围有钾长石环边，构成正边结构，也可见聚片双晶，可见粒度较大的自形板状斜长石斑晶，粒径0.4~2.0mm，含量15%~20%。角闪石：褐色及绿色，长柱状，可见纤维状集合体，正中突起，干涉色为二级，有明显的多色性及吸收性，可见两组菱形解理，粒径0.2~0.4mm，含量约5%。金属矿物：自形—半自形粒状，多数填充于透明矿物之间，粒径为0.2~0.4mm，据手标本及镜下晶形推断为黄铁矿(Py)，含量较少。基质含量约60%，主要成分为斜长石(Pl)、钾长石(Kf)、石英(Qz)及少量角闪石(Hb)，具显微晶质结构。斜长石：无色，多呈他形，一级灰白干涉色，偶见双晶，粒径多<0.1mm，含量20%~25%。钾长石：无色，多呈他形，一级灰白干涉色，偶见双晶，粒径多<0.1mm，含量20%~25%。石英：无色，他形粒状，一级白干涉色，粒径多<0.1mm，含量5%~10%。角闪石：褐色，他形粒状，干涉色为二级，粒径多<0.1mm，含量约5%。

QB-b4

含角闪二长斑岩。斑状结构。岩石主要成分为斑晶和基质。斑晶含量约40%，主要为斜长石(Pl)、角闪石(Hb)及黑云母(Bi)。斜长石：无色，多呈他形，负低突起，一级灰白干涉色，斑晶斜长石见聚斑结构，其边部土化明显，呈土灰色，可见聚片双晶，可见粒度较大的自形板状斜长石斑晶，粒径0.4~2.0mm，含量15%~20%。角闪石：褐色及绿色，长柱状，可见纤维状集合体，正中突起，干涉色为二级，有明显的多色性及吸收性，可见两组菱形解理，粒径0.4~

0.6mm，含量10%~15%。黑云母：褐色，半自形片状集合体，褐色—黄色多色性明显，干涉色多被自身颜色所掩盖，可见一组极完全解理，粒度为0.4~0.8mm，可见边缘蚀变为绿泥石，含量约5%。基质含量约60%，主要成分为斜长石(Pl)、角闪石(Hb)、石英(Qz)及黑云母(Bi)，具显微晶质结构。斜长石：无色，多呈他形，负低突起，一级灰白干涉色，粒径多<0.1mm，含量25%~30%。角闪石：褐色及绿色，长柱状，有明显的多色性，粒径多<0.1mm，含量10%~15%。石英：无色，他形粒状，一级白干涉色，粒径多<0.1mm，含量5%~10%。黑云母：褐色，呈细小鳞片状，可见一组极完全解理，粒径多<0.1mm，含量约5%。

第二节 磨坊沟式金矿床

磨坊沟式金矿床(碳酸盐岩微细浸染型)是指鲁西地区与中生代燕山期潜火山岩浆活动有关、发育在寒武系下部层位的碳酸盐岩中的微细浸染型金矿床,主要分布在鲁中南的平邑铜石地区,在沂源县南部的金星头等地也有产出特征与之相似的金矿点分布。金矿床分布在鲁西隆起区中南部一系列凸起上,金矿床分布受寒武纪朱砂洞组丁家庄段白云岩和呈层状侵入到朱砂洞组丁家庄段白云岩上部的中生代燕山早期正长斑岩和闪长玢岩控制。金矿床形成与呈层状侵入的中生代燕山早期正长斑岩和闪长玢岩密切相关。

一、平邑磨坊沟金矿

磨坊沟金矿位于临沂市平邑县城南东18km处,行政区划隶属平邑县铜石镇。其大地构造位置位于华北板块(Ⅰ)鲁西断块隆起区(Ⅱ)鲁中隆起(Ⅲ)尼山-平邑断隆(Ⅳ)尼山凸起(Ⅴ)与平邑凹陷(Ⅴ)的接合部位(图3-6)。矿区累计查明金金属量1.4t,矿床规模属小型。

1. 矿区地质特征

区内出露地层主要为寒武纪朱砂洞组丁家庄段、上灰岩段等,矿区东部、南部有馒头组下页岩段、洪河段,张夏组下灰岩段分布。矿床产在寒武纪馒头组二段下部的中厚层灰质白云岩,产状稳定,倾角0°～20°,矿区范围内该层普遍具碳酸盐化、萤石化、硅化等蚀变。

区内构造以断裂为主,主要为近东西向的营子洼断裂,以及北西向的F1和F2断裂。营子洼断裂分布于矿区南侧,走向275°～299°,倾角71°～86°。F1、F2断裂走向一般200°～300°,倾角70°～86°。断裂均为张性,发育张性角砾岩,角砾成分以灰岩角砾为主,断层上下盘位移很小(小于3m)。与成矿关系密切的硅化、萤石化蚀变以及金矿化主要沿碳酸盐岩裂隙面及层理面发育。

区内岩浆岩较发育,主要为中生代二长闪长玢岩及二长斑岩。呈岩席状顺层侵入寒武纪地层中,产状与地层基本一致,局部呈小岩株产出。

2. 矿体特征

矿体呈似层状赋存于寒武纪朱砂洞组下部层位中,顶板为薄层泥云岩及中层含燧石结核灰岩或白云质灰岩,底部为中厚层青灰色灰岩(图3-7)。

Ⅰ号矿体长340m,厚度0.6～4.8m,平均厚2.82m,厚度变化系数58%,厚度稳定程度属稳定型。矿体呈似层状,产状与地层产状基本一致,倾向325°～350°,倾角8°～20°;金品位1.09～25.21g/t,平均品位11.57g/t。品位变化系数123%,有用组分分布均匀程度属较均匀型。

Ⅱ号矿体长200m,厚度1.2～3.2m,平均品位4.54g/t,品位变化系数164.61%,有用组分分布均匀程度属不均匀型;矿体呈似层状,产状与地层基本一致,倾向10°～20°,倾角8°～10°。

3. 矿石特征

矿石的矿物成分主要有自然金、碲金银矿、银金矿等。矿石矿物有黄铁矿、黄铜矿、方铅矿、闪锌矿、褐铁矿等;脉石矿物主要为方解石、白云石、石英、萤石、绢云母等。载金矿物主要为石英、萤石,少量白云石、方解石和黄铁矿。

矿石结构为自形—半自形晶粒状结构、交代结构、包含结构、填隙结构。矿石构造主要为浸染状构

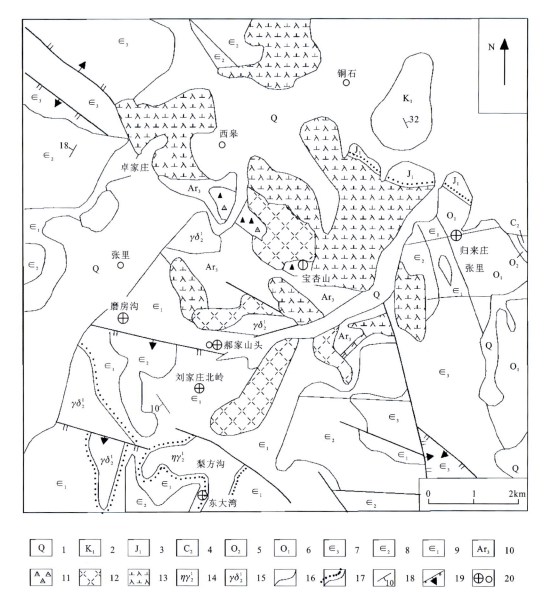

图3-6 磨坊沟金矿区域地质简图(据胡华斌等,2004)

1.第四纪沉积物;2.下白垩统碎屑岩;3.下侏罗统碎屑岩;4.上石炭统泥岩;5.中奥陶统细晶灰岩;6.下奥陶统豹皮状灰岩;7.上寒武统竹叶状灰岩;8.中寒武统鲕粒灰岩;9.下寒武统白云质灰岩;10.新太古界黑云变粒岩;11.中生代隐爆角砾岩;12.中生代正长斑岩;13.中生代闪长玢岩;14.古元古代二长花岗岩;15.古元古代花岗闪长岩;16.地质界线;17.角度不整合界线;18.产状(°);19.断层;20.金矿床(点)。

造、脉状构造、角砾状构造。

矿石类型主要有3种,以萤石化硅化灰质白云岩型金矿石为主(含量占90%以上),少量萤石化硅化硅质岩型金矿石、萤石化硅化角砾岩型金矿石。

4. 共伴生矿产评价

矿石中主要有用组分为金,平均品位3.63g/t,伴生有用组分主要为银,平均品位12.50g/t。其他有用组份碲、铜、铅、锌、硫等含量均较低,达不到综合回收利用的要求,有害元素砷的含量为0.006 53%,对选矿不造成影响。

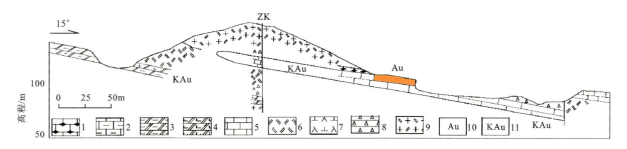

1.含燧石结核灰岩;2.泥质灰岩;3.泥质白云岩;4.灰质白云岩;5.灰岩;6.二长斑岩;7.二长闪长玢岩;8.角砾岩;9.二长花岗岩;10.金矿体;11.金矿化体。

图 3-7 磨坊沟金矿 18 勘探线剖面图(据张英梅等,2013)

5. 矿体围岩及夹石

矿体顶板围岩以薄层灰岩为主,层理发育,局部被粗斑二长斑岩熔蚀或相变为中薄层灰质白云岩等;底板为中厚层白云质灰岩。矿体无夹石。

6. 成因模式

该矿床金矿物呈超显微粒状产出,矿化以浸染状为主,围岩蚀变以硅化和萤石化为主,矿体与围岩的界限肉眼难以鉴别,这些特征与卡林型金矿有相似之处。本矿床是铜石金矿田中的一员,属岩浆期后浅成中低温热液型金矿,按其控矿条件及成矿特征,划归为碳酸盐岩微细浸染型金矿。

矿床有如下富集规律:①中偏碱性杂岩体边缘,细—中斑二长斑岩岩床的上盘,含矿层位中规模较小的岩床、岩墙、岩瘤的边部,是金富集的有利部位。②矿体产于北西向及近东西向断裂构造的旁侧。不同方向的构造裂隙、灰岩层间裂隙密集发育,有利于金元素的运移和富集成矿。③寒武纪朱砂洞组是有利的含矿层位,其下部的灰质白云岩是金元素富集成矿的有利部位,矿化层距不整合面20~30m,厚度3~10m。④萤石化、硅化等蚀变与金矿化关系密切。

磨坊沟金矿的矿体呈层状顺地层产出,灰质白云岩或白云质灰岩即为矿体,矿体与围岩的界限肉眼难以鉴别,其上或下侧均有闪长玢岩或正长斑岩岩床侵入。寒武纪朱砂洞组上灰岩段之厚层—巨厚层灰质白云岩、白云质灰岩是金元素富集成矿的有利层位,不同方向的断裂裂隙、层间裂隙是矿液运移的有利通道,中偏碱性岩浆活动为成矿提供了充足的热液和矿质。"二长斑岩岩床(脉)-构造裂隙-碳酸盐岩层位"三位一体,构成金矿成矿的必要条件(图3-8)。

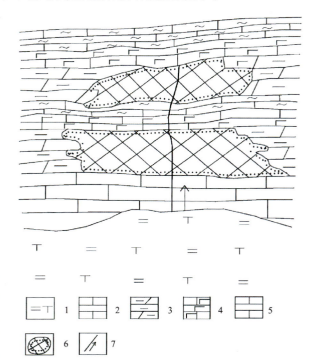

1.二长斑岩;2.薄层灰岩;3.泥灰质白云岩;4.薄层燧石结核灰岩;5.条带灰岩;6.金矿体;7.含矿热液运移方向。

图 3-8 磨坊沟金矿成矿模式示意图(据尹士增等,2001)

7. 矿床系列标本简述

本次标本采自岩芯和老硐,采集标本 5 块,岩性分别为块状萤石化硅化灰质白云岩含金矿石、蜂窝状硅化灰质白云岩、块状硅化灰质白云岩、黑云二长斑岩、灰质白云岩(表 3-4),较全面地采集了磨坊沟地区矿石和围岩标本。

表 3-4 磨坊沟金矿采集标本一览表

序号	标本编号	光/薄片编号	标本名称	标本类型
1	MF-B1	MF-g1/MF-b1	块状萤石化硅化灰质白云岩含金矿石	矿石
2	MF-B2	MF-g2/MF-b2	蜂窝状硅化灰质白云岩	围岩
3	MF-B3	MF-g3/MF-b3	块状硅化灰质白云岩	围岩
4	MF-B4	MF-b4	黑云二长斑岩	围岩
5	MF-B5	MF-b5	灰质白云岩	围岩

注:MF-B 代表磨坊沟金矿标本,MF-g 代表该标本光片编号,MF-b 代表该标本薄片编号。

8. 图版

(1)标本照片及其特征描述

MF-B1

块状萤石化硅化灰质白云岩含金矿石。岩石呈灰褐色,粒状结晶结构,块状构造。表面可见风化致红色。主要成分为白云石、方解石和萤石,可见紫色萤石,成粒状。可见金属矿物。岩石表面滴稀盐酸冒泡不剧烈。白云石粒径<1.0mm,含量约 50%。方解石粒径<1.0mm,含量约 30%。萤石粒径<1.0mm,含量约 10%。金属矿物含量约 10%。

MF-B2

蜂窝状硅化灰质白云岩。岩石呈浅黄褐色,交代残余结构,蜂窝状构造,可见灰白色硅质条带发育。主要成分为白云石及方解石,白云石与方解石颗粒均呈纯白色—灰白色,可见解理发育,粒径均<1.0mm,含量分别为 70%、30%。也可见风化所致的蜂窝状构造,以及灰黄色褐铁矿呈浸染状分布于岩石表面。岩石表面滴稀盐酸冒泡不剧烈。

第三章　与中生代燕山期潜火山岩及浅成侵入岩有关的热液型及接触交代型金矿床

MF - B3

块状硅化灰质白云岩。岩石呈浅黄褐色，交代残余结构，块状构造，可见灰白色硅质条带发育。主要成分为白云石及方解石，白云石与方解石颗粒均呈纯白色—灰白色，可见解理发育，粒径均<1.0mm，含量分别为60%、40%。岩石表面滴稀盐酸冒泡不剧烈。

MF - B4

黑云二长斑岩。岩石呈黄褐色，斑状结构，块状构造。主要由斑晶和基质组成，其中斑晶主要成分为钾长石和斜长石。钾长石：浅肉红色，半自形粒状，粒径约1.0mm，含量约30%。斜长石：灰白色，半自形粒状，粒径1.0~2.0mm，含量约35%。黑云母：褐色鳞片状，解理发育，粒径<1.0mm，含量约10%。基质主要成分与斑晶类似，具显微晶质结构，粒径<1.0mm。

MF - B5

灰质白云岩。岩石呈灰白色，结晶结构，块状构造。主要成分为白云石，其次为方解石。白云石与方解石颗粒均呈纯白色—灰白色，可见解理发育，粒径均<1.0mm，含量分别为80%、20%。岩石风化面可见"刀砍纹"，表面滴稀盐酸冒泡不剧烈。

（2）标本镜下鉴定照片及特征描述

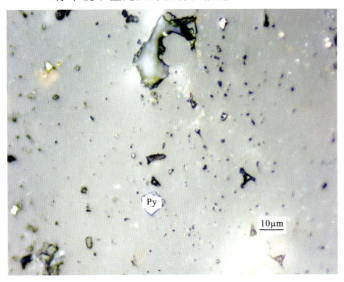

MF-g1

块状萤石化硅化灰质白云岩含金矿石。半形晶粒状结构，星散状构造。金属矿物为黄铁矿（Py）。黄铁矿：黄白色，半自形晶粒状，显均质性，零星分布于脉石矿物中，粒径0.002～0.005mm，含量微少。

MF-g2

蜂窝状硅化灰质白云岩。自形—半自形晶粒状结构，星散状构造。金属矿物为黄铁矿（Py）。黄铁矿：黄白色，自形—半自形晶粒状，显均质性，零星分布于脉石矿物中，粒径0.002～0.006mm，含量微少。

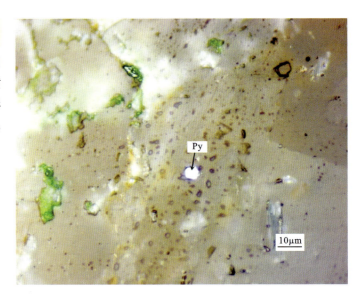

MF-g3

块状硅化灰质白云岩。半形晶粒状结构，星散状构造。金属矿物为黄铁矿（Py）。黄铁矿：黄白色，半自形晶粒状，显均质性，零星分布于脉石矿物中，粒径0.001～0.006mm，含量微少。

MF-b1

块状萤石化硅化灰质白云岩含金矿石。半自形粒状微晶结构。主要成分为白云石(Do)和方解石(Cal)，其次为萤石(Fl)和石英(Qz)，可见金属矿物。白云石：无色，有时呈浑浊灰色，颗粒细小，多以集合体形式产出，呈半自形—自形肾状和粒状；闪突起，高级白干涉色，粒径<0.1mm，含量45%~55%。方解石：无色，不规则粒状，多以集合体形式产出，呈半自形—他形粒状；闪突起，高级白干涉色；粒径<0.1mm，含量25%~35%。萤石：无色带粉紫色，粉紫色分布不均匀呈带状或斑

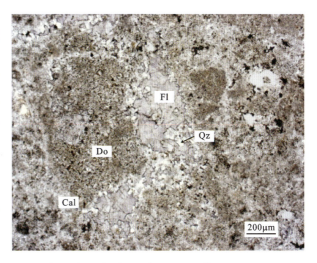

点状，他形粒状，负中—高突起，糙面显著；显均质性，正交偏光镜下全消光；偶见两组菱形解理，含量约5%。石英：无色，他形粒状，多呈粒状集合体，一级灰白干涉色，颗粒较为细小，粒径<0.1mm，含量较少。

MF-b2

蜂窝状硅化灰质白云岩。交代残余结构。主要成分为白云石(Do)、方解石(Cal)，可见隐晶质硅质成分，多为玉髓(Chc)；岩石呈蜂窝状构造，表面可见由风化所致的褐铁矿化。白云石：无色，有时呈浑浊灰色，多呈菱形的自形切面；闪突起，高级白干涉色；可见菱形解理及聚片双晶；白云石颗粒多较为破碎，呈中心浑浊、边部明亮的雾心亮边的环带结构，部分白云石颗粒中心可见方解石化；粒径0.2~0.6mm，含量65%~70%。方解石：无

色，多呈不规则颗粒状；闪突起，高级白干涉色；可见菱形解理，也可见聚片双晶；粒径为0.2~0.4mm，含量15%~20%。玉髓：无色，呈隐晶质，负低突起，一级灰白干涉色，无解理，粒径<0.02mm，含量5%~10%。

MF-b3

块状硅化灰质白云岩。交代残余结构。主要成分为白云石(Do)、方解石(Cal)，可见隐晶质的硅质成分，多为玉髓(Chc)；岩石呈块状构造，表面可见由风化所致的褐铁矿化。白云石：无色，有时呈浑浊灰色，多呈菱形的自形切面，也可见弯曲的马鞍形；闪突起，高级白干涉色；可见菱形解理及聚片双晶；白云石颗粒多较为破碎，呈中心浑浊、边部明亮的雾心亮边的环带结构，部分白云石颗粒中心可见方解石化；粒径0.4~0.6mm，含量55%~60%。方解石：无色，多呈不规则颗粒状；

闪突起，高级白干涉色；可见菱形解理，也可见聚片双晶；粒径0.2~0.4mm，含量15%~20%。玉髓：无色，呈隐晶质，负低突起，一级灰白干涉色，无解理，粒径<0.02mm，含量15%~20%。

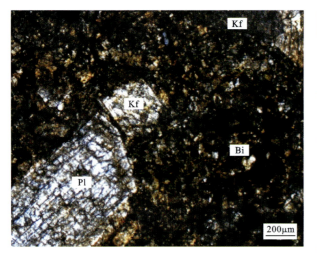

MF-b4

黑云二长斑岩。斑状结构。岩石主要由斑晶和基质组成；斑晶含量70%，主要为斜长石(Pl)和钾长石(Kf)，其次为黑云母(Bi)。斜长石：无色，多呈自形板状或柱状，负低突起，一级灰白干涉色；斜长石颗粒较为破碎，有时见斜长石斑晶周围有钾长石环边，构成正边结构；可见聚片双晶，可见斜长石>2.0mm的颗粒，粒径0.6～2.0mm，含量30%～35%。钾长石：无色，他形粒状，表面多发生风化致表面浑浊不清，一级灰白干涉色，可见格子双晶，粒径为0.4～0.8mm，含量25%～30%。黑云母：褐色，半自形片状集合体，褐色—黄色多色性明显，干涉色多被自身颜色所掩盖，可见一组极完全解理，粒径为0.3～0.5mm，含量5%～10%。基质含量30%，主要为钾长石(Kf)和斜长石(Pl)，其次为黑云母(Bi)，可见少量角闪石(Hb)，矿物颗粒均较为细小，多为显微晶质结构。

MF-b5

灰质白云岩。结晶结构。主要成分为白云石(Do)、方解石(Cal)，其次可见少量黏土矿物。白云石：无色，有时呈浑浊灰色，多呈细粒状集合体；闪突起，高级白干涉色；可见菱形解理及聚片双晶；白云石颗粒多由较小颗粒组成集合体，部分白云石颗粒中心可见方解石化；粒径0.1～0.2mm，含量75%～80%。方解石：无色，多呈不规则颗粒状；闪突起，高级白干涉色；可见菱形解理，也可见聚片双晶；粒径0.2～0.4mm，含量15%～20%。黏土矿物：多呈微粒集合体，颗粒较为细微，部分呈胶体状态，较难准确鉴定黏土矿物的具体种类，含量较少。

二、沂源金星头金矿

金星头金矿位于淄博市沂源县南约25km处，行政区划隶属沂源县西里镇。其大地构造位置位于华北板块(Ⅰ)鲁西隆起区(Ⅱ)鲁中隆起(Ⅲ)马牧池-沂源断隆(Ⅳ)马牧池凸起(Ⅴ)北部。矿区提交金金属量4t，矿床规模属小型。

1. 矿区地质特征

区内地层由老至新为：泰山岩群山草峪组区域变质岩，寒武纪朱砂洞组丁家庄段、馒头组石店段、馒头组下页岩段、馒头组洪河段、张夏组下灰岩段、张夏组盘车沟页岩段以及张夏组上灰岩段(图3-9)。地层产状为倾向25°～55°，倾角5°～20°。与成矿有关的地层主要为寒武纪朱砂洞组丁家庄段，岩性以厚层白云岩为主，顶部主要为灰质白云岩，底部主要为亮晶白云岩，厚约100m。

区内构造较为发育，可分为北东向、北西向及近南北向断裂。主要为金星头断裂、桑树峪-东指断

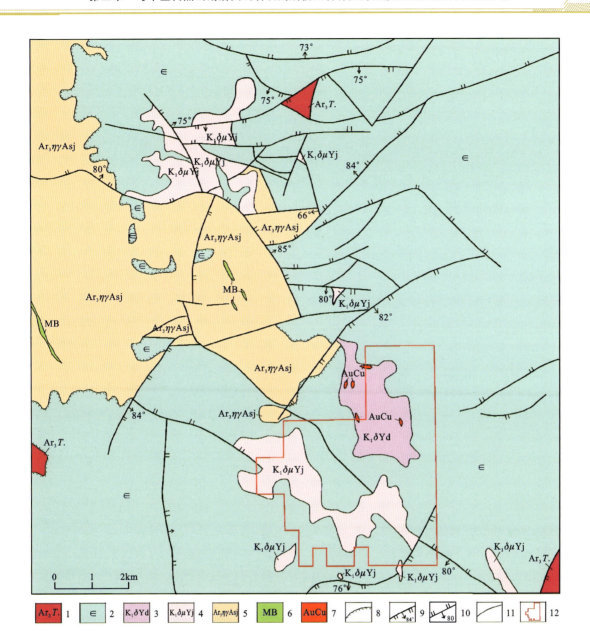

1.泰山岩群;2.寒武系;3.中细粒辉石闪长岩;4.细粒闪长玢岩;5.二长花岗岩;6.辉绿岩脉;7.金铜矿脉;8.不整合界线;
9.正断层及产状;10.逆断层及产状(°);11.性质不明断裂;12.矿区范围。

图 3-9 金星头金矿区域地质简图(据田振环等,2014)

裂、榆树洼断裂、桑树峪-东平断裂。

区内岩浆岩主要为中生代燕山早期硐石序列阴阳寨单元辉石闪长玢岩类、中生代燕山晚期沂南序列辉石角闪闪长岩、角闪闪长玢岩类及中生代燕山晚期苍山序列于山单元中细斑二长花岗斑岩类。

2. 矿体特征

矿体大多呈层状产出,少量为透镜体状。主要矿体赋存于丁家庄白云岩段底部及与泰山岩群接触面上,矿体与地层产状基本一致,总体走向45°、倾角5°~20°。矿体埋深200~400m,走向延伸300~600m,倾向最大延伸200~500m,厚度1.00~2.00m,且厚度变化稳定。金品位1.00~215.16g/t,平均约5.00g/t,大部分矿体品位变化均匀。矿体内部结构简单,岩浆岩及构造对矿体大多无破坏(图 3-10)。

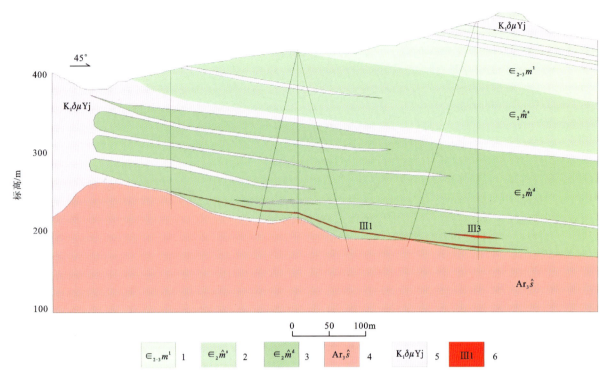

1.馒头组下页岩段；2.馒头组石店段；3.馒头组丁家庄白云岩段；4.泰山岩群山草峪组；5.中生代沂南序列靳家桥单元闪长玢岩；6.金矿体及编号。

图3-10 勘探线地质剖面图（据田振环等，2014）

3. 矿石特征

矿区西部矿石矿物主要为黄铁矿，次为黄铜矿、自然银，含少量自然金、黝铜矿等；脉石矿物主要为白云石，次为方解石，含少量泥质成分。中部矿石矿物主要为磁铁矿、黄铁矿，次为黄铜矿，含少量自然金；脉石矿物主要为方解石、绿帘石，次为石榴子石，含少量方柱石、透闪石、石英、角闪石、黑云母、阳起石等。

矿石结构主要为亮晶结构、块状构造、他形粒状结构和交代溶蚀结构。矿石构造为块状构造或斑杂状构造。

矿石自然类型分为三类：硫化物浸染状亮晶白云岩、含硫化物磁铁矿化矽卡岩、含硫化物石榴子石矽卡岩。矿石工业类型为贫硫-富硫矿石。

4. 共伴生矿产评价

矿石中共伴生有用组分主要为金、银、铜、铁、硫，其中银平均品位3.87g/t，铜平均品位0.41％，全铁平均品位25％，硫平均品位2％，均达到伴生组分综合回收要求。

5. 矿体围岩和夹石

矿体顶板围岩大部分为黄铁矿化亮晶白云岩，少量为黄铁矿化闪长岩，底板围岩大部分为黄铁矿化亮晶白云岩，个别为泰山岩群变粒岩。

矿体含1层夹石，多呈透镜状，其长轴方向与矿体基本一致，规模不大。

6. 成因模式

该区的矿化与蚀变作用有关,但主要取决于中生代闪长岩杂岩体的热液活动,且多期成矿。区内少量矿体为典型矽卡岩型金矿体,产于馒头组薄层灰岩与中生代闪长岩的接触部位,规模较小。区内朱砂洞组丁家庄白云岩段不整合接触与新太古代泰山岩群之上,主要金矿体发育于接触面及上20～50m内的亮晶白云岩内。不整合面为一构造薄弱面,多期次的构造活动使接触面及上部的岩层产生了层间裂隙,成为矿液运移、充填的有利部位;朱砂洞组丁家庄段底部岩性主要为厚—中厚层亮晶白云岩,为角砾状、孔洞状、性脆、化学性质活泼,有利于热液渗透和交代;丁家庄段顶部的灰质白云岩、薄层泥云岩等,结构致密,化学活动性差,不利于热液扩散,起着隔挡或屏蔽作用(图3-11)。该矿床属岩浆热液充填为主矽卡岩型为辅的金矿床。

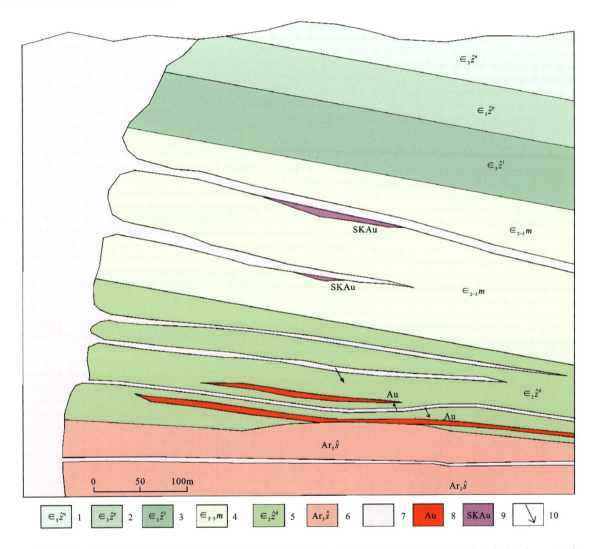

1.张夏组上灰岩段;2.张夏组盘东沟段;3.张夏组下炭岩段;4.馒头组;5.馒头组丁家庄段白云岩;6.泰山岩群山草峪组;7.中生代闪长岩;8.硫化物浸染状金矿体;9.矽卡岩型金矿体;10.含矿热液运移方向。

图3-11 金星头金矿成矿模式示意图(据郝晓峰等,2020)

7. 矿床系列标本简述

本次标本采自岩芯和老硐,采集标本5块,岩性分别为黄铁矿化亮晶白云岩型金矿石、磁铁矿化矽卡岩型金矿石、细晶灰岩、闪长玢岩、斜长角闪岩(表3-5),较全面地采集了金星头地区矿石和围岩标本。

表 3-5　金星头金矿采集标本一览表

序号	标本编号	光/薄片编号	标本名称	标本类型
1	JXT-B1	JXT-g1/JXT-b1	黄铁矿化亮晶白云岩型金矿石	矿石
2	JXT-B2	JXT-g2/JXT-b2	磁铁矿化矽卡岩型金矿石	矿石
3	JXT-B3	JXT-b3	细晶灰岩	围岩
4	JXT-B4	JXT-b4	闪长玢岩	围岩
5	JXT-B5	JXT-b5	斜长角闪岩	围岩

注：JXT-B代表金星头金矿标本，JXT-g代表该标本光片编号，JXT-b代表该标本薄片编号。

8. 图版

（1）标本照片及其特征描述

JXT-B1

黄铁矿化亮晶白云岩型金矿石。岩石呈灰白色，隐晶质结构，致密块状构造。主要成分为白云石、黄铁矿、磁铁矿、褐铁矿及石英，滴稀盐酸岩石微弱冒泡。白云石：白色，半自形粒状，玻璃光泽，可见菱形解理，粒径<1.0mm，含量约70%。黄铁矿：浅铜黄色，半自形粒状，金属光泽，粒径约1.0mm，含量约15%。磁铁矿：铁黑色，多为粒状集合体，条痕呈黑色，半金属光泽，具强磁性，集合体粒径约1.0mm，含量约10%。褐铁矿：红褐色，致密块状，半金属光泽，条痕为红褐色，粒径>1.0mm，含量约5%。石英：无色，他形粒状，油脂光泽，粒径约1.0mm，含量约5%。

JXT-B2

磁铁矿化矽卡岩型金矿石。岩石呈黑灰色，粒状变晶结构，块状构造。主要成分为黄铁矿、方解石、磁铁矿和蛇纹石。黄铁矿：浅铜黄色，自形—半自形晶粒状，金属光泽，粒径<2.0mm，含量约40%。方解石：灰白色，半自形粒状，玻璃光泽，粒径<0.5mm，含量约25%。磁铁矿：黑色，半自形晶粒状，金属光泽，硬度大于小刀，具有强磁性，粒径<2.0mm，含量约20%。蛇纹石：浅绿色，冻胶状，蜡状光泽，粒径<0.2mm，含量约15%。

JXT - B3

细晶灰岩。岩石呈灰白色,块状构造,遇稀盐酸剧烈冒泡。主要成分为方解石。方解石:灰白色,半自形粒状,玻璃光泽,粒径<0.3mm,含量约100%。

JXT - B4

闪长玢岩。岩石呈灰绿色,斑状结构,块状构造。斑晶主要成分为角闪石、斜长石、辉石。角闪石:绿黑色,半自形柱状,粒径1.0~5.0mm,含量约35%。斜长石:无色,自形长柱状,粒径约1.0mm,含量约30%。辉石:灰绿色,半自形短柱状,粒径约1.0mm,含量约10%。基质中矿物颗粒均较为细小,粒径<1.0mm,斜长石、石英、角闪石含量分别为10%、10%、5%。

JXT - B5

斜长角闪岩。岩石呈灰绿色至暗绿色,鳞片粒状变晶结构,块状构造。主要成分为普通角闪石、斜长石,其次为金属矿物,可见少量石英。普通角闪石:灰绿色,短柱状,粒径<1.0mm,含量约60%。斜长石:灰白色,短柱状或粒状,粒径<1.0mm,含量约30%。金属矿物:黄褐色—黑色,粒状或脉状,粒径<1.0mm,含量约10%。石英:无色,他形粒状,油脂光泽,粒径<1.0mm,含量约5%。

(2)标本镜下鉴定照片及特征描述

JXT-g1

黄铁矿化亮晶白云岩型金矿石。金属矿物为磁铁矿(Mt)、黄铁矿(Py)、黄铜矿(Cp)、针铁矿(Go)和自然金(Ng)。磁铁矿：灰色略带棕色，多呈粒状集合体，无多色性及内反射，显均质性，硬度较高，不易磨光；磁铁矿内部发育裂隙，可见黄铁矿及黄铜矿颗粒交代磁铁矿，也可见透明矿物交代磁铁矿颗粒，呈残留结构、假象结构；磁铁矿颗粒中可见叶片状自然金颗粒发育；粒径0.05～0.2mm，集合体粒径0.5～1.2mm，含量约20%。黄铁矿：浅铜黄色，自形—半自形粒状，具高反射率，硬度较高，不易磨光；黄铁矿颗粒多较为细小，交代磁铁矿颗粒，粒径0.05～0.2mm，含量约2%。黄铜矿：铜黄色，他形粒状，显均质性，较易磨光；黄铜矿颗粒多呈他形粒状交代黄铁矿及磁铁矿；粒径0.05～0.1mm，含量约2%。针铁矿：灰色微带淡蓝色，呈板状及片状晶体，弱非均质性，较易磨光，可见黄褐色内反射色；交代磁铁矿；粒径0.05～0.2mm，含量约1%。自然金：亮黄色，多为不规则粒状，显均质性，易磨光；为磁铁矿及黄铜矿颗粒中的包裹金，粒径0.01～0.03mm，含量较少。

矿石矿物生成顺序：磁铁矿→黄铁矿→黄铜矿→针铁矿→自然金。

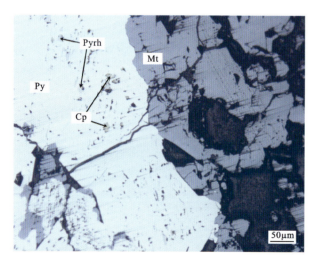

JXT-g2

磁铁矿化矽卡岩型金矿石。金属矿物为黄铁矿(Py)、磁铁矿(Mt)和少量的黄铜矿(Cp)、磁黄铁矿(Pyrh)。黄铁矿：黄白色，自形—半自形晶粒状，显均质性，颗粒之间紧密镶嵌在一起，黄铁矿中常见黄铜矿包体，局部可见黄铁矿内分布叶片状磁黄铁矿，磁铁矿常沿黄铁矿裂隙进行交代，粒径0.2～2.2mm，含量35%～40%。磁铁矿：灰色微带棕色，半自形—他形晶粒状，显均质性，呈集合体形式，局部集中分布，普遍沿黄铁矿裂隙进行交代，粒径0.05～1.2mm，含量25%～30%。黄铜矿：铜黄色，他形晶粒状，显均质性，分布于黄铁矿晶隙间，或以包体形式分布于黄铁矿中，粒径0.01～0.05mm，含量较少。磁黄铁矿：乳黄色微带粉褐色，强非均质性，呈细小板状、叶片状分布于黄铁矿中，呈固溶体分离结构，零星可见，粒径0.002～0.02mm，含量微少。

JXT-b1

黄铁矿化亮晶白云岩型金矿石。主要成分为白云石（Do）、黄铁矿（Py）、褐铁矿（Lm）和石英（Qz）。白云石颗粒较为细小，呈细晶结构。黄铁矿多呈自形—半自形，部分发生褐铁矿化。白云石：无色，为粒状集合体，闪突起，高级白干涉色，可见菱形解理；白云石为细小颗粒，呈细晶结构；粒径＜0.1mm，集合体粒径＞0.8mm，含量70%～75%。黄铁矿：多为自形—半自形粒状，呈星点状或团块状分布于岩石中，显均质性，局部可见黄铁矿发生褐铁矿化，粒径0.1～0.3mm，含量10%～

15%。褐铁矿：黄褐色，半透明，反射光下呈褐色，呈土状，多为黄铁矿风化形成，可见黄铁矿假象，粒径0.1～0.3mm，含量5%～10%。石英：无色，他形粒状，正低突起，表面光洁，无解理，一级黄白干涉色；石英颗粒大多较为细小，粒径0.1～0.2mm，含量约5%。

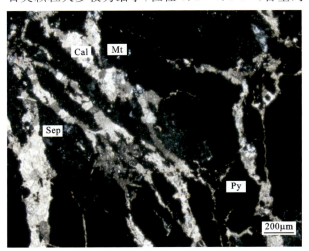

JXT-b2

磁铁矿化矽卡岩型金矿石。该岩石普遍遭受较强的矿化、碳酸盐化蚀变。主要成分为金属矿物、方解石（Cal），其次为少量的蛇纹石（Sep）、石英（Qz）。金属矿物：黑色，主要为较自形的黄铁矿（Py）和半自形—他形的磁铁矿（Mt），集合体呈团块状，粒径0.2～2.0mm，含量60%～65%。方解石：无色，呈半自形—他形粒状，高级白干涉色，多呈网脉状穿插分布，广泛交代整个岩石，粒径0.1～0.4mm，含量25%～30%。蛇纹石：近无色，为半自形纤维状、鳞片状集合体，干涉色为一级灰

白，分布于金属矿物和方解石之间，粒径0.05～0.15mm，含量10%～15%。石英：无色，他形粒状，一级黄白干涉色，仅局部呈集合体分布于方解石脉中，粒径0.1～0.2mm，含量较少。

JXT-b3

细晶灰岩。细晶结构。主要成分主要为方解石（Cal），其次为石英（Qz）、金属矿物等。方解石：无色，呈半自形—他形粒状，高级白干涉色，闪突起明显，颗粒之间紧密镶嵌在一起，粒径0.08～0.20mm，含量约99%。石英：无色，半自形—他形粒状，一级黄白干涉色，零星分布于方解石颗粒之间，粒径0.05～0.10mm，含量较少。金属矿物：黑色，半自形—他形粒状，零星分布于方解石颗粒之间，粒径0.005～0.02mm，含量微少。

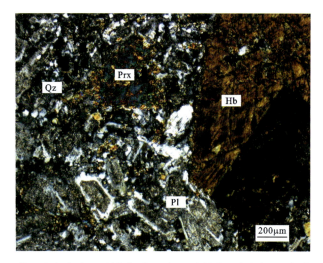

JXT-b4

闪长玢岩。主要成分为角闪石(Hb)、斜长石(Pl)、辉石(Prx)和石英(Qz),可见绿泥石化蚀变。斑晶主要为角闪石(Hb)、斜长石和辉石。角闪石:绿褐色,半自形长柱状为主,多色性明显,可见角闪石式解理发育,干涉色为二级,可见双晶;矿物颗粒可见绿泥石化蚀变;粒径0.6~4.0mm,含量30%~35%。斜长石:无色,长柱状自形晶,负低突起,干涉色一级灰白;表面呈尘土状,聚片双晶;斜长石多自形程度较好;粒径0.4~0.8mm,含量25%~30%。辉石:浅绿色,呈短柱状及他形粒状,正高突起,干涉色为二级,可见辉石式解理发育;辉石颗粒中可见绿泥石化及透闪石化蚀变;粒径0.4~0.8mm,含量5%~10%。基质主要为斜长石(Pl)、石英(Qz)和角闪石(Hb)。斜长石:无色,他形粒状,负低突起,干涉色一级,粒径约0.1mm,含量5%~10%。石英:无色,他形粒状,正低突起,一级黄白干涉色,粒径0.1~0.2mm,含量5%~10%。角闪石:绿褐色,半自形长柱状,正中突起,有较强的多色性和吸收性,干涉色为二级,可见两组解理,粒径为0.1~0.2mm,含量约5%。

JXT-b5

斜长角闪岩。主要成分为普通角闪石(Hb)、斜长石(Pl),其次为金属矿物,可见少量辉石(Prx)、石英(Qz)。岩石呈灰绿色—暗绿色,柱状粒状变晶结构,可见部分普通角闪石呈不连续定向排列。普通角闪石:暗绿色,短柱状,正中突起,干涉色为二级,多被自身颜色干扰,具强多色性和吸收性,可见菱形解理;普通角闪石可见不连续定向排列,部分角闪石中可见少量绿泥石化及绿帘石化蚀变;粒径0.05~0.2mm,含量55%~60%。斜长石:无色,多呈他形粒状或短柱状,负低突起,

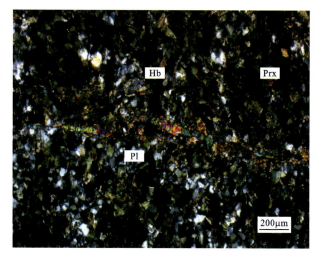

一级灰白干涉色;斜长石颗粒表面较为光洁,局部可见斜长石呈条带状分布于岩石中;粒径0.05~0.2mm,含量20%~25%。金属矿物:多为自形—半自形粒状,呈星点状及脉状分布于岩石中,显均质性,粒径0.1~0.2mm,含量5%~10%。辉石:无色—淡绿色,短柱状,可见近六边形切面;正高突起,干涉色为二级,可见两组解理;粒径0.1~0.2mm,含量约5%。石英:无色,多为他形粒状,正低突起,表面光洁,无解理,具波状消光现象,一级黄白干涉色,粒径0.1~0.2mm,含量约5%。

三、福山杜家崖金矿

杜家崖金矿位于烟台市福山区西南16km,行政区划隶属福山区张格庄镇。其大地构造位置位于华北板块(Ⅰ)胶辽隆起区(Ⅱ)胶北隆起(Ⅲ)胶北断隆(Ⅳ)烟台凸起(Ⅴ)中部,古元古代粉子山群变质岩分布区,位处张格庄倒转向斜南翼、杜家崖韧性剪切带北侧。矿区累计查明金金属量4.1t,矿床规模属小型。

1. 矿区地质特征

区内出露地层以古元古代粉子山群为主,其次为新元古代蓬莱群及新生代第四纪松散沉积物(图 3-12)。粉子山群是金矿体的主要赋矿层位,主要出露祝家夼组、张格庄组,主要岩性组合为黑云变粒岩、黑云片岩、长石石英岩、大理岩及透闪岩等,与上覆蓬莱群呈逆冲断层接触。

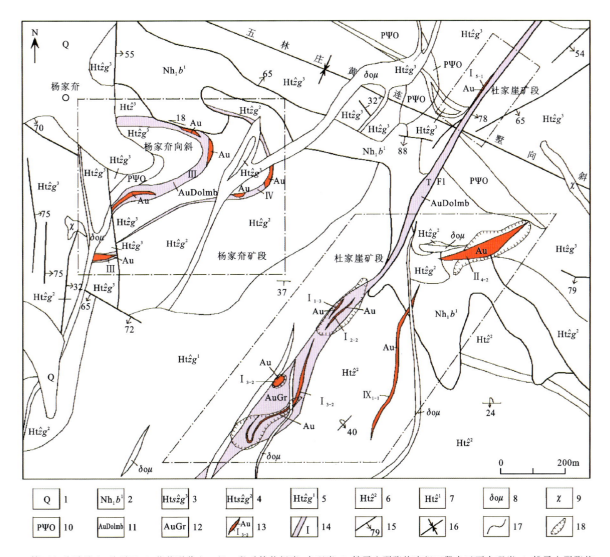

1.第四纪砂质黏土-砂砾石;2.蓬莱群豹山口组一段千枚状板岩-大理岩;3.粉子山群张格庄组三段白云石大理岩;4.粉子山群张格庄组二段透闪岩;5.粉子山群张格庄组一段白云石大理岩;6.粉子山群祝家夼组二段黑云变粒岩;7.粉子山群祝家夼组一段长石石英岩;8.石英闪长玢岩;9.煌斑岩;10.斜长角闪岩;11.金矿化白云石大理岩;12.金矿化黑云变粒岩;13.金矿体及编号;14.金矿化带及编号;15.断裂及产状(°);16.向斜轴;17.实测地界线;18.采坑位置。

图 3-12 杜家崖金矿区域地质简图(据孙玉龙等,2007)

区内褶皱构造、断裂构造发育。褶皱构造主要有五林庄-黄连墅向斜,是含矿、容矿构造,控制了金矿带的形态和规模;区内脆性断裂主要为北北东向陡倾斜断裂及次级北东、北西向断裂,是成矿后的晚期构造。区内广泛发育大规模的缓倾斜逆冲断层,主要发育在蓬莱群与粉子山群不整合接触面附近。

区内侵入岩以脉岩为主,以燕山晚期的石英闪长玢岩最为发育,其次为煌斑岩、伟晶岩等。

2. 矿体特征

杜家崖矿区共有 3 条金矿带,编号分别为Ⅰ、Ⅱ、Ⅸ,共有 13 个矿体,其中Ⅰ号金矿带内赋存 7 个金矿体,Ⅱ号金矿带内赋存 5 个矿体,Ⅸ号金矿带内赋存 1 个矿体。其中Ⅰ$_{2-2}$、Ⅱ$_{4-2a}$、Ⅱ$_{4-2c}$、Ⅱ$_{4-2d}$号矿体规模较大,为矿床内主要矿体(表 3-6)。

表 3-6 杜家崖金矿主要矿体特征一览表

矿体编号	长度/m	斜深/m	矿体形态	产状/(°) 总体走向	产状/(°) 倾角	平均厚度/m	平均品位/(g/t)
Ⅰ$_{2-2}$	285	93	似层状	40	35～60	3.52	1.69
Ⅱ$_{4-2a}$	220	140	似层状	50	0～20	1.88	2.36
Ⅱ$_{4-2c}$	315	60	似层状	50～70	0～25	3.25	1.85
Ⅱ$_{4-2d}$	280	60	透镜状、似层状	50～70	0～25	6.06	1.64

3. 矿石特征

矿石以石英-多金属硫化物矿石为主。矿石矿物成分简单,以黄铁矿为主,黄铁矿绝大部分氧化成褐铁矿、针铁矿,其次见少许方铅矿、黄铜矿、闪锌矿、毒砂及磁铁矿,贵金属矿物为自然金、含银自然金和自然银;脉石矿物成分较复杂,除原岩残留矿物外,以蚀变阶段生成的石英、绢云母为主,次有绿泥石、方解石、绿帘石、透闪石和石墨、重晶石等。

矿石结构主要为假象结构、碎裂结构、交代残余结构、包含结构、镶嵌结构。矿石构造主要为浸染状构造、角砾状构造和胶状构造,其次为糜棱构造、眼球状构造、多孔状构造和细脉状构造,块状构造和条带状构造少见。

矿石类型为碎裂状褐铁矿(黄铁)绢英岩化变粒岩(长石石英岩)型金矿石、碎裂状褐铁(黄铁)绢英岩型金矿石、褐铁矿(黄铁)绢英岩质碎裂岩型金矿石、碎裂状方解石蚀变岩型金矿石。

4. 共伴生矿产评价

矿石中的主要有益元素是金,平均品位 1.92g/t。银平均品位 4.23g/t,达到综合回收利用标准,其他元素均达不到综合回收利用标准。矿石中有害组分为砷,平均含量为 2944.1×10^{-6},含量较低,不会对选治产生影响。

5. 矿体围岩和夹石

矿体顶底板围岩以绢英岩化、硅化大理岩、变粒岩、长石石英岩为主,其次为斜长角闪岩、透闪岩、板岩等。

矿体的夹石主要是碎裂蚀变岩石,其次为沿含矿构造充填的石英闪长玢岩脉。矿石夹层厚度 3～4m,长度 25～100m,宽度不超过 50m,形态多为透镜状。

6. 成因模式

杜家崖金矿金矿带及矿带围岩具有明显的热液蚀变特征,说明该矿是构造热液作用成矿,并且其成矿作用又具多期矿化的成矿特点。根据金矿体及蚀变围岩的蚀变矿物组合和矿石矿物的替代关系、穿切关系等,将杜家崖金矿热液成矿作用划分为早、中、晚三期。早期含矿热液沿层间断裂构造运移、交代、沉淀、改造,产生了形成粉末状黄铁矿、石英、绢云母的黄铁绢英岩化作用。矿液中富集的金元素以微细粒单质金的形式与黄铁矿、石英、绢云母一起聚集沉淀,形成包体金和晶隙金。中期发生了新华夏系构造运动,伴随有石英闪长玢岩岩浆的上升、贯入,也随之产生了含多金属的成矿热液,成矿作用进入了多金属硫化物阶段,这期构造热液活动使早期形成的金矿带被切割、破碎、改造成碎裂岩带,对已有金矿体起了富集再造作用,使矿床中出现了多金属硫化物矿物组合。晚期构造再次活动,使金矿带进一步受力破碎,此时沿岩石、金矿带中的晚期裂隙、裂纹充填形成石英、方解石网脉。

粉子山群的形成,标志着一个海退—海进的旋回过程,发育一套碎屑岩-碳酸盐岩-碎屑岩建造,尤其在整个建造旋回中出现大量稳定的海底火山喷发沉积建造(斜长透闪岩-透闪岩系列及斜长角闪岩)。粉子山群形成后,在南北向应力场作用下,地层产生塑性变形,形成一系列东西向褶皱构造。褶皱由开阔—紧闭—倒转—再褶皱的发生发展过程中,沿层间软弱带发育了一系列滑脱拆离构造,这些构造在背斜轴部及近轴两翼部位形成了有利的赋矿空间。区域变质作用和区域构造运动可使循环的地下水增温改造,并在运移过程中不断的分解摄取粉子山群中的成矿物质形成含金的成矿热液,当含矿热液由封闭环境运移到开放环境时,在成矿有利部位即层间滑脱拆离构造处沉淀富集成矿。

杜家崖金矿成因类型应属中低温热液充填交代型金矿床,按含金建造和控矿构造应属火山-沉积碎屑层间滑脱带微细粒型金矿床。

7. 矿床系列标本简述

本次标本采自福山杜家崖矿区,采集标本11块,岩性为黄铁赤铁矿化绿泥石化石英二长岩、褐铁黄铁矿化绢英岩、赤铁矿化绢英岩质碎裂岩、褐铁矿化方解石化蚀变岩等(表3-7),较全面地采集了福山杜家崖矿区的矿石和围岩标本。

表3-7 杜家崖金矿采集标本一览表

序号	标本编号	光/薄片编号	标本名称	标本类型
1	DJY-B1	DJY-g1/DJY-b1	黄铁赤铁矿化绿泥石化石英二长岩	矿石
2	DJY-B2	DJY-g2/DJYB-b2	褐铁黄铁矿化绢英岩	矿石
3	DJY-B3	DJY-g3/DJY-b3	赤铁矿化绢英岩质碎裂岩	矿石
4	DJY-B4	DJY-g4/DJY-b4	褐铁矿化方解石化蚀变岩	矿石
5	DJY-B5	DJY-b5	石英绢云母片岩	围岩
6	DJY-B6	DJY-b6	绿泥石化角闪斜长变粒岩	围岩
7	DJY-B7	DJY-b7	绿泥石化绢云母化阳起斜长片岩	围岩
8	DJY-B8	DJY-b8	褐铁矿化含白云母大理岩	围岩
9	DJY-B9	DJY-b9	方解变质长石石英砂岩	围岩
10	DJY-B10	DJY-b10	绿泥石化透辉大理岩	围岩
11	DJY-B11	DJY-b11	大理岩化石英绢云母片岩	围岩

注:DJY-B代表福山杜家崖标本,DJY-g代表该标本光片编号,DJY-b代表该标本薄片编号。

8. 图版

（1）标本照片及其特征描述

DJY-B1

黄铁赤铁矿化绿泥石化石英二长岩。岩石新鲜面呈灰白色—灰绿色，细粒结构，块状构造。主要成分为石英、斜长石、黄铁矿和赤铁矿，可见绿泥石。石英：无色，他形粒状，油脂光泽，粒径＜1.0mm，含量约40%。斜长石：无色，他形粒状，粒径＜1.0mm，含量约25%。黄铁矿：浅铜黄色，强金属光泽，多呈自形晶粒状，也可见粒状集合体，粒径＜1.0mm，含量约25%。赤铁矿：砖红色，半金属光泽，条痕为樱红色，粒径＜1.0mm，含量约10%。

DJY-B2

褐铁黄铁矿化绢英岩。岩石呈红褐色，鳞片变晶结构，块状构造。主要成分为石英、绢云母、赤铁矿、褐铁矿和黄铁矿，可见少量斜长石。石英：无色，他形粒状，油脂光泽，粒径＜1.0mm，含量约25%。绢云母：细小鳞片状，粒径＜1.0mm，含量约25%。赤铁矿：砖红色，致密块状，半金属光泽，条痕为樱红色，粒径＞1.0mm，含量约20%。褐铁矿：红褐色，致密块状，半金属光泽，条痕为红褐色，粒径＞1.0mm，含量约20%。

黄铁矿：浅铜黄色，半自形粒状，金属光泽，粒径约1.0mm，含量约10%。斜长石：无色，呈他形粒状，粒径＜1.0mm，含量约5%。

DJY-B3

赤铁矿化绢英岩质碎裂岩。岩石呈砖红色，碎裂结构，块状构造。主要成分为赤铁矿、绢云母和石英，可见少量斜长石。赤铁矿：砖红色，致密块状，半金属光泽，条痕为樱红色，粒径＞1.0mm，含量约60%。绢云母：细小鳞片状，粒径＜1.0mm，含量约25%。石英：无色，他形粒状，油脂光泽，粒径＜1.0mm，含量约15%。斜长石：无色，他形粒状，粒径＜1.0mm，含量约5%。

第三章 与中生代燕山期潜火山岩及浅成侵入岩有关的热液型及接触交代型金矿床

DJY-B4

褐铁矿化方解石化蚀变岩。岩石呈红褐色,碎裂结构,块状构造。主要成分为褐铁矿、方解石、石英和绢云母,可见少量斜长石。褐铁矿:红褐色,致密块状,半金属光泽,条痕为红褐色,粒径>1.0mm,含量约60%。方解石:白色,不规则粒状,可见菱形解理,粒径>1.0mm,含量约20%。石英:无色,他形粒状,油脂光泽,粒径<1.0mm,含量约10%。绢云母:细小鳞片状,粒径<1.0mm,含量约5%。斜长石:无色,他形粒状,粒径<1.0mm,含量约5%。

DJY-B5

石英绢云母片岩。岩石呈黄绿色,片状构造。主要成分为绢云母和石英,其次为斜长石及绿泥石,表面可见风化所致黄褐色。绢云母:灰绿色,片状及鳞片状,丝绢光泽,集合体粒径>2.0mm,含量约50%。石英:无色,他形粒状,油脂光泽,粒径约1.0mm,含量约30%。斜长石:无色,他形粒状,粒径<1.0mm,含量约10%。绿泥石:灰绿色—墨绿色,板状及鳞片状集合体,粒径约1.0mm,含量约10%。

DJY-B6

绿泥石化角闪斜长变粒岩。岩石呈灰白色—灰绿色,块状构造。主要成分为斜长石、石英、黑云母、角闪石,可见绿泥石化蚀变。斜长石:无色,他形粒状,粒径<1.0mm,含量约30%。石英:无色,他形粒状,油脂光泽,粒径约1.0mm,含量约30%。黑云母:褐色,不规则片状,发育一组极完全解理,粒径<1.0mm,含量约20%。角闪石:灰绿色,半自形柱状,粒径<1.0mm,含量约15%。绿泥石:灰绿色—墨绿色,板状及鳞片状集合体,粒径约1.0mm,含量约10%。

DJY-B7

绿泥石化绢云母化阳起斜长片岩。岩石呈灰白色—灰绿色,块状构造。主要成分为斜长石、石英、黑云母和角闪石,可见绿泥石化蚀变。斜长石:无色,他形粒状,粒径<1.0mm,含量约30%。石英:无色,他形粒状,油脂光泽,粒径约1.0mm,含量约30%。黑云母:褐色,不规则片状,发育一组极完全解理,粒径<1.0mm,含量约20%。角闪石:灰绿色,半自形柱状,粒径<1.0mm,含量约15%。绿泥石:灰绿色—墨绿色,板状及鳞片状集合体,粒径约1.0mm,含量约10%。

DJY-B8

褐铁矿化含白云母大理岩。岩石呈灰白色—红褐色,块状构造。主要成分为方解石和褐铁矿,此外可见少量石英及白云母。方解石:白色,半自形粒状,可见菱形解理,粒径>1.0mm,含量约50%。褐铁矿:红褐色,致密块状,半金属光泽,条痕为红褐色,粒径>1.0mm,含量约30%。石英:无色,他形粒状,油脂光泽,粒径约1.0mm,含量约10%。白云母:浅黄棕色,细小鳞片状集合体,珍珠光泽,集合体粒径约1.0mm,含量约10%。

DJY-B9

方解变质长石石英砂岩。岩石呈灰黄色,致密块状构造。主要成分为石英、斜长石及方解石。石英:无色,他形粒状,油脂光泽,粒径约1.0mm,含量约50%。斜长石:无色,他形粒状,粒径<1.0mm,含量约30%。方解石:白色,半自形粒状,可见菱形解理,粒径>1.0mm,含量约20%。

DJY-B10

绿泥石化透辉大理岩。岩石呈灰黄色，致密块状构造。主要成分为方解石和透辉石，透辉石中可见绿泥石化蚀变。方解石：白色，半自形粒状，可见菱形解理，粒径约1.0mm，含量约70%。透辉石：黄绿色，半自形粒状，玻璃光泽，粒径<1.0mm，含量约20%。绿泥石：墨绿色，板状及鳞片状集合体，粒径约1.0mm，含量约10%。

DJY-B11

大理岩化石英绢云母片岩。岩石呈灰白色，片状构造。主要成分为方解石、绢云母和石英，其次为斜长石。方解石：无色或白色，半自形粒状，可见菱形解理，粒径约1.0mm，含量约40%。绢云母：灰绿色，片状及鳞片状，丝绢光泽，集合体粒径>2.0mm，含量约30%。石英：无色，他形粒状，油脂光泽，粒径约1.0mm，含量约20%。斜长石：无色，他形粒状，粒径<1.0mm，含量约10%。

（2）标本镜下鉴定照片及特征描述

DJY-g1

黄铁赤铁矿化绿泥石化石英二长岩。自形—半自形粒状结构。金属矿物为黄铁矿（Py）、赤铁矿（Hm）和闪锌矿（Sph）。黄铁矿：浅铜黄色，自形—半自形粒状，也可见少量他形晶黄铁矿颗粒；具高反射率，硬度较高，不易磨光；黄铁矿颗粒较为破碎，裂隙发育，局部呈脉状发育，黄铁矿颗粒被闪锌矿交代；粒径0.2~0.5mm，含量约25%。赤铁矿：灰白色微带蓝色，细粒集合体，强非均质性，磨光性较差，可见深红色内反射；赤铁矿多为黄铁矿氧化形成，局部交代黄铁矿

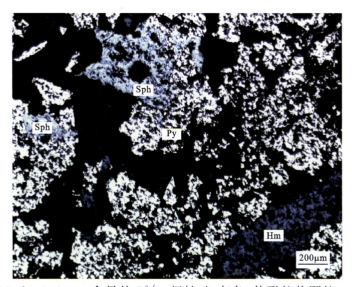

颗粒，也可见赤铁矿交代少量透明矿物；粒径0.2~0.4mm，含量约5%。闪锌矿：灰色，他形粒状颗粒，也可见少量自形晶闪锌矿颗粒，显均质性，易磨光，具黄褐色内反射色；可见闪锌矿交代黄铁矿颗粒；粒径0.1~0.4mm，含量约5%。

矿石矿物生成顺序：黄铁矿→闪锌矿→赤铁矿。

DJY-g2

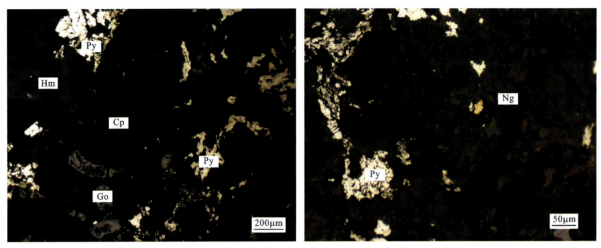

褐铁黄铁矿化绢英岩。自形—半自形粒状结构。金属矿物为针铁矿(Go)、赤铁矿(Hm)、黄铁矿(Py)、黄铜矿(Cp)和自然金(Ng)。针铁矿：灰色微带淡蓝色，呈板状及片状晶体，弱非均质性，较易磨光，可见黄褐色内反射色；与纤铁矿共生，交代赤铁矿；粒径0.1～0.4mm，含量约20%。赤铁矿：灰白色微带蓝色，细粒集合体，强非均质性，磨光性较差，可见黄褐色内反射色；赤铁矿多为黄铁矿氧化形成，局部可见残留的黄铁矿颗粒，可见赤铁矿交代少量透明矿物；粒径0.2～0.8mm，含量约10%。黄铁矿：浅铜黄色，细粒状，具高反射率，硬度较高，不易磨光；黄铁矿颗粒较为破碎，粒径0.1～0.5mm，含量约10%。黄铜矿：铜黄色，他形粒状，显均质性，较易磨光；黄铜矿颗粒多呈细小他形粒状零星分布，可见黄铜矿交代黄铁矿颗粒；粒径0.05～0.1mm，含量约1%。自然金：亮黄色，不规则粒状，显均质性，易磨光；为透明矿物中的包裹金，粒径0.02～0.04mm，含量较少。

矿石矿物生成顺序：黄铁矿→黄铜矿→针铁矿→赤铁矿→自然金。

DJY-g3

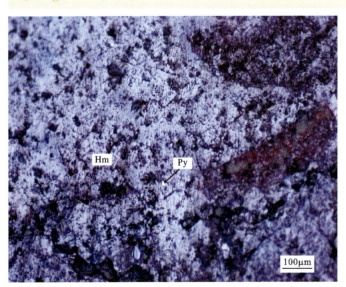

赤铁矿化绢英岩质碎裂岩。细粒状结构。金属矿物为赤铁矿(Hm)和黄铁矿(Py)。赤铁矿：灰白色微带蓝色，呈细粒集合体，强非均质性，磨光性较差，可见深红色内反射色；赤铁矿多为黄铁矿氧化形成，局部可见残留的细小黄铁矿颗粒，赤铁矿呈细粒集合体，局部呈致密块状，可见赤铁矿交代少量透明矿物；粒径0.05～0.25mm，集合体粒径>1.0mm，含量约60%。黄铁矿：浅铜黄色，细粒状，具高反射率，硬度较高，不易磨光；黄铁矿颗粒较为细小，粒径0.02～0.05mm，含量约1%。

矿石矿物生成顺序：黄铁矿→赤铁矿。

DJY-g4

褐铁矿化方解石化蚀变岩。中—细粒结构。金属矿物为针铁矿（Go）、赤铁矿（Hm）、纤铁矿（Lep）和黄铁矿（Py）。针铁矿：灰色微带淡蓝色，板状及片状晶体，弱非均质性，较易磨光，可见黄褐色内反射色；与纤铁矿共生，交代赤铁矿；粒径 0.2～0.6mm，含量约 50%。赤铁矿：灰白色微带蓝色，细粒集合体，强非均质性，磨光性较差，可见深红色内反射色；可见赤铁矿交代少量透明矿物；粒径 0.1～0.4mm，集合体粒径＞1.0mm，含量约 10%。纤铁矿：灰色，粒状或板状，强非均质性，易磨光，具褐红色内反射色；与针铁矿共生，交代赤铁矿；

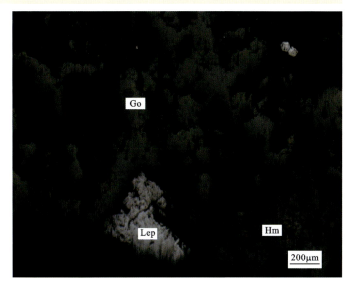

粒径 0.05～0.3mm，含量约 5%。黄铁矿：浅铜黄色，细粒状，具高反射率，硬度较高，不易磨光；黄铁矿颗粒较为细小，粒径 0.05～0.1mm，含量约 1%。

矿石矿物生成顺序：黄铁矿→针铁矿、纤铁矿→赤铁矿。

DJY-b1

黄铁赤铁矿化绿泥石化石英二长岩。中细粒结构。主要成分为黄铁矿（Py）、斜长石（Pl）、钾长石（Kf）和石英（Qz），可见绿泥石（Chl）及少量黑云母（Bi）。长石普遍发生高岭土化及绿泥石化蚀变。黄铁矿：浅桐黄色，多为自形—半自形粒状，呈星点状或浸染状分布于岩石中，局部可见脉状黄铁矿，显均质性，粒径 0.1～0.3mm，含量 30%～35%。斜长石：无色，多呈自形—半自形柱状或板状，负低突起，可见聚片双晶，干涉色最高为一级灰白；斜长石普遍发生土化，表面浑浊呈土灰色，部分颗粒较大斜长石可见绿泥石化蚀变；粒径 0.2～0.6mm，含量 20%～25%。钾长石：无色，多呈他形板状，负低突起，一级灰白干涉色；钾长石中可见高岭土化，部分颗粒具残留结构，可见双晶；粒径 0.2～0.5mm，含量 15%～20%。石英：无色，多为他形粒状，正低突起，表面光洁，干涉色最高为一级黄白，可见波状消光，粒径 0.1～0.3mm，含量 10%～15%。绿泥石：绿色，多呈鳞片状，正低突起，具明显多色性，干涉色二至三级，粒径＜0.1mm，含量约 5%。黑云母：褐色，呈片状，正中突起，具明显多色性和吸收性，干涉色二级以上，可见一组极完全解理，粒径约 0.1mm，含量约 5%。

DJY - b2

褐铁黄铁矿化绢英岩。鳞片细粒变晶结构。主要成分为绢云母(Ser)、石英(Qz)、褐铁矿(Lm)和黄铁矿(Py),其次为斜长石(Pl)。绢云母多为鳞片状集合体,石英颗粒较为细小,呈鳞片细粒变晶结构。绢云母:无色,细小鳞片状,可见片状集合体,正低突起,干涉色鲜艳,多为二到三级;绢云母多为蚀变产物;粒径多<0.1mm,集合体多>0.5mm,含量35%~40%。石英:无色,他形粒状,正低突起,表面光洁,无解理,一级黄白干涉色;石英颗粒大多较为细小,呈细粒变晶结构,粒径<0.1mm,含量20%~25%。褐铁矿:黄褐色,半透明,反射光下为褐色,

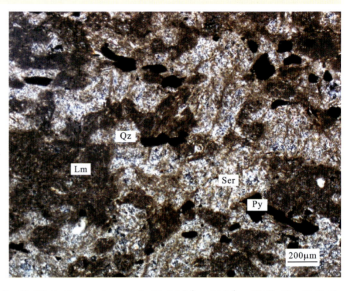

呈土状,多为黄铁矿风化形成,可见黄铁矿假象,粒径0.2~0.4mm,含量15%~20%。黄铁矿:多为自形—半自形粒状,呈星点状分布于岩石中,局部可见脉状黄铁矿,显均质性,粒径0.1~0.3mm,含量10%~15%。斜长石:无色,多呈半自形长柱状,负低突起,一级灰白干涉色;斜长石颗粒较为破碎,表面可见绢云母化,可见聚片双晶;粒径0.2~0.4mm,含量约5%。

DJY - b3

赤铁矿化绢英岩质碎裂岩。碎裂结构。主要成分为赤铁矿(Hm)、绢云母(Ser)、石英(Qz)和斜长石(Pl)。岩石中发育强烈的赤铁矿化、绢云母化,局部可见褐铁矿化。绢云母、石英及斜长石等透明矿物呈碎裂状,斜长石多发育绢云母化蚀变,局部可见斜长石矿物颗粒残留。赤铁矿:暗红色,板状或致密块状,显弱多色性;可见赤铁矿以细尘状混入物形式包裹在斜长石颗粒中,并将斜长石染红,局部可见褐铁矿化;粒径<0.1mm,含量40%~45%。绢云母:无色,细小鳞片状,可见片状集合体,正低突起,干涉色鲜艳,多为二到三级;绢云母多为斜长石的蚀变产物,集合体可见碎裂结构;粒径<0.1mm,集合体粒径多>0.5mm,含量20%~25%。石英:无色,他形粒状,正低突起,表面光洁,无解理,一级白干涉色;石英颗粒大多较为细小,为粒状变晶结构,粒径<0.1mm,含量15%~20%。斜长石:无色,多呈半自形长柱状,负低突起,一级灰白干涉色;斜长石颗粒较为破碎,多发生绢云母化,残留的斜长石颗粒可见聚片双晶;粒径0.2~0.4mm,含量10%~15%。

DJY-b4

褐铁矿化方解石化蚀变岩。中—细粒粒状变晶结构。主要成分为褐铁矿（Lm）、方解石（Cal）、石英（Qz）、绢云母（Ser），其次为斜长石（Pl）。岩石中发育碳酸盐化，主要为方解石，局部可见残留的石英及斜长石呈变余结构、交代残余结构。也可见绢云母化蚀变。褐铁矿：黄褐色，半透明，反射光下为褐色，呈土状，多为黄铁矿风化形成，可见黄铁矿假象，粒径0.2~0.4mm，含量45%~50%。方解石：无色，不规则粒状，闪突起，高级白干涉色，可见聚片双晶及菱形解理发育；呈粒状变晶结构，局部交代石英及斜长石，呈变余结构、交代残余结构；粒径0.2~0.8mm，含量25%~30%。石英：无色，多为他形粒状，正低突起，表面光洁，可见波状消光，干涉色最高为一级黄白；可见石英颗粒被方解石交代，呈交代残余结构，粒径0.1~0.3mm，含量10%~15%。绢云母：无色，细小鳞片状，正低突起，干涉色鲜艳，多为二到三级；多为斜长石的蚀变产物，形成交代假象结构；粒径多<0.1mm，集合体多>0.5mm，含量约5%。斜长石：无色，多呈半自形柱状，负低突起，可见聚片双晶，干涉色最高为一级灰白；斜长石表面浑浊呈土灰色，部分颗粒可见绢云母化蚀变；粒径0.1~0.3mm，含量约5%。

DJY-b5

石英绢云母片岩。片状结构，细粒粒状变晶结构。主要成分为绢云母（Ser）和石英（Qz），其次为斜长石（Pl）及绿泥石（Chl）。绢云母多为集合体，鳞片状绢云母颗粒具定向排列，呈片状构造。可见两类石英颗粒：一类为较大的他形粒状，一类为细粒粒状，后者为粒状变晶结构。绢云母：无色，细小鳞片状，可见片状集合体，正低突起，干涉色鲜艳，多为二到三级；绢云母多为蚀变产物，细小鳞片呈定向排列，具片状构造；粒径多<0.1mm，集合体多>0.5mm，含量45%~50%。石英：无色，他形粒状，正低突起，表面光洁，无解理，一级黄白干涉色；石英大颗粒具波状消光现象，粒径0.2~0.6mm，石英小颗粒，粒径<0.1mm，含量30%~35%。斜长石：无色，多呈半自形长柱状，负低突起，一级灰白干涉色；斜长石颗粒较为破碎，表面可见绢云母化，可见聚片双晶；粒径0.2~0.4mm，含量5%~10%。绿泥石：深绿色，鳞片状集合体，正低突起，可见明显多色性，干涉色为一级，可见异常干涉色；粒径0.1~0.2mm，含量5%~10%。

DJY-b6

绿泥石化角闪斜长变粒岩。中细粒粒状片状变晶结构。主要成分为斜长石(Pl)、石英(Qz)、黑云母(Bi)和角闪石(Hb)，其次为绿泥石(Chl)。角闪石及黑云母等暗色矿物多发生绿泥石化蚀变，呈片状变晶结构。斜长石及石英矿物颗粒较细，呈中细粒粒状变晶结构。斜长石：无色，多呈半自形长柱状，负低突起，一级灰白干涉色；斜长石颗粒较为破碎，呈变晶结构，部分较大颗粒可见聚片双晶；粒径 0.1~0.3mm，含量 25%~30%。石英：无色，他形粒状，正低突起，表面光洁，无解理，一级黄白干涉色；石英颗粒大多较为细小，为粒状变晶结构，粒径 0.1~

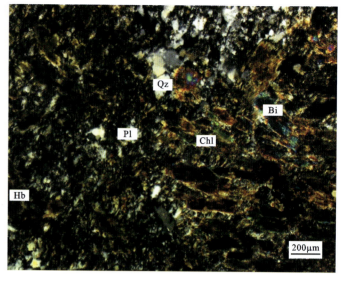

0.2mm，含量 25%~30%。黑云母：褐色，多为长条片状，正中突起，具明显的多色性，可见一组极完全解理；黑云母颗粒具定向排列；粒径 0.2~0.4mm，含量 15%~20%。角闪石：灰绿色，半自形长柱状为主，多色性明显，可见两组解理，干涉色为二级；矿物颗粒具定向排列，可见绿泥石化蚀变；粒径 0.2~0.5mm，含量 10%~15%。绿泥石：深绿色，呈鳞片状集合体，正低突起，可见明显多色性，干涉色为一级，可见异常干涉色；粒径 0.1~0.2mm，含量 5%~10%。

DJY-b7

绿泥石化绢云母化阳起斜长片岩。粒状柱状变晶结构。主要成分为斜长石(Pl)、阳起石(Act)、绢云母(Ser)、角闪石(Hb)和石英(Qz)，其次为绿泥石(Chl)。阳起石及角闪石多发生绿泥石化蚀变，呈柱状变晶结构。斜长石及石英矿物颗粒较细，呈粒状变晶结构。斜长石：无色，多呈半自形长柱状，负低突起，一级灰白干涉色；斜长石颗粒较为破碎，呈变晶结构，部分较大颗粒可见聚片双晶；粒径 0.1~0.3mm，含量 25%~30%。阳起石：暗绿及黄褐色，长柱状或针柱状，正中突起，具黄绿多色性，干涉色为一级至二级中；矿物颗粒具定向排列，常见发

育绿泥石化蚀变；粒径 0.3~0.5mm，含量 15%~20%。绢云母：无色，细小鳞片状，可见片状集合体，正低突起，干涉色鲜艳，多为二到三级；绢云母多为蚀变产物，细小鳞片呈定向排列，具片状构造；粒径多<0.1mm，集合体多>0.5mm，含量 15%~20%。角闪石：灰绿色，半自形长柱状为主，多色性明显，可见两组解理，干涉色为二级；矿物颗粒具定向排列，可见绿泥石化蚀变；粒径 0.2~0.5mm，含量 10%~15%。石英：无色，他形粒状，正低突起，表面光洁，无解理，一级黄白干涉色；石英颗粒大多较为细小，为粒状变晶结构，粒径 0.1~0.2mm，含量 5%~10%。绿泥石：深绿色，呈鳞片状集合体，正低突起，可见明显多色性，干涉色为一级，可见异常干涉色；粒径 0.1~0.2mm，含量 5%~10%。

DJY-b8

褐铁矿化含白云母大理岩。粒状变晶结构。主要成分为方解石(Cal)、褐铁矿(Lm)、石英(Qz)和白云母(Mu)。方解石呈粒状变晶结构,岩石中普遍发育褐铁矿化。方解石:无色,呈不规则粒状,闪突起,高级白干涉色,可见聚片双晶及菱形解理发育;呈粒状变晶结构,局部交代石英及白云母,呈变余结构、交代残余结构;粒径0.2~0.8mm,含量50%~55%。褐铁矿:黄褐色,半透明,反射光下为褐色,呈土状,多为黄铁矿风化形成,粒径0.2~0.4mm,含量25%~30%。石英:无色,他形粒状,正低突起,表面光洁,无解理,一级黄白干涉色;石

英颗粒大多较为细小,为粒状变晶结构,粒径0.1~0.2mm,含量10%~15%。白云母:无色,细小鳞片状,可见片状集合体,闪突起,见一组极完全解理,干涉色鲜艳,多为二到三级;粒径0.2~0.4mm,含量约5%。

DJY-b9

方解变质长石石英砂岩。变余砂状结构。主要成分为石英(Qz)、斜长石(Pl)和方解石(Cal),可见少量绢云母(Ser)。变余石英斑晶中具有变余熔蚀结构。石英砂粒间有细小的方解石和少量石英,具变余砂状结构。石英:无色,他形粒状,正低突起,表面光洁,无解理,一级黄白干涉色;石英颗粒中较大颗粒可见波状消光,并具有变余熔蚀结构,其余为细小颗粒,分布于砂粒中,粒径<0.1mm,大颗粒石英粒径0.2~0.5mm,含量40%~45%。斜长石:无色,多呈半自形长柱状,负低突起,一级灰白干涉色;斜长石中部分较大颗粒可见聚片双晶;其余多为细小颗粒,

粒径多<0.1mm,大颗粒长石粒径0.1~0.3mm,含量25%~30%。方解石:无色,不规则粒状,闪突起,高级白干涉色,可见少量颗粒较大方解石中聚片双晶及菱形解理发育;多为细小颗粒,分布于石英及斜长石砂粒间,呈变余砂状结构;粒径多<0.1mm,大颗粒方解石粒径约0.2mm,含量20%~25%。绢云母:无色,细小鳞片状,可见片状集合体,闪突起,见一组极完全解理,干涉色鲜艳,多为二到三级;多为长石的蚀变产物;粒径<0.1mm,含量约5%。

DJY-b10

绿泥石化透辉大理岩。主要成分为方解石（Cal）、透辉石（Di）和绿泥石（Chl）。方解石颗粒呈粒状变晶结构，粒径变化较大，边缘呈锯齿状。透辉石发育绿泥石化蚀变。方解石：无色，不规则粒状，闪突起，高级白干涉色，可见方解石颗粒中聚片双晶及菱形解理发育，双晶纹平行于菱形解理的长对角线；方解石颗粒较为粗大，界面平直圆滑，相邻颗粒之间相交面角近120°，形成三边镶嵌的结构；粒径0.4～1.2mm，含量65%～70%。透辉石：浅绿色，半自形粒状，正高突起，干涉色为二级蓝绿，可见近正交的辉石式解理；透辉石多发生绿泥石化蚀变，呈残留结构；粒径0.2～0.4mm，含量20%～25%。绿泥石：深绿色，呈鳞片状集合体，正低突起，可见明显多色性，干涉色为一级，可见异常干涉色；多为透辉石蚀变产物，粒径0.1～0.2mm，含量5%～10%。

DJY-b11

大理岩化石英绢云母片岩。片状结构，片状粒状变晶结构。主要成分为方解石（Cal）、绢云母（Ser）、石英（Qz）和斜长石（Pl）。绢云母多为集合体，鳞片状绢云母颗粒具定向排列，呈片状构造。石英颗粒可见大小两类，一类为他形粒状，一类为细粒粒状，后者为粒状变晶结构。方解石：无色，呈不规则粒状，闪突起，高级白干涉色，可见方解石颗粒中聚片双晶及菱形解理发育，双晶纹平行于菱形解理的长对角线；方解石颗粒拉长，呈片状构造；粒径0.4～1.2mm，含量50%～55%。绢云母：无色，细小鳞片状，可见片状集合体，正低突起，干涉色鲜艳，多为二到三级；绢云母多为蚀变产物，细小鳞片呈定向排列，具片状构造；粒径<0.1mm，集合体多>0.5mm，含量20%～25%。石英：无色，他形粒状，正低突起，表面光洁，无解理，一级黄白干涉色；石英颗粒大多较为细小，为粒状变晶结构，粒径约0.1mm，含量15%～20%。斜长石：无色，多呈半自形长柱状，负低突起，一级灰白干涉色；斜长石颗粒较为破碎，表面可见绢云母化，可见聚片双晶；粒径0.2～0.4mm，含量约5%。

第三节 龙宝山式金矿床

龙宝山式金矿床(潜火山热液石英脉型)主要分布在鲁南兰陵地区,其分布明显受控于区内燕山晚期龙宝山、莲子汪、晒钱埠等中酸性、偏碱性杂岩体。金矿化主要以岩浆期后热液石英脉型、热液蚀变岩型产出,局部有隐爆角砾岩型及矽卡岩型矿化等。

兰陵龙宝山金矿位于临沂市兰陵县龙宝山城西北约30km,行政区划隶属兰陵县下村镇。其大地构造位置位于华北板块(Ⅰ)鲁西地块(Ⅱ)鲁中断隆(Ⅲ)尼山断隆(Ⅳ)尼山凸起(Ⅴ)区南部;沂沭断裂带西侧,鲁西地块东南部,鲁南小型帚状构造的收敛端。龙宝山金矿床位于龙宝山中偏碱性杂岩体的内部,赋存于北北东向及南北向次级断裂内(图3-13)。矿区累计查明金金属量0.9t,矿床规模属小型。

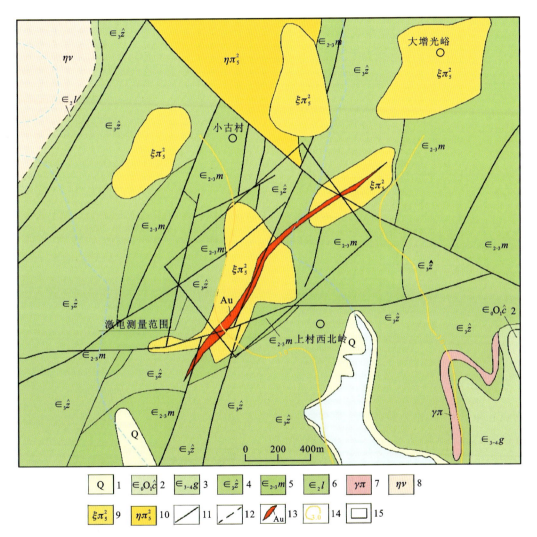

1.第四系;2.寒武纪—奥陶纪炒米店组;3.寒武纪崮山组;4.寒武纪张夏组;5.寒武纪馒头组;6.寒武纪李官组;7.花岗斑岩;8.二长辉长岩;9.正长斑岩;10.二长斑岩;11.断裂;12.推断断裂;13.金矿(化)体;14.水系异常;15.矿区范围。

图3-13 龙宝山金矿地质图(据邱光辉等,2015)

1. 矿区地质特征

区内地层自下而上分别为：寒武纪李官组、馒头组、张夏组、崮山组，寒武纪—奥陶纪炒米店组，第四系。

区内构造以断裂为主，主要有北北东向、北西向、近东西向三组。其中以北北东向断裂最为发育，规模较大，与区内成矿关系密切。沿走向及倾向均呈波状弯曲，北西倾或南东倾，倾角大于60°，均为高角度正断层。断层破碎带两侧与其平行的次级断层或裂隙较发育，破碎带局部被正长斑岩充填。

区内岩浆活动强烈，侵入岩广泛分布，主要为吕梁期和燕山早期二长花岗岩、斑状细粒正长岩、正长斑岩，闪长玢岩以及细粒闪长岩等。

2. 矿体特征

矿区共发现7条金矿脉。4条分布于龙宝山杂岩体的边部，其中小龙宝山有2个（Ⅰ号、Ⅱ号），大龙宝山有2个（Ⅲ号、Ⅳ号）。BAu①、BAu②、BAu③分布于扁担山附近，矿体特征详见表3-8。

表3-8 龙宝山矿体特征一览表

矿段名称	矿体编号	形态		产状/(°)		长度/m	宽度/m	延伸/m	平均厚度/m	平均品位/(g/t)
		走向	倾向	走向	倾角					
龙宝山	Ⅰ	脉状、舒缓波状、膨缩	脉状、膨缩	50	85～90	220	2～3	102.5	0.73	5.43
	Ⅱ	脉状、舒缓波状分支复合、膨缩	脉状	355	85～90	130	0.1～0.8	117.5	0.78	7.15
	Ⅲ	脉状、舒缓波状	脉状	30～70	83～90	240	4～10	70	0.77	4.73
	Ⅳ	脉状、舒缓波状	脉状	20	85～90	110	0.1～0.7	—	0.70	4.52
扁担山	BAu①	脉状	脉状	350	75	220	1.00	30	0.97	1.08
	BAu②	脉状	脉状	350	75	80	1.00	40	0.97	1.69
	BAu③	脉状	脉状	350	75	80	1.30	30	1.26	1.07

3. 矿石特征

矿物成分除自然金、银金矿外，主要有与金矿物关系密切的褐铁矿、黄铜矿，其次为黄铁矿、方铅矿、闪锌矿等矿物。脉石矿物主要有长石、方解石等。

矿石结构主要为角砾状结构、反应边结构、交代残余结构、他形粒状结构。矿石构造主要为块状构造、环状构造、环带状构造，还见有细脉状和网脉状构造。

矿石自然类型主要为石英脉含金矿石、斑岩含金矿石、角砾岩含金矿石。矿石工业类型属于低硫化物含金矿石。

4. 共伴生矿产评价

扁担山3个低品位金矿体中，银平均品位4.20g/t，达到了伴生矿利用标准。BAu①号矿体矿石中 TR_2O_3 平均品位1.88%，BAu③号矿体矿石中 TR_2O_3 平均品位3.62%。矿石的主要有益组分为以铈族元素为主的轻稀土元素，钇族元素含量较少；其中 Ce 含量最高，其次为 La、Nd、Pr、Sm、Y、Eu、Er、Gd、

Lu 等。据全区统计计算结果，TR$_2$O$_3$ 主要变化于 1.46%~3.78%之间，平均品位 2.73%。

5. 矿体围岩和夹石

龙宝山矿段矿体围岩主要为正长斑岩，扁担山矿段矿体围岩主要为斑岩、页岩。矿体内无夹石。

6. 成因模式

龙宝山杂岩体为中生代燕山早期的浅成侵入岩，为上地幔同化部分壳源物质的产物，分异程度高，金及多金属含量高于地壳平均值，岩浆活动后期，有热液形成，为金元素的活化、迁移提供了热动力。区内断裂构造发育，特别是北北东向构造及其次级裂隙内角砾岩发育，为成矿热液的运移、存储提供了空间。区内寒武纪灰岩、白云质灰岩分布广、厚度大，裂隙发育、化学性质活泼，有利于含矿热液入渗和交代；砂岩中微裂隙较发育，其与岩体接触部位或构造裂隙发育部位，有利于金矿成矿。

7. 矿床系列标本简述

本次标本采自兰陵龙宝山金矿床矿石堆，采集标本 4 块，岩性分别为构造角砾岩金矿石、硅化构造砾岩金矿石、正长斑岩和绿泥石化硅质页岩（表 3-9），较全面地采集了龙宝山矿床的矿石和围岩标本。

表 3-9　兰陵龙宝山金矿采集标本一览表

序号	标本编号	光/薄片编号	标本名称	标本类型
1	LB-B1	LB-g1/LB-b1	构造角砾岩金矿石	矿石
2	LB-B2	LB-g2/LB-b2	硅化构造砾岩金矿石	矿石
3	LB-B3	LB-b3	正长斑岩	围岩
4	LB-B4	LB-b4	绿泥石化硅质页岩	围岩

注：LB-B 代表龙宝山金矿标本，LB-g 代表该标本光片编号，LB-b 代表该标本薄片编号。

8. 图版

（1）标本照片及其特征描述

LB-B1

构造角砾岩金矿石。岩石呈浅黄褐色，碎裂结构，角砾状构造。主要由较大的角砾（>2.0mm）组成，角砾碎块呈棱角状，大小混杂，排列杂乱。角砾主要成分为钾长石及斜长石。钾长石：肉红色，半自形粒状，粒径约 1.0mm，含量约 35%。斜长石：灰白色，半自形粒状，粒径 1.0~2.0mm，含量约 35%。基质由细小的破碎物和胶结物组成，主要为粒径<1.0mm 的长石及石英颗粒，含量约 30%。

LB-B2

硅化构造砾岩金矿石。岩石呈浅红褐色,砾状构造。主要由较大的角砾(>2.0mm)组成,角砾碎块呈次圆状,大小混杂,排列杂乱。角砾主要成分为钾长石、斜长石和石英。钾长石:肉红色,半自形粒状,粒径约1.0mm,含量约35%。斜长石:灰白色,半自形粒状,粒径1.0~2.0mm,含量约25%。石英:无色,他形,油脂光泽,粒径<1.0mm,含量约15%。基质由细小的破碎物和胶结物组成,主要为粒径<1mm的长石及石英颗粒,含量约25%。

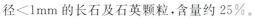

LB-B3

正长斑岩。岩石呈浅肉红色,斑状结构,块状构造。主要由斑晶和基质组成。斑晶主要成分为正长石,可见少量角闪石。正长石:灰白色,板状自形晶,粒径约1.0mm,含量约75%。角闪石:灰绿色,长柱状,粒径<1.0mm,含量约5%。基质成分与斑晶类似,多数为长石,具显微晶质结构或隐晶质结构,含量约20%。该标本为正长岩的浅成相岩石,局部可见流动构造。

LB-B4

绿泥石化硅质页岩。岩石呈灰绿色含灰褐色条带,显微晶质至隐晶质结构,薄层理构造。主要由浅灰绿及灰褐色硅质成分(如玉髓)等构成,也可见灰绿色绿泥石化。玉髓为无色隐晶质,含量约80%。绿泥石为灰绿色鳞片状,粒径<1.0mm,含量约20%。岩石具层理构造,矿物呈定向排列,局部可见硅质条带相互交错。

(2)标本镜下鉴定照片及特征描述

LB-g1

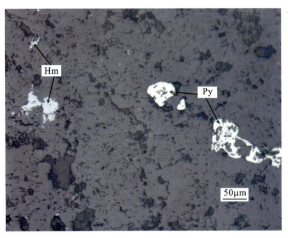

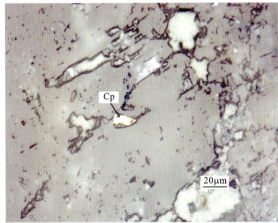

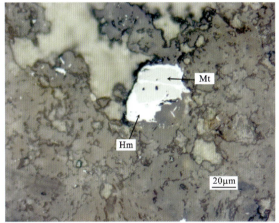

构造角砾岩金矿石。半自形晶粒状结构,星散状构造。金属矿物为黄铁矿(Py)、磁铁矿(Mt)和黄铜矿(Cp),也可见少量赤铁矿(Hm)。黄铁矿:黄白色,半自形晶粒状,显均质性,零星分布于脉石矿物中,粒径 0.005~0.10mm,含量较少。磁铁矿:灰色微带棕色,半自形—他形晶粒状,显均质性,可见赤铁矿沿磁铁矿颗粒边缘进行交代,粒径 0.02~0.15mm,含量较少。黄铜矿:铜黄色,他形晶粒状,显均质性,零星分布于脉石矿物中,粒径 0.005~0.015mm,含量微少。

矿石矿物生成顺序:黄铁矿→磁铁矿→赤铁矿→黄铜矿。

LB-g2

硅化构造砾岩金矿石。自形—半自形粒状结构。金属矿物为黄铁矿(Py)。黄铁矿:浅黄色,自形—半自形晶粒状,也可见他形粒状集合体,均质性,硬度较高,不易磨光;黄铁矿颗粒多较为细小,零星分布,也可见成片分布的他形粒状集合体,可见集合体局部被透明矿物交代,仅剩黄铁矿环带;自形晶粒径多<0.1mm,集合体粒径可达 0.2~0.5mm,含量约1%。

LB-b1

构造角砾岩。碎裂结构。岩石主要由角砾（80%）及基质（20%）组成，具碎裂结构，角砾均较为破碎，呈棱角状，大小混杂，多>2.0mm，排列无序。角砾主要成分为钾长石（Kf）及斜长石（Pl）。钾长石：无色，他形粒状，矿物颗粒多较为破碎，表面多发生风化致表面浑浊不清；一级灰白干涉色，可见两组近垂直相交的解理，可见格子双晶，也可见环带构造；粒径0.2~0.8mm，含量30%~35%。斜长石：无色，多呈自形板状或柱状，负低突起，一级灰白干涉色；斜长石颗粒较为破碎，有时见斜长石斑晶周围有钾长石环边，构成正边结构；可见聚片

双晶，可见环带构造，粒径0.6~2.0mm，含量30%~35%。基质主要成分为细小的长英质破碎物及胶结物。基质颗粒均较为细小，多为显微晶质结构，成分与角砾类似，可见少量石英颗粒，此外为隐晶质的胶结物。

LB-b2

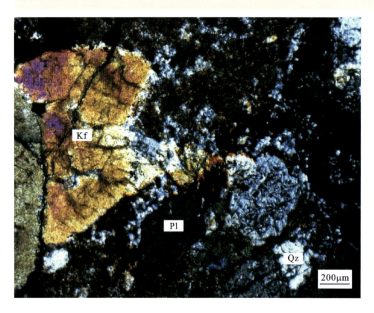

硅化构造砾岩。碎裂结构。岩石主要由角砾（80%）及基质（20%）组成，具碎裂结构，角砾均较为破碎，呈次圆状，大小混杂，多>2.0mm，排列无序。角砾主要成分为钾长石（Kf）和斜长石（Pl），其次为石英（Qz）。钾长石：无色，他形粒状，矿物颗粒多较为破碎，表面多发生风化致浑浊不清；一级灰白干涉色，可见两组近垂直相交的解理，可见格子双晶，也可见环带构造；粒径0.2~0.8mm，含量30%~35%。斜长石：无色，多呈自形板状或柱状，负低突起，一级灰白干涉色；斜长石颗粒较为破碎，有时见斜长石斑晶周围有钾长石环边，构成正边结构；可见聚片双晶，可见环带构造，粒径0.6~2mm，含量20%~25%。石英：无色，可见他形粒状，也可见板条状自形、半自形晶体，正低突起，表面光洁，具波状消光现象，无解理，一级白干涉色；粒径0.2~0.4mm，含量10%~15%。基质主要成分为细小的长英质破碎物及胶结物。基质颗粒均较为细小，多为显微晶质结构，成分与角砾类似，此外为隐晶质的胶结物。

LB-b3

正长斑岩。斑状结构。岩石主要由斑晶(80%)和基质(20%)组成。斑晶主要成分为正长石(Or)，可见少量角闪石(Hb)。正长石：无色，多为板状，负低突起，干涉色为一级灰白；可见一组解理；常见卡巴斯双晶，表面多发生高岭土化蚀变导致浑浊不清，泥化常呈条带状；粒径0.4~0.8mm，含量75%~80%。角闪石：灰绿色，多呈他形片状，局部发生弯折；多色性明显，干涉色通常被自身颜色所掩盖，多数未见解理；边缘多发生绿泥石化蚀变，多交代其他透明矿物；粒径0.2~0.5mm，含量约5%。基质主要成分为正长石(Or)，可见少量石英(Qz)；呈显微晶质结构或隐晶质结构。正长石：无色，呈细小粒状，未见解理；干涉色为一级灰；粒径<0.02mm，含量15%~20%。石英：无色，呈细小粒状，可见波状消光，干涉色为一级灰；粒径<0.02mm，含量<5%。

LB-b4

绿泥石化硅质页岩。显微晶质至隐晶质结构。主要成分为玉髓(Chc)及绿泥石(Chl)，多为隐晶质结构，也可见显微晶质结构。矿物颗粒呈定向排列，发育层理，局部可见交错层理。玉髓：浅褐色，呈显微晶质或隐晶质结构，局部可见纤维状集合体，正低突起，一级灰白干涉色，平行消光；多为矿物间的胶结物；粒径多<0.02mm，集合体粒径可达0.1mm，含量75%~80%。绿泥石：墨绿色，呈鳞片状集合体，正低突起，具黄绿色多色性，干涉色为一级，可见一组解理，近平行消光，多为蚀变产物；集合体粒径0.2~0.4mm，含量20%~25%。

第四节　铜井式金矿床

铜井式金矿床(接触交代-矽卡岩型)主要分布于沂沭断裂带以西的沂南—沂源地区和莱芜铁铜沟地区,在平邑铜石及兰陵龙宝山等地也有矿点分布。该类型矿床规模较小,一般与铁、铜伴生。该类型金矿床大多分布于鲁西隆起区内的马牧池凸起东部与廊部-葛沟断裂相接部位。北北东向与北西向断裂的交会部位控制了控矿岩浆岩和矿床的分布。寒武纪朱砂洞组和张夏组灰岩是成矿有利的围岩。中生代燕山晚期石英闪长岩、闪长玢岩、二长闪长玢岩及二长斑岩与成矿关系密切。岩体与灰岩的接触带是形成矽卡岩型金铜多金属矿床的有利部位。

一、沂南铜井金矿

铜井金矿位于临沂市沂南县政府驻地北 6km,行政区划隶属沂南县铜井镇。其大地构造位置位于华北板块(Ⅰ)鲁西隆起区(Ⅱ)鲁中隆起(Ⅲ)马牧池-沂源断隆(Ⅳ)马牧池凸起(Ⅴ)南缘。矿体赋存于中生代侵入体与寒武纪碳酸盐岩接触带处及地层间。铜井矿区包括山子涧矿段、堆金山矿段、汞泉矿段、龙头旺矿段(图 3-14),矿区累计查明金金属量 38t,矿床规模属大型。

1. 矿区地质特征

区内地层主要为新太古代泰山岩群雁翎关组、新元古代土门群佟家庄组、寒武纪长清群、九龙群、奥陶纪马家沟群、白垩纪青山群及第四系,其中新太古代泰山岩群和新元古代土门群地层为钻孔揭露,隐伏于深部。

区内构造以断裂为主,主要有北西、北北东和东西向三组。其中以北北东向断层最为发育,具有出露广泛、规模大、活动时间长以及力学性质复杂等特征,走向 10°～40°,倾向多为北西西,倾角 62°～90°,以廊部-葛沟断裂为代表。断面呈舒缓波状,并见有斜冲擦痕,带内片理化明显,糜棱岩,构造透镜体发育,该组断裂至少有两期活动。

区内岩浆岩为中生代沂南序列铜汉庄单元石英闪长玢岩、鞒家桥单元角闪闪长玢岩、大朝阳单元中细斑二长闪长玢岩。频繁的岩浆活动形成多期次侵入杂岩体,矿区与成矿有关的铜井杂岩体呈岩株状侵位于北西向马家窝-铜井断裂与北北东向廊部-葛沟断裂交叉部位,其边缘有似层状或舌状岩床侵入围岩中,地表形态不规则。

2. 矿体特征

矿体主要赋存于铜井和金场杂岩体的接触带及其外侧围岩中的构造薄弱带(不整合面、层间破碎带、滑脱带)以及顺层侵入的岩床(岩舌)内部及其上下两侧,在岩体外 200～300m 范围内环绕岩体呈环带状产出。矿体形态复杂,多呈似层状、扁豆状、透镜状、囊状或不规则状,一般走向延长 140～200m,倾向延深 100～150m。

沂南金矿床各矿区赋矿层位具有共性,共有 8 个含矿层位、14 层矿体,其中寒武纪地层中产有 6 个含矿层、12 层矿体,太古宙基底不整合面及其上覆新元古代地层中的两层矿体为后期深部探矿新发现。寒武纪地层中赋存的矿体厚度变化较大,平均 0.49～11.61m,厚度变化系数 83%～172%,厚度稳定程度属较稳定—不稳定型。矿化不均匀,金平均品位 1.13～5.03g/t,品位变化系数 80%～189%,有用组分分布均匀程度属较均匀—不均匀型。

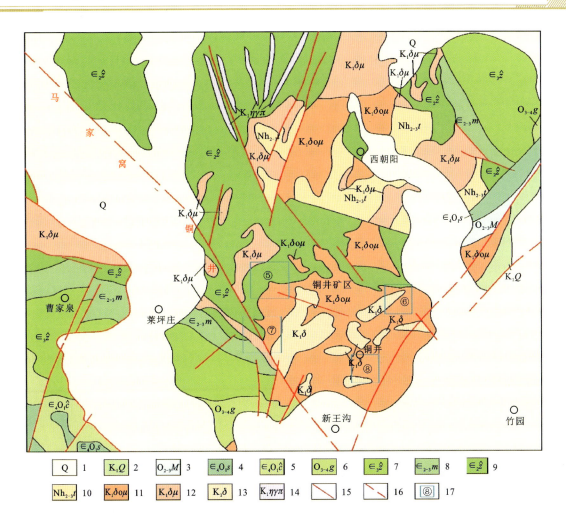

1.第四系;2.白垩系青山群;3.奥陶系马家沟群;4.寒武系—奥陶系三山子组;5.寒武系—奥陶系炒米店组;6.寒武系崮山组;7.寒武系张夏组;8.寒武系馒头组;9.寒武系朱砂洞组;10.新元古界土门群佟家庄组;11.早白垩世石英闪长玢岩;12.早白垩世角闪闪长玢岩;13.早白垩世辉石闪长岩;14.早白垩世二长花岗斑岩;15.实测断层;16.推断断层;17.矿床编号。

图 3-14 铜井金矿区域地质简图(据于学峰等,2018)

3. 矿石特征

矿石中原生金属矿物主要为自然金、黄铜矿、斑铜矿、黄铁矿、磁铁矿,次为银金矿、辉钼矿、辉砷镍矿、镜铁矿、砷黝铜矿和辉铜矿,偶见辉锑矿、磁黄铁矿、方铅矿和闪锌矿。次生矿物为少量的孔雀石、蓝铜矿和褐铁矿等。非金属矿物主要为钙铝榴石、钙铁榴石、透辉石、绿帘石、绿泥石、石英、方解石、白云母等。

矿石结构为粒状结构、压碎结构、交代结构、反应边结构、包含结构、充填结构、格状结构、残余结构、乳浊状结构、文象结构等,其中以粒状结构为主。矿石构造主要为块状、浸染状、脉状-网脉状、条带状和角砾状构造等。

矿石自然类型和工业类型主要为磁铁矿、含金铜磁铁矿、含金铜矽卡岩、含金铜大理岩4种,此外,还可见极少量含金铜角岩型矿石。

4. 共伴生矿产评价

铜井金矿床主要有用组分为金,铜、铁在不同类型矿石中分布及含量有所不同,铜广泛分布于各种类型矿石中,但含量差别较大,含铜磁铁矿型矿石中为0.1%～1.5%,大理岩型矿石中为2.7%,矽卡岩型矿石中为0.98%～3.1%,块状硫化物矿石则达到了12.3%。除大理岩型矿石之外,铁在其他类型矿石中均达到工业品位,磁铁矿型矿石中铁含量最高,TFe含量可达65.6%,其他类型矿石中铁含量差别不大,TFe含量多为46.7%～57.9%。除此之外,矿石中银、硫等组分平均品位分别为4.77g/t、2.66%,达到伴生元素品位,可综合回收利用。

5. 矿体围岩和夹石

矿体近矿围岩主要有闪长玢岩、大理岩和角岩。矿体与围岩界线较明显。当围岩具矽卡岩化或裂隙中有硫化物时,可含微量金,但金品位很低。矿体不含夹石。

6. 成因模式

铜井金矿床位于郯庐断裂之山东段-沂沭断裂带西侧的鲁西地区,独特的构造位置决定了其成矿作用过程与郯庐断裂带的形成演化存在着紧密的联系。

早白垩世郯庐断裂左行走滑拉张并深切至上地幔,深源岩浆沿郯庐断裂带上升,上升过程中捕获了部分地壳物质,导致铅同位素表现出显著的异常铅特征。岩浆于中、浅层次沿郯庐断裂派生的北东、北北东向断裂和郯庐断裂左行走滑诱发的北西向复活盖层断裂交会处就位,断裂的多次活动可能导致了岩浆的多期次侵位,形成了铜井和金场杂岩体。

在成矿杂岩体就位过程中,于近水平的寒武纪海陆交互相灰岩、薄层灰岩夹碎屑岩地层中形成扩容构造和层间滑动等虚脱空间,岩浆可沿层间滑动面等虚脱空间顺层侵位形成岩床或岩舌。在侵入杂岩体与地层接触部位,形成热接触交代作用产物——角岩和大理岩。同时,岩浆分异产生的气水热液则与接触带内外两侧的岩石发生双交代作用,形成各类矽卡岩,如石榴子石透辉石矽卡岩和绿帘石石榴子石矽卡岩。侵入体边部岩脉和岩床复杂的形态组合,造就了蚀变矽卡岩体形状的复杂变化,如穿层的侵入体或岩脉常形成环绕其分布的蚀变体,而顺层的沿床或岩舌则常在其上下盘形成面状分布的蚀变体。

伴随着矽卡岩化和热液蚀变作用的进行,在接触带常形成透镜状、囊状等不规则状矿体,在不整合面、层间破碎带、层间滑脱带等构造薄弱带以及顺层侵入的岩床(岩舌)上下两侧,则形成层状、似层状矿体。成矿作用早期,岩浆分泌出的含矿气水热液处于高温超临界状态,当温度下降至510℃左右时,开始形成以钙铝榴石、钙铁榴石和透辉石为主的岛状和链状硅酸盐矿物,进入干矽卡岩阶段,此阶段未见金属矿物形成。随着温度逐渐下降至大约390℃,含矿的高温气水热液开始交代早期形成的干矽卡岩矿物,生成复杂的链状含水硅酸盐矿物透辉石和绿帘石,进入湿矽卡岩-氧化物阶段。由于该阶段溶液中铁的惰性增强,难于进入硅酸盐格架,因而大量的铁以磁铁矿、镜铁矿形式沉淀,并与绿帘石、白云母等矽卡岩矿物共生。此阶段成矿流体的密度为0.87～0.88g/cm³,成矿压力为33.1～44.2MPa。当温度降至250℃以下,压力降到22.0～35.6MPa时,热液中的SiO_2不再参与形成硅酸盐,而主要以石英的形式沉淀,同时溶液中的金、铁、铜、砷等金属组分以自然金和硫化物(黄铜矿、黄铁矿、辉钼矿、斑铜矿、辉砷镍矿等)的形式晶出。此后,随着温度和压力的进一步降低,热液中析出大量碳酸盐矿物。

早白垩世郯庐断裂带走滑拉张阶段,深切至壳-幔边界的沂沭断裂(郯庐断裂带山东段)所诱发的深源岩浆上侵,于浅部北西向盖层断裂与北东向沂沭断裂带次级断裂的交会部位就位,形成铜井和金场杂岩体,并通过与新元古界—寒武系以碳酸盐岩为主的围岩发生一系列热接触交代、接触双交代等作用,在岩浆岩与围岩接触带、层间破碎带及不整合面等处形成矽卡岩型金-铜-铁矿体(图3-15)。

7. 矿床系列标本简述

本次标本采自铜井金矿床矿石堆,采集标本6块,岩性分别为灰黑色黄铁磁铁矿化绿帘阳起矽卡岩金矿石、黄绿色块状黄铁矿化绿帘阳起矽卡岩金矿石、浅黄绿色碳酸盐化绿帘阳起矽卡岩、浅肉红色二

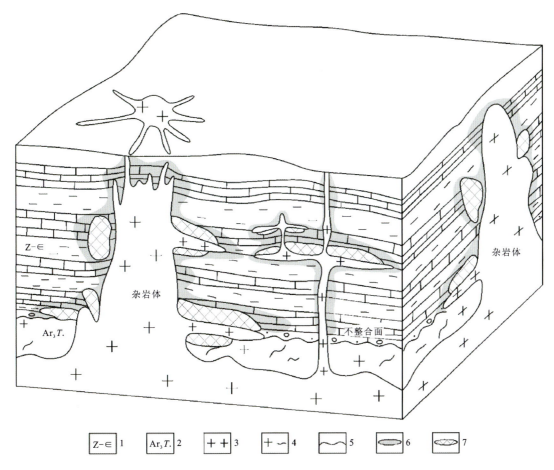

1.震旦纪—寒武纪地层;2.新太古代泰山岩群;3.中生代燕山晚期中酸性侵入杂岩体;4.早前寒武纪基底变质岩系;5.地质界线;
6.矽卡岩化蚀变范围;7.矿体。

图 3-15　铜井金矿床成矿模式示意图(据于学峰等,2018)

长闪长玢岩、灰白色—灰绿色透辉大理岩和灰绿色蚀变石英闪长玢岩(表 3-10),较全面地采集了铜井金矿床的矿石和围岩标本。

表 3-10　铜井金矿采集标本一览表

序号	标本编号	光/薄片编号	标本名称	标本类型
1	TJ-B1	TJ-g1/TJ-b1	灰黑色黄铁磁铁矿化绿帘阳起矽卡岩金矿石	矿石
2	TJ-B2	TJ-g2/TJ-b2	黄绿色块状黄铁矿化绿帘阳起矽卡岩金矿石	矿石
3	TJ-B3	TJ-b3	浅黄绿色碳酸盐化绿帘阳起矽卡岩	围岩
4	TJ-B4	TJ-b4	浅肉红色二长闪长玢岩	围岩
5	TJ-B5	TJ-b5	灰白色—灰绿色透辉大理岩	围岩
6	TJ-B6	TJ-b6	灰绿色蚀变石英闪长玢岩	围岩

注:TJ-B 代表铜井金矿标本,TJ-g 代表该标本光片编号,TJ-b 代表该标本薄片编号。

8. 图版

(1)标本照片及其特征描述

TJ-B1

灰黑色黄铁磁铁矿化绿帘阳起矽卡岩金矿石。岩石呈灰黑色—墨绿色，块状构造。主要成分为阳起石、绿帘石，其次为斜长石、石英及金属矿物等，可见绿泥石化蚀变。阳起石：黄褐色，长柱状，粒径<1.0mm，含量约45%。绿帘石：黄绿色，柱状或粒状，粒径<1.0mm，含量约25%。斜长石：无色，半自形柱状，粒径<1.0mm，含量约15%。石英：无色，他形粒状，油脂光泽，粒径<1.0mm，含量约5%。金属矿物分别呈银灰色针柱状及浅铜黄色半自形粒状，金属光泽，粒径均<1.0mm，含量共约10%。

TJ-B2

黄绿色块状黄铁矿化绿帘阳起矽卡岩金矿石。岩石呈黄绿色，块状构造。主要成分为阳起石、绿帘石，其次为斜长石、硅灰石及金属矿物等，可见绿泥石化蚀变。阳起石：黄褐色，长柱状，粒径<1.0mm，含量约40%。绿帘石：黄绿色，柱状或粒状，粒径<1.0mm，含量约35%。斜长石：无色，半自形柱状，粒径<1.0mm，含量约10%。硅灰石：无色，长柱状，粒径<1.0mm，含量约10%。金属矿物呈浅铜黄色，半自形粒状，金属光泽，粒径均<1.0mm，含量约5%。

TJ-B3

浅黄绿色碳酸盐化绿帘阳起矽卡岩。岩石呈浅黄绿色，块状构造。主要成分为绿帘石、阳起石，其次为碳酸盐矿物、斜长石及角闪石，可见绿泥石化蚀变。绿帘石：黄绿色，柱状或粒状，粒径<1.0mm，含量约30%。阳起石：黄褐色，长柱状，粒径<1.0mm，含量约20%。碳酸盐矿物：白色，不规则粒状，粒径<1.0mm，含量约15%。斜长石：无色，半自形柱状，粒径<1.0mm，含量约10%。角闪石：褐绿色，长柱状，粒径小于1.0mm，含量约10%。绿泥石：暗绿色，鳞片状及细粒状，粒径<1.0mm，含量约15%。

TJ - B4

浅肉红色二长闪长玢岩。岩石呈浅肉红色，斑状结构，块状构造。主要由斑晶和基质组成。斑晶主要成分为角闪石、斜长石。角闪石：墨绿色，长柱状，粒径＜1.0mm，含量约20%。斜长石：灰白色，柱状，粒径＜1.0mm，含量约15%。基质为显微晶质结构，主要由斜长石、角闪石组成，可见少量黑云母及石英；粒径均小于1mm，含量分别为20%、20%、15%、10%。

TJ - B5

灰白色—灰绿色透辉大理岩。岩石新鲜面呈灰白色—灰绿色，块状构造，局部为条带状构造。主要成分为方解石，其次为透辉石。方解石：多为灰白色，粒状，部分含碳质为灰色，可见3组完全解理，硬度小于小刀，粒径＜1.0mm，含量约85%。透辉石：浅绿色或灰绿色，粒状或柱状，可见2组解理，粒径＜1.0mm，含量约15%。

TJ - B6

灰绿色蚀变石英闪长玢岩。岩石呈灰绿色，斑状结构，块状构造。岩石中斑晶含量约70%，由斜长石、普通角闪石组成。斜长石：灰绿色，半自形粒状，白色条痕，玻璃光泽，粒径＜1.0mm，含量约40%。普通角闪石：黑绿色，半自形柱状，玻璃光泽，粒径＜1.0mm，含量约30%。基质由斜长石和石英组成，二者含量相当，粒径＜0.2mm，含量约30%。

(2)标本镜下鉴定照片及特征描述

TJ - g1

灰黑色黄铁磁铁矿化绿帘阳起矽卡岩金矿石。自形—半自形粒状结构。金属矿物为黄铁矿(Py)、磁铁矿(Mt)、赤铁矿(Hm)和黄铜矿(Cp)。黄铁矿：浅黄色，自形-半自形晶粒状，也可见粒状集合体，显均质性，硬度较高，不易磨光，表面多见麻点，可见镜铁矿脉穿插黄铁矿颗粒，也可见黄铜矿颗粒交代黄铁矿颗粒，局部被透明矿物交代呈残留结构，粒径0.1~0.4mm，集合体多＞1.0mm，含量25%~30%。磁铁矿：灰色略带棕色，多呈粒状集合体，也可见磁铁矿半自形晶，无多色性及内反射，显均质性，硬度较高，不易磨光，磁铁矿内部发育裂隙，可见黄铁矿及黄铜矿颗粒交代磁铁矿，也可见片状及针状镜铁矿交代磁铁矿颗粒,呈残留结构、假象结构,粒径0.2～0.4mm,含量5%～10%。赤铁矿:灰色微带蓝白色,自形片状、束状及放射状晶体,显均质性,具深红色内反射色,多呈片状及细长的针状晶体,局部可见片状集合体,偶尔可见放射状集合体,局部可见赤铁矿颗粒发生轻微形变,可见赤铁矿呈脉状穿插黄铁矿及黄铜矿颗粒,也可见赤铁矿交代磁铁矿颗粒,呈残留结构、假象结构,粒径0.1～0.4mm,含量5%～10%。黄铜矿:铜黄色,他形粒状,显均质性,较易磨光,多零星分布,也可见黄铜矿呈脉状或成片分布,可见黄铜矿脉穿插于黄铁矿及磁铁矿颗粒,也可见镜铁矿脉穿插黄铜矿颗粒,粒径0.1～0.3mm,含量5%～10%。

矿石矿物生成顺序:磁铁矿→黄铁矿→黄铜矿→赤铁矿。

TJ-g2

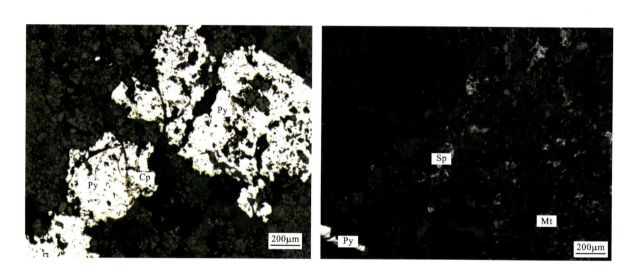

黄绿色块状黄铁矿化绿帘阳起矽卡岩金矿石。自形—半自形粒状结构。金属矿物为黄铁矿(Py)、磁铁矿(Mt)、赤铁矿(Hm)和黄铜矿(Cp)。黄铁矿:浅黄色,为自形—半自形晶粒状,也可见粒状集合体,显均质性,硬度较高,不易磨光,表面多见麻点;可见黄铜矿颗粒交代黄铁矿颗粒,也可见黄铜矿沿黄铁矿颗粒裂隙发育;粒径0.1～0.4mm,集合体多>1.0mm,含量25%～30%。磁铁矿:灰色略带棕色,多呈粒状集合体,也可见磁铁矿半自形晶,多零星分布,无多色性及内反射,显均质性,硬度较高,不易磨光;磁铁矿较为破碎,多被透明矿物交代,呈残留结构、假象结构,粒径0.2～0.4mm,含量约1%。赤铁矿:灰色微带蓝白色,为自形片状、束状及放射状晶体,显均质性,具深红色内反射色;可见赤铁矿交代磁铁矿颗粒,呈残留结构、假象结构;粒径0.1～0.4mm,含量约1%。黄铜矿:铜黄色,他形粒状,显均质性,较易磨光;多零星分布,多沿黄铁矿颗粒裂隙发育,偶尔可见零星黄铜矿颗粒孤立分布;粒径0.05～0.2mm,含量约1%。

矿石矿物生成顺序:磁铁矿→黄铁矿→黄铜矿→赤铁矿。

第三章　与中生代燕山期潜火山岩及浅成侵入岩有关的热液型及接触交代型金矿床

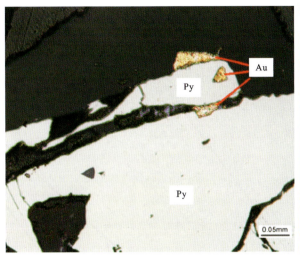
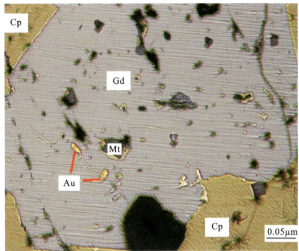

本次样品光片中未找到金矿物，据以往资料，区内金（Au）肉眼不可见，反光镜下呈淡金黄色，成色低，表面较脏。颗粒多呈他形粒状，个别可见十二面体晶形，粒径多为 $5\sim20\mu m$，少数可达 $35\sim60\mu m$。多呈滴状包裹于辉砷镍矿（Gd）、黄铜矿（Ccp）、黄铁矿（Py）中，少量分布于黄铁矿边部裂隙之中。

TJ-b1

黄铁磁铁矿化绿帘阳起矽卡岩。柱状粒状变晶结构。主要成分为绿帘石（Ep）、阳起石（Act），其次为斜长石（Pl）、金属矿物和石英（Qz）等。矿物多呈柱状或粒状，形成柱状或粒状变晶结构，可见绿泥石化蚀变。绿帘石：黄绿色，多呈柱状或粒状，正高突起，多色性较弱，干涉色为较鲜艳的二至三级彩色干涉色，偶尔可见干涉色呈环带状；偶尔可见两组解理，矿物颗粒通常较为破碎，常见与绿泥石共生；粒径 $0.2\sim0.6mm$，含量 $35\%\sim40\%$。阳起石：暗绿色及黄褐色，长柱状或针柱状，具黄绿色多色性，正中突起，干涉色为一至二级中，可见双晶，可见绿泥石化蚀变；粒径 $0.1\sim0.3mm$，含量 $10\%\sim15\%$。斜长石：无色，多呈他形，负低突起，一级灰白干涉色，斑晶斜长石见聚斑结构，其边部土化明显呈土灰色，可见聚片双晶；粒径 $0.2\sim0.4mm$，含量 $10\%\sim15\%$。金属矿物：分为两类：一类为自形—半自形粒状，多数填充于透明矿物之间，粒度 $0.2\sim0.6mm$，据其晶形判断为黄铁矿；另一类为针状或放射状，常被透明矿物等交代，粒径 $0.2\sim0.4mm$，据其晶形判断为赤铁矿，含量约 10%。石英：无色，可见他形粒状，也可见板条状自形、半自形晶体，正低突起，表面光洁，无解理，具波状消光现象，一级白干涉色；粒径 $0.2\sim0.5mm$，含量约 5%。

TJ-b2

含黄铁矿绿帘阳起矽卡岩。柱状粒状变晶结构。主要成分为阳起石（Act）、绿帘石（Ep），其次为硅灰石（Wl）、斜长石（Pl）和金属矿物等。矿物多呈柱状或粒状，形成柱状或粒状变晶结构。阳起石：暗绿色及黄褐色，长柱状或针柱状，具黄绿色多色性，正中突起，干涉色为一至二级中，可见双晶，可见绿泥石化蚀变；粒径0.1～0.3mm，含量35％～40％。绿帘石：黄绿色，多呈柱状或粒状，正高突起，多色性较弱，干涉色为较鲜艳的二至三级彩色干涉色，偶尔可见干涉色呈环带状；偶尔可见两组解理，矿物颗粒通常较为破碎，常见与绿泥石共生；粒径0.2～

0.6mm，含量30％～35％。硅灰石：无色，长柱状或板状，部分具浅黄色多色性，正中突起，一级灰白干涉色，可见一组解理，表面可见由碳酸盐化导致的浑浊，多被角闪石、阳起石等交代，粒径0.2～0.5mm，含量5％～10％。斜长石：无色，多呈他形，负低突起，一级灰白干涉色，斑晶斜长石见聚斑结构，其边部土化明显，呈土灰色，可见聚片双晶；粒径0.2～0.4mm，含量5％～10％。金属矿物：多数填充于透明矿物之间，据其晶形判断为黄铁矿（Py），粒径0.2～0.6mm，含量约5％。

TJ-b3

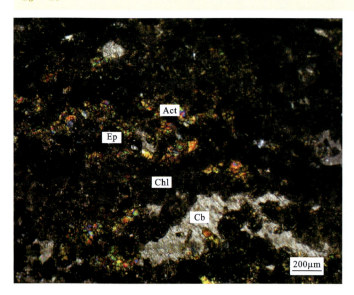

碳酸盐化绿帘阳起矽卡岩。柱状粒状变晶结构。主要成分为绿帘石（Ep）、阳起石（Act），其次为绿泥石（Chl）、碳酸盐矿物（Cb）、斜长石（Pl）和角闪石（Hb）等。矿物多呈柱状或粒状，形成柱状或粒状变晶结构。绿帘石：黄绿色，多呈柱状或粒状，正高突起，多色性较弱，干涉色为较鲜艳的二至三级彩色干涉色，偶尔可见干涉色呈环带状；偶尔可见两组解理，矿物颗粒通常较为破碎，常见与绿泥石共生；粒径0.2～0.6mm，含量25％～30％。阳起石：暗绿色及黄褐色，长柱状或针柱状，具黄绿色多色性，正中突起，干涉色为一至二级中，可见双晶，粒径0.1～0.3mm，含量15％～20％。绿泥石：墨绿色，呈鳞片状集合体，正低突起，具黄绿色多色性，干涉色为一级，可见一组解理，近平行消光，可见角闪石蚀变为绿泥石；集合体粒径0.2～0.4mm，含量10％～15％。碳酸盐矿物：无色，不规则粒状，镜下可见碳酸盐矿物呈脉状穿插于其他透明矿物中，闪突起，高级白干涉色，可见菱形解理，常见双晶，矿物颗粒较为破碎，粒径0.2～0.6mm，含量10％～15％。斜长石：无色，多呈他形，负低突起，一级灰白干涉色，斑晶斜长石见聚斑结构，其边部土化明显，呈土灰色，可见聚片双晶；粒径0.2～0.4mm，含量5％～10％。角闪石：褐色及绿色，长柱状，可见纤维状集合体，正中突起，干涉色为二级，有明显的多色性及吸收性，可见两组菱形解理，粒径0.2～0.4mm，含量5％～10％。

TJ-b4

闪长玢岩。斑状结构。岩石主要由斑晶和基质组成。斑晶含量约35%，主要成分为角闪石(Hb)和斜长石(Pl)，其次为黑云母(Bi)。角闪石：褐色及墨绿色，长柱状，自形程度较好，也可见菱形及近六边形的横切面，正中突起，有明显的多色性及吸收性，干涉色为二级，多被矿物自身颜色所掩盖，可见两组菱形解理，可见双晶及环带结构，粒径0.2~0.8mm，含量15%~20%。斜长石：无色，板状或柱状晶体，自形程度较好，负低突起，可见聚片双晶，一级灰白干涉色，表面可见由蚀变形成的浑浊，呈浅灰色，粒度0.2~0.5mm，含量5%~10%。黑云母：

褐色，半自形片状集合体，褐色—黄色多色性明显，干涉色多被自身颜色所掩盖，可见一组极完全解理，可见边缘蚀变为绿泥石，粒径0.4~0.6mm，含量约5%。基质约占65%，为显微晶质结构，主要由斜长石(Pl)、角闪石(Hb)组成，可见少量黑云母(Bi)及石英(Qz)。斜长石：无色，多呈他形，负低突起，可见聚片双晶，一级灰白干涉色，粒径<0.1mm，含量15%~20%。角闪石：多呈褐色，粒状为主，半自形—他形，多色性明显；干涉色最高为一级红，多数无解理；边缘多蚀变为绿泥石，可见完全蚀变为绿泥石，粒径<0.1mm，含量10%~15%。黑云母：褐色，半自形片状集合体，褐色—黄色多色性明显，干涉色多被自身颜色所掩盖，可见一组极完全解理，可见边缘蚀变为绿泥石，粒径0.1~0.3mm，含量10%~15%。石英：无色，他形粒状，多呈浑圆状，表面光洁，具波状消光现象，一级白干涉色，粒径0.1~0.2mm，含量5%~10%。

TJ-b5

条带状透辉大理岩。粒状变晶结构。主要成分为方解石(Cal)，其次为透辉石(Di)，透辉石多蚀变为滑石；矿物颗粒多为粒状变晶结构，局部可见矿物边界弯曲成锯齿状。方解石：无色，多呈粒状，具闪突起，高级白干涉色，常见聚片双晶；可见菱形解理，方解石界面平直圆滑，有时相邻颗粒之间相交面角近120°，形成三边镶嵌的平衡结构；也有方解石界面曲折呈锯齿状粒状变晶结构；粒径0.2~0.6mm，含量80%~85%。透辉石：无色，柱状或粒状，正高突起，干涉色二级蓝绿，可见辉石式解理，透辉石多蚀变为滑石，呈细小鳞片状集合体，干涉色鲜艳，但仍保留透辉石晶形，粒径0.1~0.2mm，含量10%~15%。

TJ - b6

蚀变石英闪长玢岩。斑状结构，基质为显微晶质结构。斑晶含量60%~70%，主要为斜长石(Pl)、普通角闪石(Hb)和黑云母(Bi)，粒径0.4~1.2mm。斜长石：无色，半自形板状，正低突起，具强烈的绢云母化蚀变，镜下显得浑浊不净，局部隐约可见聚片双晶发育，一级灰白干涉色，粒径0.2~1.2mm，含量40%~45%。普通角闪石：淡绿色，半自形柱状、粒状，正高突起，具两组斜交的完全解理，干涉色达二级蓝绿，斜消光，粒径0.6mm~1.0mm，含量15%~17%。黑云母：褐色，半自形片状，褐黄色—浅黄色多色性明显，平行消光，干涉色受自身颜色影响而不明显，多分布于普通角闪石周围，粒径0.2~0.6mm，含量5%~8%。基质含量30%~40%，粒径<0.2mm，主要由他形粒状的斜长石(含量20%~25%)和石英(含量10%~15%)形成显微晶质结构，含少量金属矿物。基质中的斜长石同斑晶斜长石均具绢云母化蚀变，镜下显得浑浊不净，基质中石英由于硅化作用发生重结晶。金属矿物：黑色，半自形—他形粒状，零星分布于基质中，粒径0.02~0.15mm，含量较少。镜下可见多条石英(Qz)细脉和方解石(Cal)细脉穿插分布。

二、钢城三岔河铁金矿

三岔河铁金矿位于济南市钢城区北7km处，行政区划隶属钢城区里辛镇。其大地构造位置位于华北板块(Ⅰ)鲁西隆起区(Ⅱ)鲁中隆起(Ⅲ)新甫山-莱芜断隆(Ⅳ)泰莱凹陷(Ⅴ)东南部。三岔河铁金矿床主矿产为金，共查明金金属量6.9t，矿床规模属中型。该矿床为矽卡岩型铁金同体共生矿床，是鲁西地区找金新发现。

1. 矿区地质特征

区内出露地层主要为寒武系、奥陶系、二叠系、白垩系、石炭系和第四系。由于构造及岩浆活动，石炭系、二叠系、白垩系分布凌乱，多以构造岩块、捕房体形式产于构造带或岩体的顶部、边部，岩性多变为角岩、板岩、变质砂岩等(图3-16)。

区内构造以断裂为主，规模较大的有铜冶店-孙祖断裂、丈八丘断裂和青泥沟断裂。其中铜冶店-孙祖断裂北西向贯通全区，是区内主要的控矿构造，断裂带为含矿热液提供了"通道"和沉淀的有利空间，构造活动对有用元素的运移富集起到了决定性的作用。

区内岩浆活动较为强烈。主要出露有新太古代晚期傲徕山序列蒋峪单元二长花岗岩、燕山晚期沂南序列茶叶山单元黑云母辉长岩、燕山晚期沂南序列大有单元黑云母闪长岩。燕山期岩浆岩与成矿关

第三章 与中生代燕山期潜火山岩及浅成侵入岩有关的热液型及接触交代型金矿床

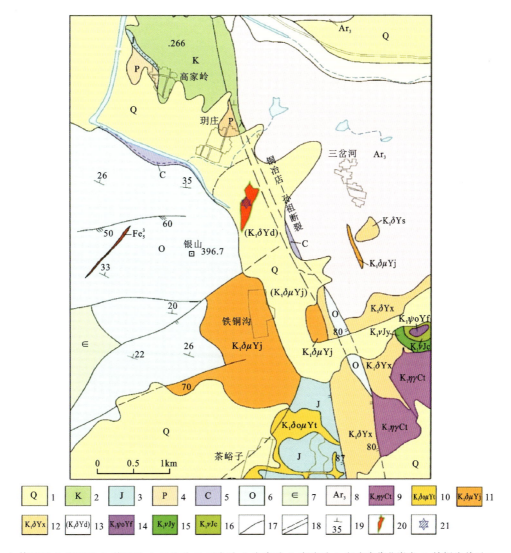

1.第四系;2.白垩系;3.侏罗系;4.二叠系;5.石炭系;6.奥陶系;7.寒武系;8.新太古代花岗岩;9.铁铜沟单元二长花岗岩;10.铜汉庄单元石英闪长玢岩;11.靳家桥单元角闪闪长岩;12.西杜单元细粒辉石闪长岩;13.东明生单元中粒辉石闪长岩;14.凤凰峪中粒角闪岩;15.药山橄榄苏长辉长岩;16.茶叶山角闪苏长辉长岩;17.地质界线;18.断层;19.地层产状(°);20.矿体范围;21.取样位置。

图3-16 三岔河铁金矿区域地质简图(据马明和高继雷,2016)

系密切,多呈小岩株、岩床状产出。由于岩浆的多次侵入,矿源物质活化并沿构造空间运移,在一定的部位富集成矿。

2.矿体特征

矿床由一个矿体组成,主矿种为金,铁矿体与其同体共生。矿体赋存于辉石闪长岩内的奥陶纪灰岩捕房体附近,赋矿岩性主要为矿化矽卡岩,其次为蚀变辉石闪长岩。矿体产状较稳定,呈似层状、透镜状产出,局部形态受捕房体的影响发生变化,矿体走向近南北,倾向东,倾角平均值为33°。金矿体平均真厚度4.65m,中部矿体较厚,两侧矿体较薄,出现尖灭现象,平均品位4.54g/t。铁矿体被金矿体包裹(图3-17),平均厚度2.81m,中部矿体较厚,两侧矿体较薄,出现尖灭现象。

3.矿石特征

矿石中金属矿物主要为磁铁矿、黄铁矿,少量赤铁矿,微量黄铜矿、金矿。非金属矿物主要为蛇纹

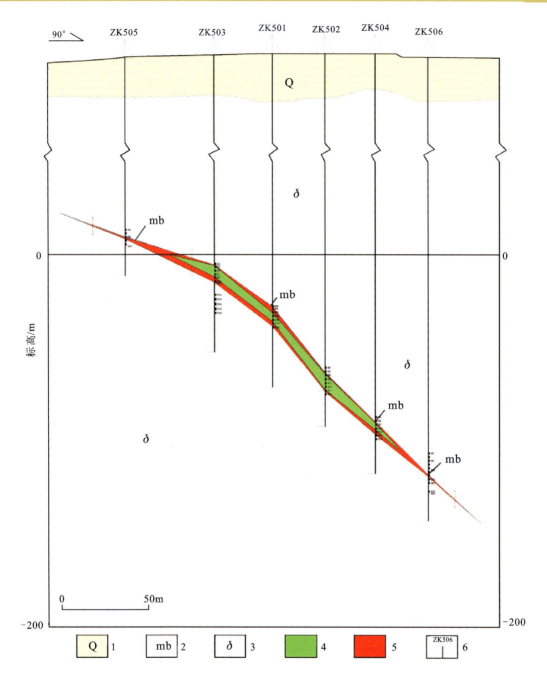

1.第四系;2.大理岩;3.辉石闪长岩;4.铁金矿体;5.金矿体;6.钻孔及编号。

图 3-17 三岔河铁金矿 5 勘查线剖面图(据马明和高继雷,2016)

石、透辉石、透闪石,呈分散状或聚集状分布于金属矿物间隙中;其次为金云母、滑石、绿泥石、方柱石。

矿石结构以鳞片粒状变晶结构为主,其次有鳞片纤状变晶结构、柱状纤状变晶结构。矿石构造以块状构造为主,镜下观察金属矿物集合体呈致密浸染状或稀疏浸染状构造。

矿石自然类型主要为磁铁矿化矽卡岩(磁性弱,只含金)和黄铁矿化磁铁矿化矽卡岩(金铁共生)。黄铁矿化磁铁矿化矽卡岩型矿石为金铁共生矿石。矿石工业类型为矽卡岩型金矿石。

4. 共伴生矿产评价

矿石中有益组分以金为主,共生铁,其次为伴生有益组分银、硫,矿区银平均品位 4.03g/t、硫平均含量 2.63%，可作为伴生有益组分加以综合回收利用；铜、铅、锌含量低，达不到综合回收利用标准，有害元素砷含量 $7.01×10^{-6}$，远远低于岩金矿床伴生组分 0.2% 的要求。有害元素磷含量 0.034%，远远低于铁矿床伴生组分 0.25% 的要求。

5. 矿床围岩及夹石

矿体顶底板围岩均为辉石闪长岩。矿体内未发现夹石。

6. 成因模式

矿床形成严格受岩浆岩、围岩、构造控制。燕山晚期大量岩浆沿区域性断裂上侵，将地幔含矿物质带至地壳，形成矿床的初始"矿源层"。由于岩浆上侵，大量灰岩被吞食、断陷、倒置，形成捕虏体接触带构造。在捕虏体附近，侵入体与围岩发生强烈的化学反应，促使其 Si、Al、Ca、Mg 等物质成分的复杂交换，形成矽卡岩矿床。

7. 矿床系列标本简述

本次标本采自钢城区三岔河铁金矿详查项目岩芯，共采集标本 4 块，岩性分别为灰绿色块状含赤铁磁铁黄铁金矿石、褐铁矿化大理岩、辉石闪长岩、绿泥石化黑云母二长斑岩（表 3-11），较全面地采集了三岔河铁金矿的矿石和围岩标本。

表 3-11 三岔河铁金矿采集标本一览表

序号	标本编号	光/薄片编号	标本名称	标本类型
1	SCH-B1	SCH-g1/SCH-b1	灰绿色块状含赤铁磁铁黄铁金矿石	矿石
2	SCH-B2	SCH-b2	褐铁矿化大理岩	围岩
3	SCH-B3	SCH-b3	辉石闪长岩	围岩
4	SCH-B4	SCH-b4	绿泥石化黑云母二长斑岩	围岩

注：SCH-B 代表三岔河矿床标本，SCH-g 代表该标本光片编号，SCH-b 代表该标本薄片编号。

8. 图版

（1）标本照片及其特征描述

SCH-B1

灰绿色块状含赤铁磁铁黄铁金矿石。岩石呈灰绿色，块状构造。岩石为粒状结构，金属矿物含量较高，约 70%，主要为黄铁矿，浅黄色，细小粒状，金属光泽，粒径<1.0mm，多呈脉状分布。脉石矿物呈灰绿色，推测为角闪石，灰绿色，玻璃光泽，为柱状、粒状集合体，含量约 30%。

SCH - B2

褐铁矿化大理岩。岩石呈土黄色，粒状结构，块状构造。主要矿物成分为方解石、褐铁矿，方解石滴稀盐酸起泡，普遍遭受较强的褐铁矿化，粒径较细小，肉眼很难辨别。

SCH - B3

辉石闪长岩。岩石呈灰色，粒状结构，块状构造。主要成分为斜长石和角闪石。斜长石：灰白色，板状、粒状，粒径<1.0mm，含量约70%。角闪石：绿色，柱状、粒状，玻璃光泽，粒径<1.0mm，含量约30%。

SCH - B4

绿泥石化黑云母二长斑岩。岩石呈浅肉红色，斑状结构明显，块状构造，斑晶主要为长石，其次为少量的黑云母。长石：肉红色，板状、粒状，含量约95%。黑云母：浅绿色，片状、粒状，含量约5%。

(2)标本镜下鉴定照片及特征描述

SCH - g1

灰绿色块状含赤铁磁铁黄铁金矿石。半自形—他形粒状结构、针状结构、交代结构，块状构造。金属矿物有黄铁矿（Py）和磁铁矿（Mt）、赤铁矿（Hm）。黄铁矿被磁铁矿交代充填，赤铁矿交代磁铁矿呈晶形假象。黄铁矿：浅黄色，半自形—他形粒状，高硬度，显均质性，晶形不完整，多被磁铁矿、赤铁矿交代充填，粒径0.2~0.6mm，含量50%~55%。磁铁矿：灰色微带浅棕色，硬度高，显均质性，多呈半自形—他形粒状，多被赤铁矿交代呈晶形假象，粒径0.02~0.1mm，含量20%~25%。赤铁矿：浅灰色，他形粒状，多沿磁铁矿周边交代充填，粒径0.02~0.08mm，含量10%~15%。本次样品光片切片未找到金矿物，推测矿床金矿物为"不可见金"。

矿石矿物生成顺序：黄铁矿→磁铁矿→赤铁矿。

SCH-b1

褐铁矿化大理岩。半自形—他形粒状变晶结构。主要成分为方解石(Cal)、褐铁矿(Lm)和石英(Qz)。方解石与褐铁矿杂乱分布在一起，石英零星分布在方解石之中。方解石：无色，半自形—他形粒状，闪突起明显，高级白干涉色，发生明显的褐铁矿化，有的被后期次生的褐铁矿渲染呈褐色，局部呈细脉状分布，粒径0.1~0.3mm,含量约90%。金属矿物：褐色，推测可能为褐铁矿(Lm)，多呈细脉状分布，多交代方解石，褐铁矿化较明显，为隐晶质集合体，含量10%。石英：无色，半自形粒状，一级灰干涉色，零星分布，含量<1%。

SCH-b2

辉石闪长岩。半自形粒状结构、反应边结构，块状构造。主要成分为斜长石(Pl)、普通角闪石(Hb)、普通辉石(Aug)、黑云母(Bi)和石英(Qz)。斜长石、普通角闪石和普通辉石构成半自形粒状结构。斜长石：无色，半自形柱状、粒状，一级灰干涉色，聚片双晶发育，环带构造明显，粒径0.6~1.0mm,含量55%~60%。普通角闪石：绿色，半自形粒状、柱状，多色性明显，干涉色二级，见有两组斜交解理，紧密镶嵌在一起，粒径0.4~1.2mm,含量30%~35%。普通辉石：浅绿色，半自形短柱

状，多色性不明显，二级干涉色，多见角闪石的反应边，构成反应边结构，粒径0.1~0.3mm,含量约5%。黑云母：黄褐色，自形鳞片状，平行消光，干涉色较高，粒径0.6~1.8mm,含量<5%。石英：无色，半自形—他形粒状，表面光滑，正低突起，有波状消光现象，无解理和双晶，粒径0.1~0.4mm,含量<1%。

SCH-b3

绿泥石化黑云母二长斑岩。斑状结构，基质为半自形粒状结构。斑晶主要成分为钾长石(Kf)、斜长石(Pl),其次为少量的黑云母(Bi),斑晶粒径0.6~1.8mm,基质成分与斑晶相同，粒径0.04~0.1mm。钾长石：半自形—他形粒状，表面土化较强，较大的颗粒以斑晶形式出现，较小的颗粒多以基质形式出现；含量50%~60%。斜长石：半自形柱状，见有较细密的聚片双晶，多以斑晶形式出现，较小的多以基质形式出现；含量35%~40%。黑云母：浅绿色，半自形鳞片状、柱状，靛蓝异常干涉色明显，发生较强的绿泥石化全部变成绿泥石，多以基质形式出现，少数以斑晶形式分布；含量5%~10%。石英：无色，半自形—他形粒状，表面光滑，正低突起，有波状消光现象，无解理和双晶，粒径0.03~0.1mm,含量<1%。

三、临朐寺头金矿

寺头金矿位于潍坊市临朐县城西南约 30km 的银葫芦山—圈门山一带,行政区划隶属于临朐县寺头镇。其大地构造位置位于华北板块(Ⅰ)鲁西隆起区(Ⅱ)鲁中隆起(Ⅲ)沂山-临朐断隆(Ⅳ)沂山凸起与鲁山凸起(Ⅴ)相毗邻地带。矿区累计提交金金属量 2.3t,矿床规模属小型。

1. 矿区地质特征

区内地层出露长清群朱砂洞组、馒头组和九龙群张夏组、崮山组。朱砂洞组上灰岩段厚层云斑灰岩及馒头组石店段中厚层状泥质条带灰岩、薄层灰岩与闪长岩、闪长玢岩、花岗闪长斑岩的接触破碎带,是金矿体成矿的有利部位。

区内断裂构造发育,主要有北西向、北东向和近南北向三组。其中北西向断裂带内岩石发育碳酸盐化、褐铁矿化,说明该断裂内有热液充填活动,是矿区控矿断裂。

区内岩浆岩发育,主要为中生代沂南序列东明生单元中细粒黑云辉石闪长岩、核桃园单元细粒角闪石英闪长岩、大朝阳单元中细斑二长闪长玢岩,苍山序列北寺单元中粗粒含辉石石英二长岩、嵩山单元巨斑石英二长斑岩、栗园单元中粗斑含角闪石英二长闪长玢岩。

2. 矿体特征

区内共圈定 4 个金矿体。矿体呈似层状,总体走向 65°~335°,倾角 3°~33°,长度 72~143m,平均真厚度 5.08m,平均品位 1.65g/t。各矿体特征见表 3-12。

表 3-12 寺头金矿矿体特征一览表

矿体编号	赋矿岩性	矿体形态	矿体产状/(°)		规模/m		平均品位/(g/t)	品位变化系数/%	平均真厚度/m	厚度变化系数/%
			走向	倾角	长度	延伸	Au			
Ⅳ	矽卡岩	似层状	65	10~20	143	99	2.02	15.93	1.55	13.42
Ⅴ	矽卡岩	似层状	327	3~33	92	117	1.29	35.86	6.39	16.46
Ⅵ	矽卡岩	似层状	335	10~20	72	115	1.64	28.43	6.06	18.15
Ⅶ	矽卡岩	似层状	70	24	80	83	1.96	23.79	5.15	19.36
矿区			—	—	—	—	1.65	33.05	5.08	39.84

3. 矿石特征

矿石中矿物成分复杂,矿石矿物有磁铁矿、黄铜矿、斑铜矿和少量的赤铁矿、磁黄铁矿、辉银矿、自然金、黄铁矿及微量的闪锌矿、银金矿、自然银、硫银铁铜矿等;表生矿物有褐铁矿、铜蓝、孔雀石等,次有少量黄铁矿、黄铜矿、辉银矿。脉石矿物有石英、石榴子石、透辉石、透闪石、硅灰石、阳起石、绿泥石、绿帘石、金云母、方解石等。

矿石结构主要为结晶结构、斑状结构、浸蚀结构、包含结构及骸晶结构、碎斑结构等。矿石构造为块状、脉状、浸染状、交代残余构造及条带状构造。

矿石自然类型为含金铜原生磁性磁铁矿矿石。按矿石组成主要含铁矿物划分,均属磁铁矿矿石。按矿石中主要脉石矿物种类划分,矿石为矽卡岩型磁铁矿矿石。按结构构造划分,以致密块状矿石为主。

矿石工业类型属于低硫含金铜需选磁铁矿石。

4. 共伴生矿产评价

寺头金矿主矿产为铁,共生矿产为铜、金,伴生矿产为银及硫,全铁平均品位41.03%;金平均品位1.65g/t;铜平均品位0.34%;银平均品位75.33g/t;硫平均品位2.33%。矿石易选,上述有益元素均可以综合利用。

5. 矿体围岩和夹石

矿体顶板围岩为大理岩、矽卡岩、闪长玢岩、绿帘石化闪长玢岩,底板围岩为以二长花岗岩、矽卡岩及绿帘石化闪长玢岩为主。矿体内无夹石。

6. 成因模式

寺头矿区矽卡岩矿床成矿方式主要为气化热液充填、交代作用,高温时以交代作用为主,晚期中低温阶段以充填方式为主,成矿温度为50~600℃,后期脉状热液矿体赋存在侵入岩体或附近的断裂破碎带内,其成矿作用主要发育在最后的中低温热液阶段,成矿温度为50~350℃,以交代与充填方式富集成矿,并且充填作用占更重要位置。

沂南序列岩体侵入地层最晚为晚寒武纪长山期,苍山序列岩体侵入地层最晚为中寒武纪张夏期,前人取得了铜汉庄岩体角闪闪长玢岩103.16Ma(K-Ar)的年龄值,即寺头金矿形成于燕山期白垩纪。

区内构造比较发育,对金银元素运移起着至关重要的作用,九山断裂和上五井断裂交会处岩浆活动强烈,形成了以闪长玢岩为主体的铁寨杂岩体,随着岩浆活动,地下深部富含金银铜锌等元素的含矿热液交代围岩,浸溶出部分金属物质,在岩体与灰岩接触带形成含金磁铁矿和金属硫化物矿,随着最后一次弱的构造活动,含银较为丰富的低温热液再次矿化叠加,形成岩体构造带中的高品位富银薄板矿体。

综上所述,寺头金矿属矽卡岩型金矿床,成矿经历了热接触变质、岩浆期后矽卡岩、高中温热液、中低温热液几个阶段,其中中低温热液作用阶段为金银主要成矿阶段。矿床成因类型属中低温热液交代含金多金属矿床。

7. 矿床系列标本简述

本次标本采自寺头金矿矿石堆及渣石堆,采集标本6块,岩性分别为蛇纹石磁铁矿、大理岩、硅灰阳起矽卡岩、白云质灰岩、闪长玢岩和黑云二长花岗岩(表3-13),较全面地采集了寺头金矿床的矿石和围岩标本。

表3-13 寺头金矿采集标本一览表

序号	标本编号	光/薄片编号	标本名称	标本类型
1	ST-B1	ST-g1/ST-b1	蛇纹石磁铁矿	矿石
2	ST-B2	ST-b2	大理岩	围岩
3	ST-B3	ST-b3	硅灰阳起矽卡岩	蚀变带
4	ST-B4	ST-b4	白云质灰岩	围岩
5	ST-B5	ST-b5	闪长玢岩	围岩
6	ST-B6	ST-b6	黑云二长花岗岩	围岩

注:ST-B代表寺头铁矿标本,ST-g代表该标本光片编号,ST-b代表该标本薄片编号。

8. 图版

(1) 标本照片及其特征描述

ST-B1

蛇纹石磁铁矿。岩石呈黑色,半自形粒状变晶结构,块状构造。金属矿物为磁铁矿和黄铜矿。磁铁矿:黑色,半自形晶粒状集合体,金属光泽,硬度大于小刀,具强磁性,粒径<1.0mm,含量约85%。黄铜矿:较深的铜黄色,半自形晶粒状,条痕黑色,金属光泽,粒径<0.5mm,含量约5%。透明矿物为蛇纹石。蛇纹石:绿色,冻胶状,蜡状光泽,粒径<0.5mm,含量约10%。

ST-B2

大理岩。岩石呈白色,半自形粒状变晶结构,块状构造。主要成分为方解石。方解石:灰白色,半自形粒状,玻璃光泽,粒径<1.0mm,含量约99%。

ST-B3

硅灰阳起矽卡岩。岩石新鲜面呈灰绿色,块状构造。主要成分为阳起石、硅灰石、绿帘石和碳酸盐矿物,可见绿泥石化蚀变。阳起石:浅绿色,针柱状,可见纤维状、放射状集合体,粒径<1.0mm,含量约35%。硅灰石:灰白色,柱状或板状,粒径<1.0mm,含量约15%。绿帘石:草绿色,长柱状,粒径<1.0mm,含量约20%。碳酸盐矿物:无色或白色,不规则粒状,可见菱形解理发育,粒径<1.0mm,含量约25%。绿泥石:灰绿色,细小鳞片状,粒径<1.0mm,含量约25%。

ST-B4

白云质灰岩。岩石呈青灰色—浅褐色，结晶结构，块状构造。主要成分为方解石和白云石，其次为石英、斜长石。方解石：无色或白色，他形粒状，粒径<1.0mm，含量约50%。白云石：白色—褐色，菱面体自形晶较多见，粒径<1.0mm，含量约20%。石英：无色，他形粒状，粒径<1.0mm，含量约10%。斜长石：白色，他形粒状，粒径<1.0mm，含量约20%。岩石风化面多呈褐色，表面滴稀盐酸冒泡。

ST-B5

闪长玢岩。岩石新鲜面呈灰绿色，斑状结构，块状构造。斑晶主要为斜长石和角闪石。斜长石：灰白色，自形板状，粒径<1.0mm，偶尔可见>2.0mm的斜长石斑晶，含量约30%。角闪石：灰绿色—褐色，长柱状自形晶，粒径<1.0mm，含量约15%。基质主要为斜长石和角闪石，少量石英及黑云母，斜长石呈白色，角闪石呈灰绿色，石英为无色，黑云母为褐色，均为他形粒状，显微晶质—隐晶质结构，粒径均<1.0mm，含量分别为25%、15%、10%、5%。

ST-B6

黑云二长花岗岩。岩石呈带肉红色的灰绿色，半自形片状粒状结构，块状构造。主要成分为斜长石、钾长石、石英和黑云母。斜长石：灰白色，半自形粒状，白色条痕，玻璃光泽，粒径<2.0mm，含量约30%。钾长石：肉红色，半自形粒状，白色条痕，玻璃光泽，粒径<3.0mm，含量约30%。石英：灰白色，他形粒状，玻璃光泽，粒径<1.0mm，含量约20%。黑云母：深褐色，半自形片状，玻璃光泽，粒径<1.0mm，含量约20%。

（2）标本镜下鉴定照片及特征描述

ST－g1

蛇纹石磁铁矿。半自形晶粒状结构，块状构造。金属矿物为磁铁矿（Mt）、黄铜矿（Cp）。磁铁矿：灰色微带棕色，半自形—他形晶粒状，显均质性，呈集合体分布，粒径0.05～1.20mm，含量80%～85%。黄铜矿：铜黄色，半自形—他形晶粒状，显均质性，沿磁铁矿颗粒之间不均匀分布，粒径0.05～0.60mm，含量<5%。

矿石矿物生成顺序：磁铁矿→黄铜矿。

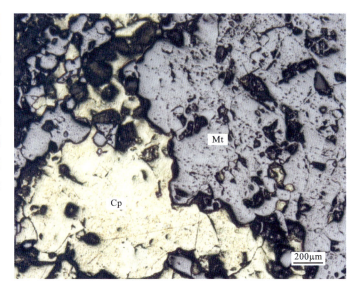

ST－b1

蛇纹石磁铁矿。半自形粒状变晶结构。该岩石中透明矿物主要为蛇纹石（Sep），其余为金属矿物。蛇纹石：无色，细小片状，正低突起，干涉色一级灰，呈集合体分布于金属矿物之间，粒径0.02～0.20mm，含量10%～15%。金属矿物：黑色，半自形—他形晶粒状，颗粒之间紧密镶嵌在一起，粒径0.05～1.20mm，含量85%～90%。

ST－b2

大理岩。半自形粒状变晶结构。主要成分为方解石（Cal）和少量金属矿物。方解石：无色，半自形粒状，闪突起明显，高级白干涉色，颗粒之间紧密镶嵌在一起，粒径0.2～1.2mm，含量>90%。金属矿物：黑色，半自形—他形晶粒状，零星可见，粒径0.05～0.10mm，含量较少。

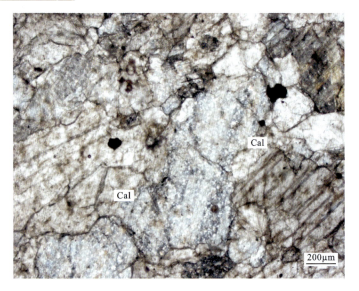

ST - b3

硅灰阳起矽卡岩。柱状变晶结构。主要成分为阳起石(Act)、绿帘石(Ep)、硅灰石(Wl)、碳酸盐矿物(Cb),可见绿泥石化(Chl)蚀变,也可见少量石英(Qz)。岩石以硅灰石、阳起石、绿帘石等柱状矿物为主,呈柱状变晶结构。岩石中发育交代结构,形成交代残余结构。阳起石:暗绿也及黄褐色,长柱状或针柱状,具黄绿色多色性,正中突起,干涉色为一至二级中,可见双晶,为晚期矽卡岩矿物,常见交代硅灰石,粒径0.3~0.5mm,含量35%~40%。绿帘石:浅黄色,长柱状,横切面呈假六边形,正高突起,干涉色为一级,可见异常干涉色,可见解理发育;粒径0.2~0.4mm,含量20%~25%。硅灰石:无色,部分具浅黄色多色性,长柱状或板状,正中突起,一级灰白干涉色,可见一组解理,表面可见由碳酸盐化导致的浑浊,多被角闪石、阳起石等交代,粒径0.2~0.4mm,含量15%~20%。绿泥石:深绿色,鳞片状集合体,正低突起,可见明显多色性,干涉色为一级,可见异常干涉色;粒径0.1~0.2mm,含量10%~15%。碳酸盐矿物:无色,不规则粒状,闪突起,高级白干涉色;可见菱形解理,也可见聚片双晶;粒径0.1~0.2mm,含量约5%。石英:无色,他形粒状,具波状消光现象,一级白干涉色,粒径约为0.1mm,含量较少。

ST - b4

白云质灰岩。结晶结构。主要成分为方解石(Cal)和白云石(Do),其次可见斜长石(Pl)及石英(Qz)。方解石:无色,多呈不规则颗粒状,闪突起,高级白干涉色;可见菱形解理,也可见聚片双晶;粒径0.2~0.4mm,集合体粒径多>0.8mm,含量45%~50%。白云石:无色,有时呈浑浊灰色,多呈细粒状集合体;闪突起,高级白干涉色;可见菱形解理及聚片双晶;白云石颗粒多由较小颗粒组成集合体,部分白云石颗粒中心可见方解石化;粒径0.2~0.4mm,含量20%~25%。斜长石:无色,多呈他形粒状,负低突起,一级灰白干涉色;斜长石颗粒

较为破碎且多呈他形,可见聚片双晶,粒径0.1~0.2mm,含量15%~20%。石英:无色,可见他形粒状,也可见板条状自形、半自形晶体,正低突起,表面光洁,具波状消光现象,无解理,一级白干涉色;粒径0.1~0.2mm,含量5%~10%。

ST-b5

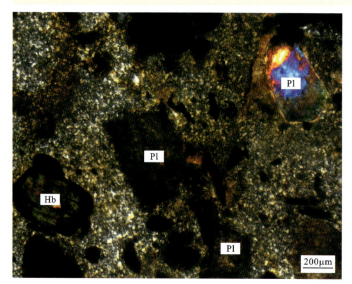

闪长玢岩。斑状结构。岩石主要由斑晶(含量约 45%)和基质(含量约 55%)组成,斑晶主要成分为斜长石(Pl)和角闪石(Hb)。斜长石:无色,多呈自形板状,负低突起,一级灰白干涉色,偶见双晶,颗粒较为破碎,多见绿泥石化蚀变,粒径 0.2~0.6mm,偶尔可见>2mm 的斑晶,含量 25%~30%。角闪石:褐色,多呈半自形粒状或柱状;正中突起,可见多色性及吸收性,最高干涉色为二级,干涉色多被自身颜色所掩盖;部分角闪石受到蚀变作用变成绿泥石(Chl);粒径 0.2~0.6mm,含量 10%~15%。基质主要为斜长石(Pl)、角闪石(Hb)、石英(Qz)及黑云母(Bi),粒径多小于 0.02mm,为显微晶质结构。斜长石:无色,多呈他形,负低突起,一级灰白干涉色,颗粒细小,含量 20%~25%。角闪石:褐色,多呈他形粒状;正中突起,最高干涉色为二级,含量 10%~15%。石英:无色,他形粒状,正低突起,表面光洁,一级白干涉色,含量 5%~10%。黑云母:褐色,他形片状,褐色—黄色多色性明显,可见一组极完全解理,含量 5%~10%。

ST-b6

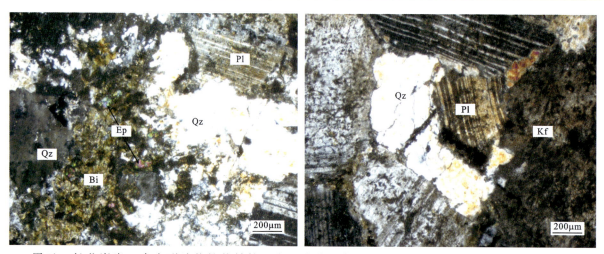

黑云二长花岗岩。半自形片状粒状结构。主要成分为斜长石(Pl)、钾长石(Kf)、黑云母(Bi)和石英(Qz)。斜长石:无色,半自—他形板状、粒状,表面具较强绿帘石(Ep)化蚀变,镜下较污浊,一级灰白干涉色,聚片双晶发育,粒径 0.6~2.4mm,含量 35%~40%。钾长石:无色,半自形板状、粒状,土化较强,镜下较污浊,一级灰白干涉色,粒径 0.6~2.8mm,含量 30%~35%。黑云母:深褐色,半自形片状,干涉色受其自身颜色影响而不明显,局部具绿帘石(Ep)化蚀变,多以集合体形式分布,粒径 0.1~0.4mm,集合体可达 2.0mm,含量 20%~25%。石英:无色,他形粒状,一级黄白干涉色,表面光洁,填隙分布在斜长石之间,粒径 0.2~1.2mm,含量 15%~20%。

第四章 与早前寒武纪变质沉积作用有关的热液型金矿床

化马湾式金矿床(变质热液绿岩带型)主要分布于鲁中地区济南南部—新泰—蒙阴一带,此外沂沭断裂带内的沂南—沂水地区与一套绿岩有关的金矿也归并到该类型内。金矿床赋存于新太古代泰山岩群内的雁翎关组、柳杭组绿片岩内,受北北西向区域韧性剪切带和断裂破碎带控制。产于沂沭断裂带内的金矿床主要是受一套绿片岩系和北北东向韧性剪切带控制。金矿床与早前寒武纪变质热液活动密切相关。

化马湾金矿位于泰安市岱岳区、新泰市、济南市莱芜区三区(市)接壤部位,行政区划分属于泰安市岱岳区化马湾乡、角峪镇,新泰市羊流镇及济南市莱芜区牛泉镇。其大地构造位置位于华北板块(Ⅰ)鲁西隆起区(Ⅱ)鲁中隆起(Ⅲ)新甫山-莱芜断隆(Ⅳ)新甫山凸起(Ⅴ)的北部。矿区共探明金金属量5t,矿床规模属中型。

1. 矿区地质特征

区内出露地层为泰山岩群山草峪组、柳杭组和寒武纪—奥陶纪长清群、九龙群(图4-1)。其中柳杭组主要岩性为微细粒斜长角闪岩、绿泥片岩、黑云变粒岩、角闪黑云变粒岩、绢云石英片岩、变质沉积砾岩及磁铁石英岩等。柳杭组按岩性组合可进一步划分为一段(斜长角闪岩段)、二段(变粒岩、片岩段)、三段(变粒岩段),其中二段、三段的过渡区段片岩是金矿体的主要赋存部位。

区内构造以韧性剪切带和脆性断裂为主要表现形式,总体构造线方向为310°~320°。盖层区发育大量脆性断裂,变质基底区则以韧性变形为主,叠加后期脆性断裂。韧性剪切带是区内最主要的构造,区域上称其为殷家林韧性剪切带,金矿体或金矿化体赋存于该韧性剪切带的中心位置,该带由糜棱岩及糜棱岩化岩石组成,主要岩石类型为白云石英片岩、二云石英片岩。

区内岩浆岩主要为峰山序列窝铺单元中粒黑云英云闪长岩和新甫山序列上港单元中粒含黑云奥长花岗质片麻岩(奥长花岗岩),后者为金矿化有利围岩。脉岩主要为新太古代侵入变质脉岩。其中,中性和酸性脉岩受后期断裂构造控制,在空间分布上与金矿化关系密切,其金含量较其他岩类高。

2. 矿体特征

矿区内圈定了5个矿体(Ⅰ、Ⅱ、Ⅲ、Ⅳ、Ⅴ号矿体),其中Ⅲ号矿体为盲矿体。Ⅱ号矿体为主矿体,Ⅰ号矿体为次要矿体,Ⅲ、Ⅳ、Ⅴ号矿体为零星矿体。

Ⅱ号矿体为层状、似层状,总体走向325°,倾向55°,倾角75°~85°,个别地段矿体倾角小于75°。矿体品位1.05~8.99g/t,平均品位3.09g/t,品位变化系数131.40%,有用组分变化程度属较均匀型。矿体真厚度0.52~3.79m,平均厚度1.66m,厚度变化系数61.84%,厚度稳定程度属稳定型。矿体沿走

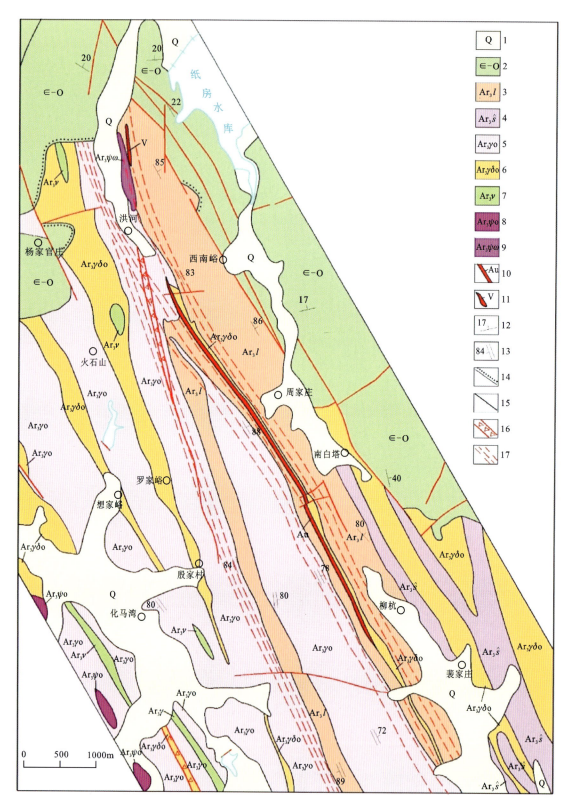

1.第四系；2.寒武系—奥陶系；3.新太古代泰山岩群柳杭组；4.新太古代泰山岩群山草峪组；5.新太古代奥长花岗岩；6.新太古代英云闪长岩；7.新太古代辉长岩；8.新太古代角闪石岩；9.新太古代蛇纹岩；10.金矿（化）体；11.金矿体及编号；12.岩层产状（°）；13.片理产状（°）；14.不整合地质界线；15.断裂；16.构造角砾岩；17.韧性剪切带。

图 4-1 化马湾金矿区域地质简图（据胡树庭等，2009）

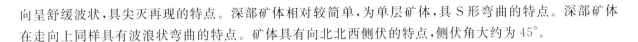

向呈舒缓波状,具尖灭再现的特点。深部矿体相对较简单,为单层矿体,具S形弯曲的特点。深部矿体在走向上同样具有波浪状弯曲的特点。矿体具有向北北西侧伏的特点,侧伏角大约为45°。

3. 矿石特征

矿石矿物主要为自然金、黄铁矿、磁黄铁矿、毒砂、黄铜矿、闪锌矿、方铅矿、磁铁矿、赤铁矿等,脉石矿物主要为石英、斜长石、白云母(绢云母)及碳酸盐等。

矿石结构为自形、半自形、他形粒状结构、破碎结构、包含结构、乳滴结构;矿石构造主要为浸染状构造、细脉浸染状构造、条带状构造、斑点状构造、交错脉状构造、碎裂状构造。其中以浸染状构造和细脉浸染状构造较为常见。

矿石自然类型为浸染状、细脉浸染状含多金属硫化物云母石英片岩型。矿石工业类型为高硫细粒、微细粒浸染型金矿石。

4. 共伴生矿产评价

矿区无共生矿产。Ⅱ号矿体有益组分为银、硫,其中银平均品位1.59g/t,硫平均含量4.32%;有害组分砷平均含量为1.06%。伴生组分中硫、砷等含量相对较高,达到了综合评价标准。

5. 矿体围岩和夹石

矿体围岩以白云石英片岩、二云石英片岩、黑云石英片岩为主,其次为黑云变粒岩、斜长角闪岩、绿泥阳起透闪(滑石)片岩等。

矿区仅Ⅰ号矿体有夹石,岩性为绿泥石化黄铁矿化石英片岩质碎裂岩、黄铁矿化绢云石英片岩、黄铁矿化黑云石英片岩;Ⅱ、Ⅲ、Ⅳ、Ⅴ号矿体均无夹石。

6. 成因模式

鲁西地块新太古代基底岩系属华北克拉通基底的组成部分,地壳演化的主要特点是由不成熟陆壳向成熟陆壳转化,基底固结并逐渐克拉通化(图4-2)。新太古代初期,华北陆块地壳水平拉张,裂谷发育,地幔物质上涌,基性—超基性火山喷发,形成以泰山岩群为代表的火山-沉积岩系,并在后期的区域变质作用下,形成花岗-绿岩带。

鲁西地区的海盆内沿裂谷发生了大规模的超基性—基性火山喷溢,形成了最初的泰山岩群含金火山-沉积建造(图4-2a)。在绿岩带形成过程中,变质热液将金元素迁移富集,形成了初始金矿源层。随着TTG岩系的侵入和多期区域变质作用的影响,金在迁移过程中沉淀下来,在新太古代绿岩带中形成了高金背景铁矿化带(图4-2b)。古元古代,在大规模强烈的韧性剪切作用下,绿岩带及早期形成的TTG岩系产生韧性变形,金进一步活化,形成富含金质的构造热液,在韧性剪切带的有利部位(膨胀部位和片理化强烈部位)交代蚀变、富集成矿。

燕山期花岗质、闪长质等中酸性岩浆,在鲁西地区的侵入活动,产生大量的岩浆热液,该期岩浆热液活动叠加于绿岩带金矿化之上,所携带的成矿物质的渗入,使基底含矿岩系进一步矿化蚀变、富集成矿(图4-2c)。鲁西地区绿岩带经历了古元古代构造活动、中生代岩浆活动2期主要成矿作用的叠加,只是后期的叠加仅限于局部,因此未叠加的绿岩带矿床金品位普遍偏低。

7. 矿床系列标本简述

本次标本采自化马湾金矿床岩芯,共采集标本6块,岩性分别为灰绿色黄铁矿化碳酸盐化硅化碎裂岩金矿石、灰绿色黄铁矿化碳酸盐化黑云斜长角闪岩金矿石、灰绿色黑云角闪片岩、灰绿色斜长角闪岩、灰色—浅灰色黄铁矿化绢云石英片岩金矿石和灰色—浅灰色绢英岩(表4-1),较全面地采集了化马湾

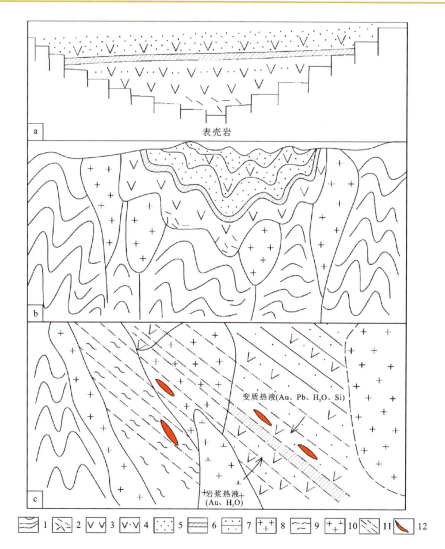

1.古陆壳;2.超镁铁质岩;3.镁铁质岩;4.镁铁质-安山质火山岩;5.火山碎屑岩;6.硅铁质岩;7.火山沉积岩;8.新太古代TTG岩系;9.新太古代片麻状岩石;10.中生代中酸性侵入岩;11.韧性剪切带;12.金矿(化)体。

图4-2 化马湾式金矿成矿模式图(据于学峰等,2018)

金矿床的矿石和围岩标本。

表4-1 化马湾金矿采集标本一览表

序号	标本编号	光/薄片编号	标本名称	标本类型
1	HM-B1	HM-g1/HM-b1	灰绿色黄铁矿化碳酸盐化硅化碎裂岩金矿石	矿石
2	HM-B2	HM-g2/HM-b2	灰绿色黄铁矿化碳酸盐化黑云斜长角闪岩金矿石	矿石
3	HM-B3	HM-b3	灰绿色黑云角闪片岩	围岩
4	HM-B4	HM-b4	灰绿色斜长角闪岩	围岩
5	HM-B5	HM-g3/HM-b5	灰色—浅灰色黄铁矿化绢云石英片岩金矿石	矿石
6	HM-B6	HM-b6	灰色—浅灰色绢英岩	围岩

注:HM-B代表化马湾金矿标本,HM-g代表该标本光片编号,HM-b代表该标本薄片编号。

8. 图版

（1）标本照片及其特征描述

HM-B1

灰绿色黄铁矿化碳酸盐化硅化碎裂岩金矿石。岩石新鲜面呈灰绿色，碎裂结构，块状构造。主要成分为黄铁矿、石英和方解石，可见少量绿泥石。黄铁矿：浅铜黄色，局部可见氧化所致的锈色，强金属光泽，多呈自形晶粒状，也可见粒状集合体，粒径＜1.0mm，含量约45%。石英：无色，他形粒状，油脂光泽，粒径＜1.0mm，含量约40%。方解石：无色，自形晶粒状，可见菱形解理发育，粒径1.0~1.5mm，含量约25%。

HM-B2

灰绿色黄铁矿化碳酸盐化黑云斜长角闪岩金矿石。岩石新鲜面呈灰绿色，片状构造。主要成分为角闪石、斜长石、黄铁矿和方解石，其次为石英、黑云母。角闪石：绿色，半自形柱状，粒径＜1.0mm，含量约45%。斜长石：无色，半自形柱状，粒径＜1.0mm，含量约25%。黄铁矿：浅铜黄色，强金属光泽，多呈自形晶粒状，粒径＜1.0mm，含量约15%。方解石：无色，自形晶粒状，可见菱形解理发育，粒径1.0~1.5mm，含量约15%。石英：无色，他形粒状，油脂光泽，粒径＜1.0mm，含量约10%。黑云母：褐色，不规则片状，发育一组极完全解理，粒径＜1.0mm，含量约5%。

HM-B3

灰绿色黑云角闪片岩。岩石呈灰绿色，半自形柱状粒状变晶结构，条带状构造。主要成分为普通角闪石、石英和斜长石。普通角闪石：黑绿色，半自形柱状，玻璃光泽，粒径＜1.0mm，含量约55%。石英：灰白色，他形粒状，玻璃光泽，粒径＜1.0mm，含量约35%。斜长石：灰白色，半自形粒状，白色条痕，玻璃光泽，粒径＜1.0mm，含量约10%。

HM-B4

灰绿色斜长角闪岩。岩石呈灰绿色，半自形柱状粒状变晶结构，块状构造。主要成分为普通角闪石、斜长石和石英。普通角闪石：黑绿色，半自形长柱状、粒状，玻璃光泽，粒径＜2.0mm，含量约60%。斜长石：灰白色，半自形粒状，白色条痕，玻璃光泽，粒径＜1.0mm，含量约30%。石英：烟灰色，他形粒状，白色条痕，玻璃光泽，粒径＜0.5mm，含量约10%。

HM-B5

灰色—浅灰色黄铁矿化绢云石英片岩金矿石。岩石新鲜面呈灰色—浅灰色，局部呈黄绿色，鳞片变晶结构，块状构造。主要成分为绢云母、石英和黄铁矿，可见少量斜长石、绿泥石。绢云母：细小鳞片状，粒径＜1.0mm，含量约50%。石英：无色，颗粒较为细小，油脂光泽，粒径＜1.0mm，含量约35%。斜长石：无色，半自形板状，粒径＜1.0mm，含量约10%。黄铁矿：浸染状分布于岩石中，可见黄铁矿自形晶发育，呈星点状分布，强金属光泽，粒径＜1.0mm，含量约5%。

HM-B6

灰色—浅灰色绢英岩。岩石新鲜面呈灰色—浅灰色，鳞片变晶结构，块状构造。主要成分为绢云母和石英，可见少量斜长石、绿泥石。绢云母：细小鳞片状，粒径＜1.0mm，含量约50%。石英：无色，颗粒较为细小，油脂光泽，粒径＜1.0mm，含量约40%。斜长石：无色，半自形板状，粒径＜1.0mm，含量约10%。

(2) 标本镜下鉴定照片及特征描述

HM-g1

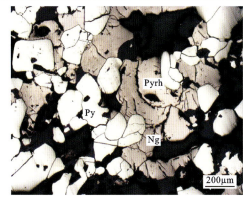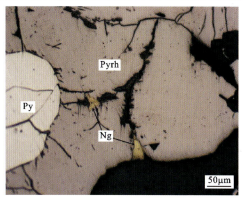

灰绿色黄铁矿化碳酸盐化硅化碎裂岩金矿石。自形—半自形粒状结构。金属矿物为黄铁矿(Py)、磁黄铁矿(Pyrh)、闪锌矿(Sph)和自然金(Ng)。黄铁矿：浅黄色，多为自形—半自形晶粒状，也可见少量集合体，具高反射率，硬度较高，不易磨光；黄铁矿颗粒镶嵌较为紧密，部分颗粒可见裂隙发育，可见黄铁矿颗粒交代磁黄铁矿；自形晶颗粒粒径0.2～0.6mm，集合体＞1.0mm，含量75%～80%。磁黄铁矿：乳黄色微带粉褐色，多为他形粒状晶体，少量自形板状，具有显著的双反射，具强非均质性，无内反射；磁黄铁矿多被黄铁矿颗粒交代，形成交代残余结构，也可见自然金呈裂隙金赋存于磁黄铁矿颗粒中，粒径0.2～0.6mm，含量约5%。闪锌矿：灰色，呈不规则粒状，显均质性，易磨光，具黄褐色内反射色，交代黄铁矿颗粒，粒径0.05～0.2mm，含量较少。自然金：亮黄色，多为不规则粒状，显均质性，易磨光；为磁黄铁矿颗粒中的裂隙金及石英颗粒中的包裹金，粒径0.02～0.04mm，含量较少。

矿石矿物生成顺序：磁黄铁矿→黄铁矿→闪锌矿→自然金。

HM-g2

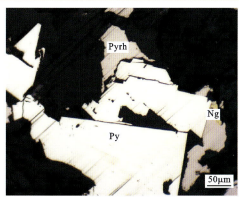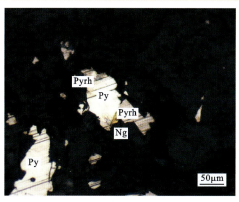

灰绿色黄铁矿化碳酸盐化黑云斜长角闪岩金矿石。自形—半自形粒状结构。金属矿物为黄铁矿(Py)、磁黄铁矿(Pyrh)和自然金(Ng)。黄铁矿：浅黄色，自形—半自形晶粒状，具高反射率，硬度较高，不易磨光；黄铁矿颗粒多较为分散，部分颗粒镶嵌，可见黄铁矿颗粒交代磁黄铁矿，也可见透明矿物交代黄铁矿颗粒呈交代残余结构；粒径0.1～0.2mm，含量5%～10%。磁黄铁矿：乳黄色微带粉褐色，多为他形粒状晶体，少量呈自形板状，具显著的双反射，强非均质性，无内反射；磁黄铁矿多被黄铁矿颗粒交代，形成交代残余结构，也可见自然金呈晶隙金赋存于黄铁矿及磁黄铁矿晶粒间，粒径0.05～0.2mm，含量约5%。自然金：亮黄色，多为不规则粒状，显均质性，易磨光；为黄铁矿及磁黄铁矿晶粒间的晶隙金，粒径0.02～0.04mm，含量较少。

矿石矿物生成顺序：磁黄铁矿→黄铁矿→自然金。

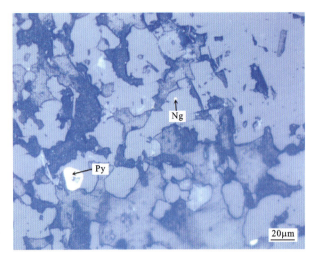

HM-g3

灰色—浅灰色黄铁矿化绢云石英片岩金矿石。半自形晶粒状结构，稀疏浸染状构造。金属矿物为黄铁矿（Py）和自然金（Ng）。黄铁矿：黄白色，自形—半自形晶粒状，显均质性，多分布于片状矿物集合体之间，略具条带状分布特征，粒径0.02～0.20mm，含量5%～10%。自然金：亮黄色，他形粒状，显均质性，分布于脉石矿物中，粒径0.005～0.008mm，含量微少。

矿石矿物生成顺序：黄铁矿→自然金。

HM-b1

黄铁矿化碳酸盐化硅化碎裂岩金矿石。碎裂结构。主要成分为石英（Qz）、黄铁矿（Py）和方解石（Cal），可见少量绿泥石化蚀变。岩石中石英颗粒较为细小，方解石多呈不规则粒状紧密镶嵌，黄铁矿多见破碎现象。石英：无色，他形粒状，正低突起，表面光洁，具波状消光现象，一级白干涉色，无解理；石英颗粒大多较为细小，粒径<0.1mm，含量40%～45%。黄铁矿：自形—半自形粒状，显均质性，多具不规则破碎现象，矿物边缘呈不规则状，多数填充于透明矿物之间，据其晶形判断为黄

铁矿，粒度0.1～0.6mm，含量35%～40%。方解石：无色，不规则粒状，闪突起，高级白干涉色；可见菱形解理，也可见聚片双晶，方解石呈不规则颗粒紧密镶嵌；粒径0.2～0.4mm，含量20%～25%。绿泥石：深绿色，鳞片状集合体，正低突起，可见明显多色性，干涉色为一级，可见异常干涉色；粒径0.1～0.2mm，含量较少。

HM-b2

黄铁矿化碳酸盐化黑云斜长角闪岩金矿石。粒状柱状变晶结构。主要成分为角闪石（Hb）、斜长石（Pl）、黄铁矿（Py）和方解石（Cal），其次为石英（Qz）、黑云母（Bi）。岩石中矿物颗粒多具定向排列，石英及方解石多呈脉状产出，石英脉穿插于斜长角闪岩中，方解石脉则位于斜长角闪岩边缘。角闪石：多呈灰绿色及褐色，半自形长柱状为主，多色性明显，可见两组解理，干涉色为二级；颗粒多见弯折、拉长现象，具定向排列，粒径0.2～

0.5mm,含量40%~45%。斜长石:无色,多呈他形,负低突起,一级灰白干涉色;斜长石颗粒较为破碎,部分可见拉长、弯折现象,表面可见碳酸盐化,可见聚片双晶,粒径0.1~0.2mm,含量20%~25%。黄铁矿:自形—半自形粒状,显均质性,多具不规则破碎现象,矿物边缘呈不规则状,多数填充于透明矿物之间,粒径0.1~0.3mm,含量10%~15%。方解石:无色,不规则粒状,闪突起,高级白干涉色;可见菱形解理,也可见聚片双晶,方解石呈脉状,分布于岩石边缘;粒径0.2~0.4mm,含量10%~15%。石英:无色,他形粒状,正低突起,表面光洁,具波状消光现象,一级白干涉色,无解理;石英呈脉状穿插于岩石中;颗粒细小,粒径约0.1mm,含量5%~10%。黑云母:褐色,多为长条片状,正中突起,具明显的多色性,可见一组极完全解理;黑云母颗粒多见拉长、弯折现象,具定向排列;粒径0.2~0.4mm,含量约5%。

HM－b3

黑云角闪片岩。半自形粒状柱状变晶结构。主要成分为普通角闪石(Hb)、石英(Qz)和黑云母(Bi),其次为少量的斜长石(Pl)、金属矿物、方解石(Cal)等。黑云母和普通角闪石聚集在一起,呈连续定向—半定向分布,形成片状构造。普通角闪石:绿色,半自形柱状,绿色—黄绿色—浅黄绿色多色性较明显,干涉色二级,见有两组斜交解理,呈定向排列,粒径0.2~1.0mm,含量35%~40%。石英:无色,他形粒状,表面光洁,有波状消光现象,一级黄白干涉色,集合体呈条带状,粒径0.1~

0.6mm,含量30%~35%。黑云母:褐色,半自形鳞片状,褐色—黄色多色性明显,平行消光,多与普通角闪石分布在一起,定向排列明显,粒径0.2~0.4mm,含量10%~15%。斜长石:无色,他形粒状,一级灰白干涉色,表面轻微绢云母化,隐约可见双晶,粒径0.2~0.4mm,含量5%~8%。金属矿物:黑色,半自形粒状,推测可能为磁铁矿(Mt),多分布于暗色矿物中,粒径0.10~0.25mm,含量5%~7%。方解石:无色,半自形粒状,高级白干涉色,分布于上述矿物之间,粒径0.2~0.4mm,含量约5%。

HM－b4

斜长角闪岩。半自形柱状粒状变晶结构。主要成分为普通角闪石(Hb)和斜长石(Pl),其次为少量的石英(Qz)和金属矿物。普通角闪石:蓝绿色,半自形柱状、粒状,多色性明显,干涉色可达二级蓝绿,颗粒之间紧密镶嵌在一起,略具定向分布特征,粒径0.4~1.4mm,含量50%~55%。斜长石:无色,他形粒状,一级灰白干涉色,表面具轻微绢云母化蚀变,较均匀分布于普通角闪石集合体之间,粒径0.2~1.0mm,含量30%~35%。石英:无色,他形粒状,表面光洁,一级黄白干涉色,呈集合体分布于普通角闪石之间,粒径0.1~0.4mm,含量10%~15%。金属矿物:黑色,半自形—他形晶粒状,零星分布于普通角闪石中,粒径0.05~0.10mm,含量较少。

HM－b5

黄铁矿化绢云石英片岩。鳞片变晶结构。主要成分为绢云母(Ser)、石英(Qz)、斜长石(Pl)，其次为黄铁矿(Py)，可见少量绿泥石(Chl)。岩石中透明矿物颗粒均较为细小，黄铁矿颗粒多呈他形粒状集合体，可见少量半自形晶发育。绢云母：无色，细小鳞片状，常组成显微晶质鳞片状集合体，正低突起，干涉色鲜艳，多为二到三级；多为斜长石的蚀变产物，保留有斜长石假象，局部为交代残余结构；粒径多＜0.1mm，含量45%～50%。石

英：无色，多为颗粒细小的他形粒状，正低突起，表面光洁，具波状消光现象，一级白干涉色，无解理；粒径0.1～0.2mm，含量30%～35%。斜长石：无色，多呈他形，负低突起，一级灰白干涉色；斜长石颗粒多发生绢云母化蚀变，部分保留长石晶形，呈交代残余结构，可见聚片双晶；粒径0.2～0.4mm，含量5%～10%。黄铁矿：显均质性，多为自形晶颗粒，呈星点状分布于岩石中，自形晶粒径0.1～0.3mm，含量约5%。

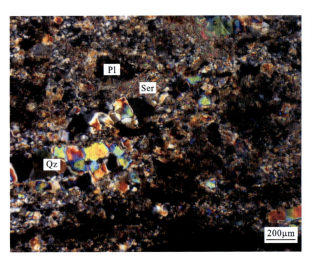

HM－b6

硅化绢英岩。鳞片变晶结构。主要成分为石英(Qz)、绢云母(Ser)，其次为斜长石(Pl)，可见少量绿泥石(Chl)。岩石中透明矿物颗粒均较为细小，黄铁矿颗粒多呈他形粒状集合体，可见少量半自形晶发育。绢云母：无色，细小鳞片状，常组成显微晶质鳞片状集合体，正低突起，干涉色鲜艳，多为二到三级；多为斜长石的蚀变产物，保留有斜长石假象，局部为交代残余结构；粒径多＜0.1mm，含量45%～50%。石英：无色，可见他形粒状，也可见板条状自形、半自形晶体，正低突起，表面光洁，无解理，具波状消

光现象，一级白干涉色；石英晶体分布不均，粒径0.2～0.4mm，含量35%～40%。斜长石：无色，多呈他形，负低突起，一级灰白干涉色；斜长石颗粒多发生绢云母化蚀变，部分保留长石晶形，呈交代残余结构，可见聚片双晶；粒径0.2～0.4mm，含量10%～15%。

第二节　新泰泉河金矿

泉河金矿位于新泰市城区西北约27km的官桥—王家林一带，行政区划隶属新泰市羊流镇。其大地构造位置位于华北板块(Ⅰ)鲁西隆起区(Ⅱ)鲁中隆起(Ⅲ)新甫山-莱芜断隆(Ⅵ)新甫山凸起(Ⅴ)中部。矿区共查明金金属量约1t，矿床规模属小型。

1.矿区地质特征

区内出露地层主要为新太古代泰山岩群山草峪组更长变粒岩和柳杭组黑云变粒岩、黑云片岩、细粒

斜长角闪岩(图4-3)。岩层倾向南西,倾角60°~83°。金矿体主要赋存在柳杭组下部的斜长角闪岩、变粒岩和阳起绿泥片岩中,其边部常伴有超基性岩体。

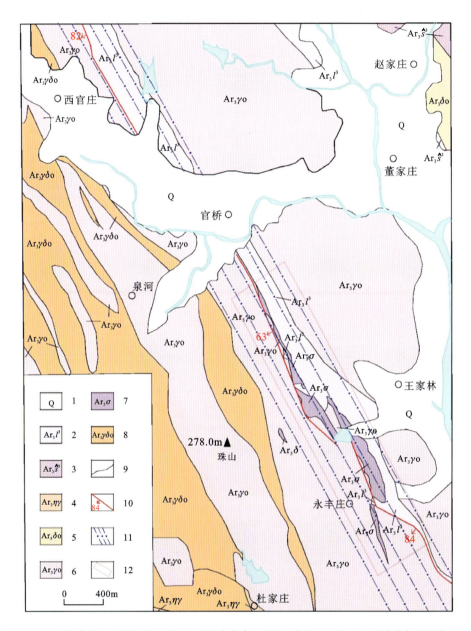

1.第四系;2.新太古代泰山岩群柳杭组三段;3.新太古代泰山岩群山草峪组三段;4.新太古代条花峪单元二长花岗岩;5.新太古代大众桥单元石英闪长岩;6.新太古代李家楼单元片麻状奥长花岗岩;7.新太古代西店子单元橄榄(蛇纹石)岩;8.新太古代望府山单元英云闪长质片麻岩;9.地质界线;10.断裂及产状;11.韧性剪切带;12.矿区位置。

图4-3 泉河金矿区域地质简图(据于学峰等,2018)

区内韧性剪切及断裂构造较发育,呈北西向展布,为矿区主干构造,控制着金矿体的分布。韧性剪切构造为官桥-永丰庄韧性剪切带,为区域性的殷家林韧性剪切带的一部分,带中出露地层主要为泰山岩群柳杭组。

区内岩浆岩主要为泰山序列望府山单元中细粒黑云英云闪长质片麻岩、李家楼单元片麻状细粒含黑云奥长花岗岩,黄前序列西店子单元橄榄(蛇纹石)岩,新甫山序列上港单元片麻状中粒含黑云奥长花岗岩,峄山序列大众桥单元中粒黑云石英闪长岩,傲徕山序列条花峪单元弱片麻状中粒含黑云二长花岗岩。

2. 矿体特征

矿区圈定Ⅰ-1、Ⅰ-2、Ⅱ、Ⅲ-1、Ⅲ-2、Ⅳ、Ⅴ、Ⅵ、Ⅶ号9个矿体，其中Ⅲ-2号矿体为主矿体。矿体呈似层状、透镜状产出，具有分支复合现象（图4-4）。总体走向315°，倾向225°，倾角53°～67°。矿体控制长度为166m，赋矿岩石为黄铁矿化斜长角闪岩、变粒岩。矿体厚度0.80～8.46m，平均厚度2.14m，厚度变化系数131.22%，厚度稳定程度属不稳定型。矿体品位1.00～33.46g/t，平均品位6.21g/t，品位变化系数127.95%，有用组分分布均匀程度属较均匀型。

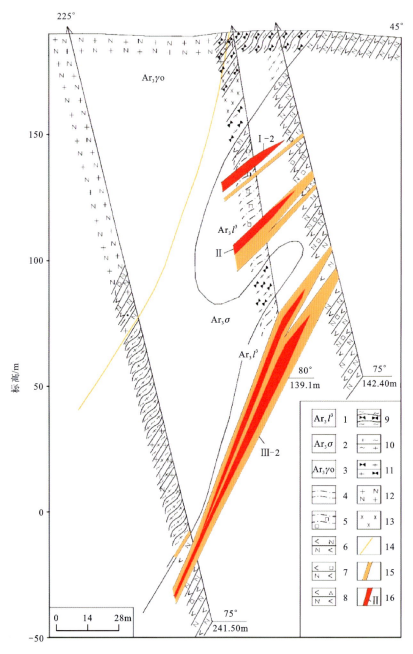

1.新太古代泰山岩群柳杭组三段；2.新太古代橄榄（蛇纹石）岩；3.新太古代片麻状奥长花岗岩；4.黑云变粒岩；5.黄铁矿化黑云变粒岩；6.斜长角闪岩；7.黄铁矿化斜长角闪岩；8.碎裂岩化斜长角闪岩；9.绿泥透闪片岩；10.阳起透闪片岩；11.黑云母角闪石岩；12.片麻状奥长花岗岩；13.辉长岩；14.断裂；15.金矿化体；16.金矿体位置及编号。

图4-4 泉河金矿3勘探线剖面图（据于学峰等，2018）

3. 矿石特征

矿石金属矿物主要为黄铁矿、磁黄铁矿、黄铜矿、钛铁矿、自然金等。非金属矿物主要为角闪石、斜长石、石英、黑云母、绿帘石等。

矿石的结构主要为半自形柱粒状变晶结构、半自形鳞片粒状变晶结构。矿石构造主要为浸染状构造、似脉浸染状构造。

矿石自然类型为浸染状含自然金斜长角闪（片）岩。矿石工业类型为低硫型金矿石。

4. 共伴生矿产评价

区内与金伴生的有益元素银、铜、硫，有害组分砷均达不到综合回收利用要求。

5. 矿体围岩和夹石

除Ⅰ-1、Ⅲ-1、Ⅴ号矿体顶板围岩为绿泥透闪石岩外，其余矿体顶、底板围岩均为黄铁矿化斜长角闪岩、斜长角闪岩、变粒岩。

矿体夹石主要为黄铁矿化斜长角闪岩、变粒岩及石英脉。

6. 成因模式

区内出露地层主要为泰山岩群柳杭组，其原岩为一套基性熔岩、火山碎屑岩的火山沉积建造，经区域变质变形作用形成斜长角闪岩、黑云变粒岩等。该岩系含金背景值较高，是金矿成矿的物质条件和基础。

区内新太古代中期黄前序列西店子单元超基性岩沿区域构造线方向，以构造侵位方式侵入新太古代早期泰山岩群柳杭组中，并产生富含挥发分的岩浆热液，岩浆活动使金元素初步富集，为该地区的金成矿过程提供了热动力来源。区内韧性剪切带规模较大，呈北北西向展布，使奥长花岗岩、柳杭组变质地层及超基性岩体发生韧性变形，据区域资料分析，其形成时代应为古元古代。韧性剪切作用，使泰山岩群绿岩带地层发生强烈的糜棱岩化，其构造热液蚀变作用强烈，形成绿泥透闪石片岩、阳起透闪石片岩、黄铁矿化斜长角闪岩、硅化斜长角闪岩等，这些岩石易于在后期热液事件中形成捕获金的变质相。花岗绿岩带发生强烈的热液蚀变，使金元素活化再次富集。剪切构造作用还可以使成矿物质活化、迁移，从分散状态聚集成为有工业价值的矿体（图4-5）。综上所述，该矿床成因类型应为变质热液型金矿床。

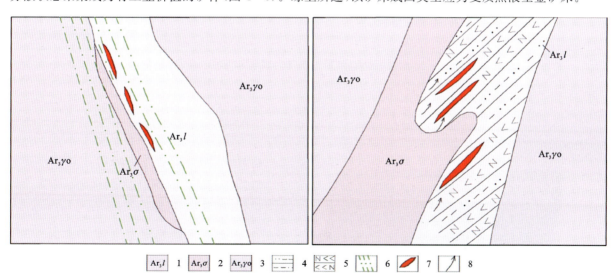

1. 新太古代泰山岩群柳杭组三段；2. 新太古代橄榄（蛇纹石）岩、绿泥阳起片岩、绿泥透闪石岩；3. 新太古代奥长花岗岩；4. 黑云变粒岩；5. 斜长角闪岩；6. 韧性剪切带；7. 金矿体；8. 岩浆热液。

图4-5 泉河金矿成矿模式图（左图为平面图，右图为剖面图）（据于学峰等，2018）

7. 矿床系列标本简述

本次标本采自泉河金矿床岩芯，共采集标本3块，岩性分别为灰绿色黄铁矿化绿泥石化角闪斜长黑云片岩、灰绿色绿泥石化斜长黑云片岩和灰绿色绿泥石化石英云母片岩（表4-2），较全面地采集了泉河金矿床的矿石和围岩标本。

表 4-2 泉河金矿采集标本一览表

序号	标本编号	光/薄片编号	标本名称	标本类型
1	QH-B1	QH-g1/QH-b1	灰绿色黄铁矿化绿泥石化角闪斜长黑云片岩	矿石
2	QH-B2	QH-b2	灰绿色绿泥石化斜长黑云片岩	围岩
3	QH-B3	QH-b3	灰绿色绿泥石化石英云母片岩	围岩

注：QH-B代表泉河金矿标本，QH-g代表该标本光片编号，QH-b代表该标本薄片编号。

8. 图版

（1）标本照片及其特征描述

QH-B1

灰绿色黄铁矿化绿泥石化角闪斜长黑云片岩。岩石新鲜面呈灰绿色，片状构造。主要成分为黑云母、斜长石、角闪石、石英，其次为黄铁矿。黑云母：褐色，不规则片状，发育一组极完全解理，多发生绿泥石化蚀变，粒径＜1.0mm，含量约45%。斜长石：无色，半自形柱状，粒径＜1.0mm，含量约25%。角闪石：灰绿色，半自形柱状，粒径＜1.0mm，含量约15%。石英：无色，他形粒状，油脂光泽，粒径＜1.0mm，含量约10%。黄铁矿：浅铜黄色，强金属光泽，多呈自形晶粒状，粒径＜1.0mm，含量约5%。

QH-B2

灰绿色绿泥石化斜长黑云片岩。岩石新鲜面呈灰绿色，片状构造。主要成分为斜长石、黑云母，其次为角闪石、石英。斜长石：无色，半自形柱状，粒径＜1.0mm，含量约45%。黑云母：褐色，不规则片状，发育一组极完全解理，多发生绿泥石化蚀变，粒径＜1.0mm，含量约35%。角闪石：灰绿色，半自形柱状，粒径＜1.0mm，含量约10%。石英：无色，他形粒状，油脂光泽，粒径＜1.0mm，含量约10%。

QH-B3

灰绿色绿泥石化石英云母片岩。岩石新鲜面呈灰绿色，片状构造。主要成分为黑云母和石英，其次为斜长石、角闪石，并发育有绿泥石化、绢云母化蚀变。黑云母：褐色，不规则片状，发育一组极完全解理，多发生绿泥石化及绢云母化蚀变，粒径<1.0mm，含量约40%。石英：无色，呈他形粒状，油脂光泽，粒径<1.0mm，含量约25%。斜长石：无色，半自形柱状，粒径<1.0mm，含量约10%。角闪石：灰绿色，半自形柱状，粒径<1.0mm，含量约5%。岩石中绿泥石化及绢云母化蚀变发育强烈，多数黑云母及斜长石均已发生蚀变，部分矿物仅保留其晶形，形成残余结构，二者呈细小鳞片状，粒径均<1.0mm，含量约20%。

（2）标本镜下鉴定照片及特征描述

QH-g1

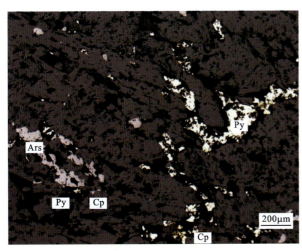 

灰绿色黄铁矿化绿泥石化角闪斜长黑云片岩。自形—半自形粒状结构。金属矿物为毒砂(Ars)、黄铁矿(Py)和黄铜矿(Cp)。毒砂：亮白色微带淡红色调，自形—半自形粒状，可见长柱状及自形粒状晶体；具弱多色性，强非均质性，易磨光，无内反射；可见被黄铁矿及透明矿物交代，也可见毒砂交代黄铁矿颗粒；粒径0.1~0.4mm，含量约5%。黄铁矿：浅黄色，半自形晶粒状，具高反射率，硬度较高，不易磨光；黄铁矿颗粒呈星点状分布，可见黄铜矿交代黄铁矿颗粒；粒径0.1~0.3mm，含量约5%。黄铜矿：铜黄色，他形粒状，显均质性，较易磨光；黄铜矿颗粒多呈细小他形粒状零星分布，可见黄铜矿交代黄铁矿颗粒；粒径0.05~0.1mm，含量较少。

矿石矿物生成顺序：毒砂、黄铁矿→黄铜矿。

QH－b1

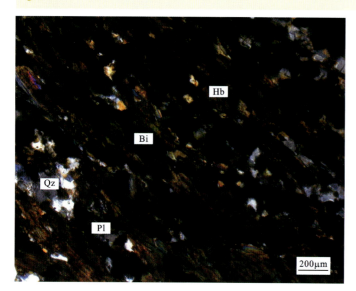

黄铁矿化绿泥石化角闪斜长黑云片岩。粒状片状变晶结构。主要成分为黑云母（Bi）、斜长石（Pl）、角闪石（Hb）和石英（Qz），其次为黄铁矿（Py）。岩石中矿物颗粒具定向排列，呈片状构造。角闪石及黑云母多发生绿泥石化蚀变。黑云母：褐色，多为长条片状，具明显的多色性，正中突起，可见一组极完全解理；黑云母颗粒多见拉长、弯折现象，具定向排列，多见绿泥石化蚀变；粒径0.2～0.6mm，含量40%～45%。斜长石：无色，多呈他形，负低突起，一级灰白干涉色；斜长石颗粒较为破碎，部分可见拉长、弯折现象，可见聚片双晶；粒径0.1～0.2mm，含量20%～25%。角闪石：多呈灰绿色及褐色，半自形长柱状为主，多色性明显，干涉色为二级，可见两组解理；颗粒多见弯折、拉长现象，具定向排列，多见绿泥石化蚀变；粒径0.2～0.6mm，含量10%～15%。石英：无色，他形粒状，正低突起，表面光洁，具波状消光现象，一级白干涉色，无解理；粒径0.1～0.2mm，含量5%～10%。黄铁矿：自形—半自形粒状，显均质性，多具不规则破碎现象，矿物边缘呈不规则状，多数填充于透明矿物之间，粒径0.1～0.3mm，含量约5%。

QH－b2

绿泥石化斜长黑云片岩。粒状片状变晶结构。主要成分为斜长石（Pl）和黑云母（Bi），其次为角闪石（Hb）、石英（Qz）。岩石中矿物颗粒具定向排列，呈片状构造。角闪石及黑云母多发生绿泥石化蚀变。斜长石：无色，多呈他形，负低突起，一级灰白干涉色；斜长石颗粒较为破碎，部分可见拉长现象，可见聚片双晶；粒径0.1～0.2mm，含量40%～45%。黑云母：褐色，多为长条片状，具明显的多色性，正中突起，可见一组极完全解理；黑云母颗粒具定向排列，多见绿泥石化蚀变；粒径0.2～0.6mm，含量30%～35%。角闪石：多呈灰绿色及褐色，半自形长柱状为主，多色性明显，干涉色为二级，可见两组解理；颗粒具定向排列，多见绿泥石化蚀变；粒径0.2～0.6mm，含量5%～10%。石英：无色，他形粒状，正低突起，表面光洁，具波状消光现象，一级白干涉色，无解理；粒径0.1～0.2mm，含量5%～10%。

QH - b3

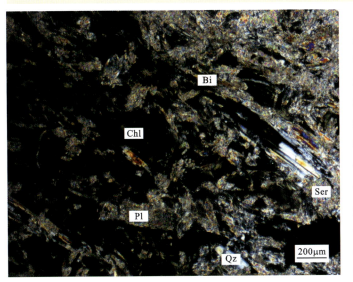

绿泥石化石英云母片岩。粒状片状变晶结构。主要成分为黑云母（Bi）和石英（Qz），其次为斜长石（Pl）和角闪石（Hb）。岩石中矿物颗粒具定向排列，呈片状构造。岩石中绿泥石化及绢云母化蚀变发育强烈，多数黑云母及斜长石均已发生蚀变，部分矿物仅保留其晶形，形成残余结构。黑云母：褐色，多为长条片状，正中突起，具明显的多色性，可见一组极完全解理；黑云母颗粒具定向排列，多发生强烈的绿泥石化及绢云母化蚀变，仅见其残留的矿物晶体；粒径 0.2～0.6mm，含量 35%～40%。石英：无色，他形粒状，正低突起，表面光洁，具波状消光现象，一级白干涉色，无解理，部分石英颗粒呈半自形晶，可见拉长现象；粒径 0.1～0.4mm，含量 20%～25%。斜长石：无色，多呈他形，负低突起，一级灰白干涉色；斜长石颗粒较为破碎，部分可见拉长现象，可见聚片双晶，多发生绢云母化蚀变；粒径 0.1～0.4mm，含量 10%～15%。角闪石：多呈灰绿色及褐色，半自形长柱状为主，多色性明显，干涉色为二级，可见两组解理；颗粒具定向排列，多见绿泥石化蚀变；粒径 0.1～0.3mm，含量较少。

第五章 与新生代沉积作用有关的河流冲积型金矿床

第一节 新近纪河床砾岩型金矿床

唐山硼砂金矿位于烟台栖霞市城东南 8.5km，行政区划隶属栖霞市蛇窝泊镇。其大地构造位置位于华北板块（Ⅰ）胶辽隆起区（Ⅱ）胶北隆起（Ⅲ）胶北断隆（Ⅳ）栖霞-马连庄凸起（Ⅴ）。矿床规模属小型。

1. 矿区地质特征

区内基底岩系为新太古代栖霞片麻岩套内的细粒含角闪黑云英云闪长质片麻岩，区内的新近纪唐山砾岩层及尧山组玄武质火山岩就发育在这套变质侵入岩系之上（图 5-1）。

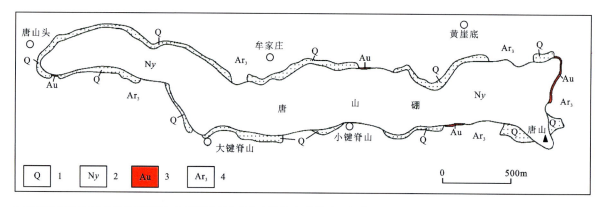

1.第四系坡积层（玄武质岩石砾堆）；2.新近纪尧山组玄武质岩石（橄榄霞石岩、伊丁石化玻基辉橄岩）；3.砂金矿；4.新太古代含角闪黑云英云闪长质片麻岩。

图 5-1 唐山硼金矿地质简图（据孔庆友等，2006）

区内含金岩系——新近纪唐山砂砾岩层及其上覆的新近纪尧山组玄武质岩石（橄榄霞石岩、伊丁石化玻基辉橄岩），呈北东-南西向带状展布。在新近纪地层外缘分布着第四纪坡积层及冲积层，在冲积层内赋存有砂金矿（图 5-2）。

在区域上，北东向断裂构造发育，控制着新近纪裂隙式基性火山岩的形成与分布及部分水系走势。在矿区东及东北部的盘子涧、马家窑、罗家、百里店等地分布着多处金矿床、矿点及矿化点，为矿区内砂金提供了物源。

2. 矿体（含矿层）特征

新近纪含金唐山硼砂砾岩层基本由两部分组成，下部为砂砾岩层，上部为中—细粒砂岩层。

1.第四纪坡积及冲积层;2.新近纪尧山组玄武质岩石(橄榄霞石岩、伊丁石化玻基辉橄岩);3.砂金矿;4.新太古代含角闪黑云英云闪长质片麻岩。

图 5-2 唐山硼-黄崖底地质剖面简图(据孔庆友等,2006)

砂砾岩层:在新近纪尧山组玄武质岩层之下几乎都有分布。砾石主要为新太古代英云闪长质片麻岩;次为中生代闪长岩、煌斑岩、闪长质片麻岩;有少量蚀变花岗岩、脉石英等。砾石主要呈棱角状、次圆状,几乎见不到尖棱角状,圆状砾石也极少见。砾石间隙被砂粒充填,砂粒成分主要为长石及石英,有少量的云母细片及泥质和重矿物成分。砂砾岩层中往往夹有宽数米、长数米至数十米、厚数厘米至数十厘米的透镜状及不规则状的薄层细—中粒砂砾层。整个砂砾岩层胶结程度较差。在下部砂砾岩中,含有产状近于水平、呈北东-南西向延伸的1~2层砂金矿体。矿体厚0.6~3m,单矿体延长数米至数十米,形态呈层状—饼状,主要分布在该层的下部。

中—细粒砂岩层:较稳定地发育在砂砾岩层之上,只在唐山硼南东处缺失。厚度2~3m。岩石胶结程度差,只是在接近玄武岩层的地方,由于热液影响,承压较大,而固结坚实。该层主要由石英及长石组成,含少量云母及泥质,接近该层顶部泥质物较多,并见有较多黄铁矿颗粒,偶见砾径数厘米的砾石。此砂岩层中基本不含砂金。

3. 矿砂特征

矿砂中除自然金外,含有锆英石、金红石、磁铁矿、褐铁矿等重矿物及石英、长石、石榴子石、角闪石等矿物。

矿砂中的金粒多呈鳞片状、细粒状、条状、枝杈状。金粒粒径一般<1.0mm,偶见质量达数克至数百克的金块。

矿砂中金平均品位 $0.31g/m^3$,含矿程度为 $0.149m·g/m^3$。

4. 砂金物质来源及富集规律

栖霞唐山硼砂金矿属新近纪古河床冲积型矿矿,含砂金砂砾岩层及砂金富集带延长方向与唐山硼山脊(台地)延长方向一致,表明古河流为北东-南西向流向。砂金主要富集在唐山硼北半部古河床的有利地段,而唐山硼南半部的砂砾岩层已处在河漫滩相,含金极少,发现富矿的可能性很小。

区内的砂金矿体主要赋存在砂砾岩最发育的部位;金粒往往在砂砾岩的底部富集成矿,而在上部的细—中粒砂岩层内的金粒极为分散,不易形成矿体。

唐山硼西缘的河流走向与唐山硼砂砾岩层走向一致,均为北东-南西向,表明古河流与现代河流走向是一致的。顺矿区向北东向延伸7~10km处,分布着盘子洞、百里店等多处金矿床、矿点,其近处河流沉积层中发育有第四纪砂金矿,推测唐山硼地区新近纪砂砾岩层中的砂金也源于其东北部金矿的风化剥蚀产物。

5. 矿床系列标本简述

本次标本采自唐山棚砂金矿床基底出露岩石,采集标本3块,岩性分别为灰褐色黑云斜长片麻岩、灰绿色绿泥石化绢云母化石英闪长岩、深灰色橄榄闪斜煌岩(表5-1),较全面地采集了唐山棚砂金矿床的围岩标本。

表5-1　唐山硼砂金矿采集标本一览表

序号	标本编号	薄片编号	标本名称	标本类型
1	TSP-B1	TSP-b1	灰褐色黑云斜长片麻岩	围岩
2	TSP-B2	TSP-b2	灰绿色绿泥石化绢云母化石英闪长岩	围岩
3	TSP-B3	TSP-b3	深灰色橄榄闪斜煌岩	围岩

注:TSP-B代表唐山硼砂金矿标本,TSP-b代表该标本薄片编号。

6. 图版

(1)标本照片及其特征描述

TSP-B1

灰褐色黑云斜长片麻岩。岩石呈灰色—灰褐色,片状粒状变晶结构,片麻状构造。主要成分为黑云母、斜长石、金属矿物,其次为石英,可见绿泥石化蚀变。黑云母呈褐色,片状,矿物颗粒具定向排列,粒径约1.0mm,含量约30%。斜长石:灰白色,短柱状或粒状,粒径<1.0mm,含量约30%。金属矿物:黄褐色—黑色,粒状粒径<1.0mm,含量约10%。石英:无色,他形粒状,油脂光泽,粒径<1.0mm,含量约20%。绿泥石:墨绿色,板状及鳞片状集合体,粒径约1.0mm,含量约10%。

TSP-B2

灰绿色绿泥石化绢云母化石英闪长岩。岩石呈灰绿色,块状构造。主要成分为斜长石、角闪石、石英、钾长石和黑云母,发育绢云母化蚀变及绿泥石化蚀变。斜长石:灰白色,柱状或粒状,粒径<1.0mm,含量约60%。角闪石:褐色,短柱状,粒径<1.0mm,含量约20%。石英:无色,他形粒状,油脂光泽,粒径<1.0mm,含量约15%。钾长石:浅肉红色,柱状或粒状,粒径<1.0mm,含量约5%。黑云母:褐色,片状,粒径<1.0mm,含量约5%。

TSP-B3

深灰色橄榄闪斜煌岩。岩石呈深灰色—褐灰色,煌斑结构,块状构造。主要成分为普通角闪石、斜长石和橄榄石,表面风化呈黄褐色。普通角闪石:褐色,短柱状,粒径<1.0mm,含量约45%。斜长石:灰白色,柱状或粒状,粒径<1.0mm,含量约40%。橄榄石:黄绿色,短柱状或粒状,粒径<1.0mm,含量约15%。

(2)标本镜下鉴定照片及特征描述

TSP-b1

灰褐色黑云斜长片麻岩。岩石呈灰绿色至暗绿色,柱状粒状变晶结构。主要成分为斜长石(Pl)、黑云母(Bi)和金属矿物,其次为石英(Qz),可见绿泥石(Chl)化蚀变。可见部分普通角闪石呈不连续定向排列。斜长石:无色,多呈他形粒状或短柱状,负低突起,一级灰白干涉色;斜长石颗粒表面土化,可见斜长石颗粒定向分布;粒径0.05~0.2mm,含量30%~35%。黑云母:褐色,多为长条片状,正中突起,具明显的多色性,干涉色二级至三级,多被自身颜色掩盖,可见一组极完全解理;黑云母呈定向分布,多数发生绿泥石化蚀变;粒径0.2~0.5mm,含量25%~30%。石英:无色,多为他形粒状,正低突起,表面光洁,具波状消光现象,一级黄白干涉色,无解理;粒径0.1~0.2mm,含量10%~15%。绿泥石:深绿色,鳞片状集合体,正低突起,可见明显多色性,干涉色为一级,可见异常干涉色;多为黑云母蚀变产物,集合体粒径0.2~0.4mm,含量10%~15%。金属矿物:显均质性,多为自形—半自形粒状,呈星点状分布于岩石中,粒径0.1~0.2mm,含量5%~10%。

TSP-b2

灰绿色绿泥石化绢云母化石英闪长岩。中细粒不等粒结构。主要成分为斜长石(Pl)、角闪石(Hb)、石英(Qz)、钾长石(Kf)和黑云母(Bi)。角闪石及黑云母多蚀变为绿泥石,斜长石中可见绢云母化蚀变。斜长石:无色,多呈自形—半自形柱状或板状,负低突起,可见聚片双晶,干涉色最高为一级灰白;斜长石普遍发生土化,表面浑浊呈土灰色,也可见绢云母化蚀变;粒径0.2~0.6mm,含量50%~55%。角闪石:暗绿色,短柱状,正中突

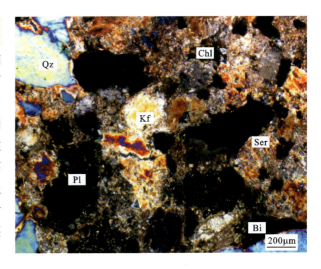

起,具强多色性和吸收性,干涉色为二级,多被自身颜色干扰,可见菱形解理;矿物多发生绿泥石化蚀变;粒径 0.2～0.4mm,含量 20%～25%。石英:无色,多为他形粒状,正低突起,表面光洁,具波状消光现象,一级黄白干涉色,无解理;粒径 0.2～0.8mm,含量 10%～15%。钾长石:无色,多呈他形板状,负低突起,一级灰白干涉色;可见高岭土化从而呈红褐色,部分颗粒具残留结构,可见双晶;粒径 0.2～0.5mm,含量约 5%。黑云母:褐色,多为片状,具明显的多色性,正中突起,干涉色二级至三级,多被自身颜色掩盖,可见一组极完全解理;黑云母多发生绿泥石化蚀变;粒径 0.2～0.5mm,含量约 5%。

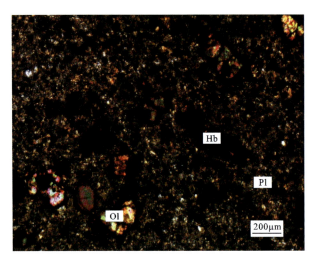

TSP-b3

深灰色橄榄闪斜煌岩。煌斑结构。主要成分为普通角闪石(Hb)、斜长石(Pl)及橄榄石(Ol)。岩石具煌斑结构,暗色矿物含量多,且在斑晶或基质中均较为自形,浅色矿物多为基质,自形程度差。斑晶主要成分为普通角闪石(Hb)及橄榄石(Ol)。普通角闪石:暗绿色,短柱状,正中突起,具强多色性和吸收性,干涉色为二级,多被自身颜色干扰,可见菱形解理;可见矿物颗粒不连续定向排列;粒径 0.2～0.4mm,含量 20%～25%。橄榄石:无色,呈短柱状,可见近菱形切面,正高突起,干涉色二至三级,裂纹发育;橄榄石边部常被角闪石环绕;粒径 0.2～0.4mm,含量 10%～15%。基质主要成分为斜长石(Pl)及普通角闪石(Hb)。斜长石:无色,多为他形粒状,负低突起,可见聚片双晶,干涉色最高为一级灰白;斜长石颗粒较为细小,自形程度差;粒径约 0.1mm,含量 35%～40%。普通角闪石:暗绿色,短柱状或粒状,正中突起,具强多色性和吸收性,干涉色为二级,多被自身颜色干扰,可见菱形解理;矿物颗粒细小;粒径约 0.1mm,含量 20%～25%。

第二节　第四纪河流冲积型金矿床

该类型金矿床是与新生代沉积作用有关的河流冲积型金矿床,为第四纪水系冲积型,多分布在岩金矿产地附近的河床或河漫滩冲积层内。砂金矿层赋存于现代河床及河漫滩的松散砂砾层中,含金砂层除少数接近地表外,多数埋藏于地下 2～12m 之间。

一、临朐寺头砂金矿

寺头砂金矿床包括李季和王庄 2 个矿段,其中李季矿段较为典型。李季矿段位于潍坊市临朐县城西南约 35km 处,行政区划隶属临朐县寺头镇。其大地构造位置位于华北板块(Ⅰ)鲁西隆起区(Ⅱ)鲁中隆起(Ⅲ)沂山-临朐断隆(Ⅳ)临朐坳陷(Ⅴ)。矿区累计查明砂金金属量 2.3t,矿床规模属中型。

1. 矿区地质特征

区内附近出露地层为寒武纪及第四纪地层。寒武纪地层以长清群朱砂洞组、馒头组及九龙群张夏组、崮山组和炒米店组为主,是一套海相沉积的砂岩、灰岩及页岩组合,由于受中生代岩浆侵位影响,该套地层围绕岩体呈环状分布,少数呈捕虏体残存于岩体中(图 5-3)。朱砂洞组泥质灰岩及泥质条带状灰岩与中生代岩体接触处,发生矽卡岩化现象,中厚层灰岩蚀变为大理岩,金丰度值较高,是该地区岩金

第五章 与新生代沉积作用有关的河流冲积型金矿床

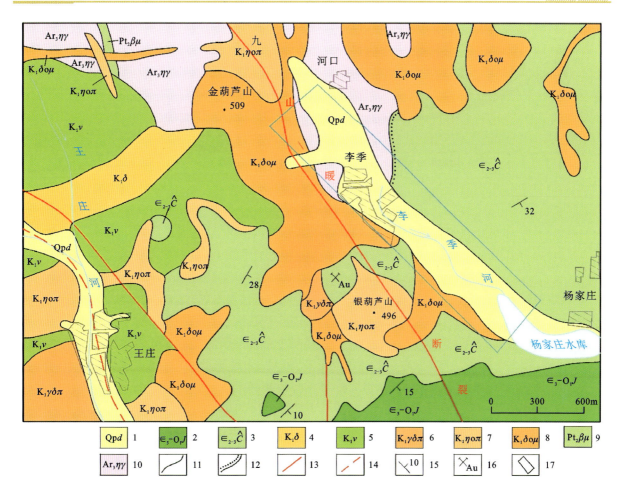

1.第四纪大站组；2.寒武纪—奥陶纪九龙群；3.寒武纪长清群；4.白垩纪闪长岩；5.白垩纪辉长岩；6.白垩纪花岗闪长斑岩；7.白垩纪石英二长斑岩；8.白垩纪石英闪长玢岩；9.中元古代辉绿岩脉；10.新太古代二长花岗岩；11.实测地质界线；12.角度不整合界线；13.实测断裂；14.推测断裂；15.地层产状(°)；16.采金矿坑；17.李季矿段范围。

图5-3 李季砂金矿床区域地质简图(据于学峰等,2018)

矿的赋矿层位。

矿区位于沂沭断裂带的西侧，五井断裂的东侧，九山-暖水河断裂从矿区穿过。九山-暖水河断裂长约36km，宽5~80m，走向325°左右，倾向南西，倾角70°~75°，呈斜列式断续出露。在李季河西面的王庄及汞山一带，还有数条北东及北西向平行排列的破碎带，断裂倾角73°~78°，断裂带内均有不同程度的矿化，金品位最高达3.55g/t。

区内岩浆岩为新太古代二长花岗岩、中元古代辉绿岩和中生代铁寨杂岩体——主要岩性为石英二长斑岩、石英闪长玢岩、闪长岩、二长花岗斑岩及橄榄辉长岩等，脉岩以辉绿玢岩脉及闪长玢岩脉为主。

2.矿体特征

李季砂金矿体赋存于李季河谷的李季—逯家庄一带，矿体形态简单，呈北西向展布，在平面上呈蛇曲状，长宽之比4∶1。矿体长2100m，最宽处228m，最窄处约35m，平均宽170m。矿体最大厚度3.8m，最小0.4m，平均1.6m，厚度变化系数58%。矿体金最高品位为3.0565g/m³，最低品位0.1625g/m³，平均品位1.4808g/m³，品位变化系数129%(图5-4)。

由于基岩性质及基底地形起伏和微地貌影响，矿体在纵向及横向上，无论是厚度、品位及形态等诸方面变化均较大，属极不均匀的砂金矿体，砂金主要赋存于基岩面之上的砂砾层中。

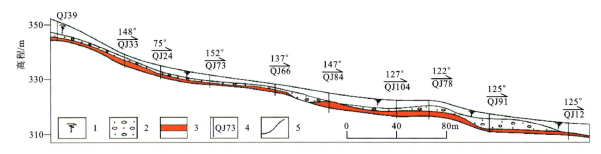

1.腐殖土;2.砂砾层;3.砂金矿体;4.浅井及编号;5.地质界线。

图5-4 李季砂金矿体纵剖面图(据于学峰等,2018)

3. 矿砂特征

矿物组合特征:自然金伴生的重砂电磁性矿物10~12种,以绿帘石、磁铁矿、赤铁矿、角闪石、阳起石为主,占4%~25%;其次有黑云母、白钨矿、黄铁矿、钍石、石榴子石等。重矿物4~8种,以锆石、榍石、磷灰石为主,占5%~90%;其次有金红石,个别样品中见有一颗辰砂。轻矿物主要是石英和长石,石英占20%,长石占80%。与砂金伴生矿物种类虽多,但无一种矿物可与金一并开采,综合利用。

粒度特征:巨砾(直径>100mm)占总质量的13%~15%,粗砾(100~<50mm)占总质量的22%~23%,中砾(50~<20mm)占总质量的25%~27%,中细砾(20~<10mm)占总质量的15%~22%,细砾(10~2mm)占总质量的18%~20%。局部地段尤其是在山坡与河谷接界处,巨砾含量较高。

金矿物特征:砂金形态以粒状、块状、树枝状、结核状、板状、滚圆粒状、不规则粒状为主;其次有八面体、扁粒状、片状。长条状、鲕状少见。其中,粒状占28%,树枝状占19.3%,结核状占18%,板状占7%,滚圆粒状占6%,不规则粒状占0.7%。砂金颜色以金黄色为主,其次有淡绿色、绿金黄色;个别砂金表面具磨蚀鲕状突起。以金矿物为主,伴有少许金银矿和银金矿。金成色较好,还伴有极少量的银、铜等元素。

4. 砂金物质来源及富集规律

伴随着中生代岩浆侵入,寒武纪朱砂洞组灰岩、泥灰岩发生矽卡岩化,在金葫芦山、银葫芦山等地形成接触交代型岩金矿床。中生代石英二长斑岩、石英闪长玢岩、闪长岩、二长花岗斑岩、橄榄辉长岩及蚀变带中的岩石含金丰度值高,此外九山-暖水河断裂带内有不同程度的矿化,金品位最高达3.55g/t。上述岩金矿床及矿化地质体成为李季砂金矿成矿物质的主要来源,以侧源补给为主。

李季河呈蛇曲状,河谷宽100~300m,两侧基岩岩性不同,风化程度不一,原始地貌起伏不平,直接影响砂金富集。在矿体长2100m、宽170m的范围内,河谷由窄变宽处,砂金富集,河流拐弯处,砂金亦富集。矿体底板坡度的变化也影响砂金的富集,坡度由陡变缓处,砂金富集;以岩浆岩砾石为主的砂砾层比以页岩、泥岩为主的砂砾层金富集(李季河西侧的砂金品位高于东侧)。纵观李季砂金矿,砂金主要富集在基岩之上的砂砾层中,埋深0.5~6.7m,属河流冲积作用形成的河谷型砂金矿,成矿时代为第四纪。

5. 矿床系列标本简述

本次标本采自寺头砂金矿床基底出露岩石,采集标本5块,岩性分别为灰绿色绢云母化绿帘阳起矽卡岩、灰绿色含黑云母角闪石英闪长岩、灰色石英二长斑岩、黄褐色白云质灰岩、灰绿色角闪闪长玢岩(表5-2),较全面地采集了寺头砂金矿床的围岩标本。

表 5-2 寺头砂金矿采集标本一览表

序号	标本编号	光/薄片编号	标本名称	标本类型
1	SST-B1	SST-g1/SST-b1	灰绿色绢云母化绿帘阳起矽卡岩	围岩
2	SST-B2	SST-b2	灰绿色含黑云角闪石英闪长岩	围岩
3	SST-B3	SST-b3	灰色石英二长斑岩	围岩
4	SST-B4	SST-b4	黄褐色白云质灰岩	围岩
5	SST-B5	SST-b5	灰绿色角闪闪长玢岩	围岩

注：SST-B 代表寺头砂金矿标本，SST-g 代表该标本光片编号，SST-b 代表该标本薄片编号。

6. 图版

(1) 标本照片及其特征描述

SST-B1

灰绿色绢云母化绿帘阳起矽卡岩。岩石新鲜面呈灰绿色，块状构造。主要成分为绢云母、阳起石、绿帘石和石英，可见绿泥石化蚀变。绢云母：灰绿色，鳞片状，粒径<1.0mm，含量约50%。阳起石：浅绿色，针柱状，可见纤维状、放射状集合体，粒径<1.0mm，含量约25%。绿帘石：草绿色，长柱状，粒径<1.0mm，含量约10%。绿泥石：灰绿色，细小鳞片状，粒径<1.0mm，含量约10%。石英：无色，他形粒状，油脂光泽，粒径<1.0mm，含量约5%。

SST-B2

灰绿色含黑云母角闪石英闪长岩。岩石呈灰绿色，半自形柱状粒状结构，块状构造。主要成分为斜长石、普通角闪石、石英和黑云母。斜长石：灰白色，半自形粒状，白色条痕，玻璃光泽，粒径<2.0mm，含量约60%。普通角闪石：黑绿色，半自形柱状、粒状，玻璃光泽，粒径<1.0mm，含量约20%。石英：灰白色，他形粒状，玻璃光泽，粒径<0.5mm，含量约10%。黑云母：深褐色，半自形片状，玻璃光泽，粒径<1.0mm，含量约10%。

SST-B3

灰色石英二长斑岩。岩石呈略具肉红色的灰白色,斑状结构,块状构造。斑晶主要由斜长石和钾长石组成。斜长石:灰白色,半自形粒状,白色条痕,玻璃光泽,粒径<6.0mm,含量约40%。钾长石:肉红色,半自形粒状,白色条痕,玻璃光泽,粒径<4.0mm,含量约30%。基质由长石和石英组成,为显微晶质结构,粒径<0.2mm,含量约30%。

SST-B4

黄褐色白云质灰岩。岩石呈青灰色—浅褐色,结晶结构,块状构造。主要成分为方解石、白云石,其次为石英、斜长石。方解石:无色或白色,他形粒状,粒径<1.0mm,含量约60%。白云石:白色—褐色,菱面体自形晶较多见,粒径<1.0mm,含量约15%。石英:无色,他形粒状,粒径<1.0mm,含量约15%。斜长石:白色,他形粒状,粒径<1.0mm,含量约10%。岩石风化面多呈褐色,表面滴稀盐酸冒泡。

SST-B5

灰绿色角闪闪长玢岩。岩石呈灰绿色,斑状结构,块状构造。斑晶主要由普通角闪石和斜长石组成。普通角闪石:黑绿色,自形—半自形柱状、粒状,玻璃光泽,粒径<4.0mm,含量约45%。斜长石:灰白色,半自形粒状,白色条痕,玻璃光泽,粒径<2.0mm,含量约15%。基质由斜长石和普通角闪石组成,为显微晶质结构,粒径<0.2mm,含量约40%。

（2）标本镜下鉴定照片及特征描述

SST-b1

绢云母化绿帘阳起矽卡岩。柱状变晶结构、鳞片变晶结构。主要成分为绢云母（Ser）、阳起石（Act）和绿帘石（Ep），可见绿泥石化（Chl）蚀变，也可见少量石英（Qz）。岩石以阳起石、绿帘石等柱状矿物及绢云母、绿泥石等鳞片状矿物为主，呈柱状变晶结构、鳞片变晶结构。岩石中发育交代结构，形成交代残余结构。绢云母：无色，细小鳞片状，常组成显微晶质鳞片状集合体，正低突起，干涉色鲜艳，多为二到三级；多为蚀变产物，保留有原矿物颗粒假象，局部为交代残余结构；粒径多<0.1mm，含量45%~50%。阳起石：暗绿色及黄褐色，长柱状或针柱状，具黄绿色多色性，正中突起，干涉色为一至二级中，可见双晶，为晚期矽卡岩矿物，粒径0.3~0.5mm，含量20%~25%。绿帘石：浅黄色，长柱状，横切面呈假六边形，正高突起，干涉色为一级，可见异常干涉色，可见解理发育；粒径0.2~0.4mm，含量5%~10%。绿泥石：深绿色，呈鳞片状集合体，正低突起，可见明显多色性，干涉色为一级，可见异常干涉色；粒径0.1~0.2mm，含量5%~10%。石英：无色，他形粒状，具波状消光现象，一级白干涉色，粒径约0.1mm，含量约5%。

SST-b2

含黑云角闪石英闪长岩。半自形柱状粒状结构。主要成分为斜长石（Pl）、普通角闪石（Hb）、石英（Qz）和黑云母（Bi）。斜长石：无色，半自形—他形板状、粒状，表面具土化蚀变，镜下较污浊，聚片双晶发育，一级灰白干涉色，粒径0.4~2.0mm，含量60%~65%。普通角闪石：深绿色，半自形柱状、粒状，二级蓝绿干涉色，多呈聚集分布，表面见金属矿物析出，粒径0.4~1.2mm，含量20%~25%。石英：无色，他形粒状，一级黄白干涉色，表面光洁，填隙分布在上述矿物之间，粒径

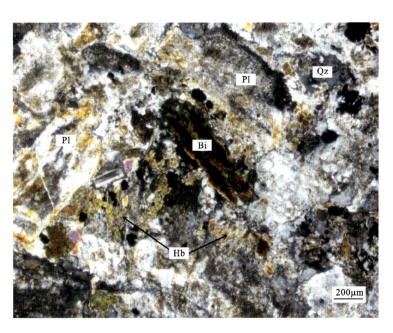

0.1~0.4mm，含量5%~10%。黑云母：深褐色，半自形片状，干涉色受其自身颜色影响而不明显，局部具绿帘石化蚀变，粒径0.4~1.0mm，含量5%~10%。

SST - b3

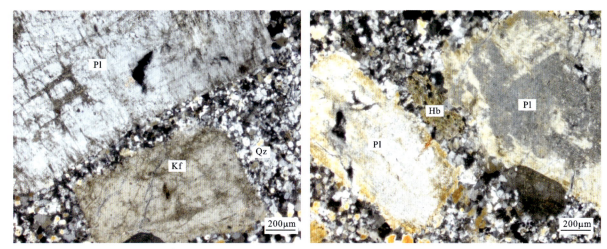

　　石英二长斑岩。斑状结构,基质为显微晶质结构。主要成分为斜长石(Pl)、钾长石(Kf)、石英(Qz)和普通角闪石(Hb)。斑晶含量60%～70%,粒径0.6～3.6mm,个别可达6.0mm。斑晶成分主要为斜长石和钾长石,其次为少量普通角闪石。斜长石:无色,半自形板状,聚片双晶发育,具黏土矿化、绢云母化蚀变,一级灰白干涉色,粒径0.8～6.0mm,含量35%～40%。钾长石:无色,半自形板状,因强烈的黏土矿化蚀变而显得浑浊不净,一级灰白干涉色,粒径0.6～4.0mm,含量30%～35%。普通角闪石:绿色,多色性较明显,干涉色可达二级蓝绿,呈聚集分布,粒径0.2～0.6mm,含量较少。基质含量30%～40%,粒径<0.2mm,由他形粒状的斜长石、钾长石和石英(Qz)构成显微晶质结构,三者含量相当。

SST - b4

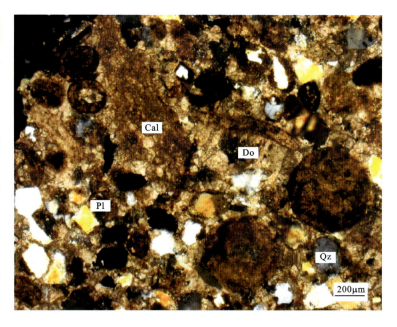

　　白云质灰岩。结晶结构。主要成分为方解石(Cal)和白云石(Do),其次可见石英(Qz)及斜长石(Pl),可见鲕粒状碳酸盐矿物发育,局部也可见植物化石痕迹。方解石:无色,多呈不规则颗粒状;闪突起,高级白干涉色;可见菱形解理,也可见聚片双晶;粒径0.2～0.4mm,集合体粒径多>0.8mm,含量55%～60%。白云石:无色,有时呈浑浊灰色,多呈细粒状集合体;闪突起,高级白干涉色;可见菱形解理及聚片双晶;白云石颗粒多由较小颗粒组成集合体,部分白云石颗粒中心可见方解石化;粒径0.2～0.4mm,含量10%～15%。石英:无色,可见他形粒状,也可见板条状自形、半自形晶体,正低突起,表面光洁,具波状消光现象,一级白干涉色,无解理;粒径0.1～0.2mm,含量10%～15%。斜长石:无色,多呈他形粒状,负低突起,一级灰白干涉色;斜长石颗粒较为破碎且多呈他形,可见聚片双晶,粒径0.1～0.2mm,含量5%～10%。

SST-b5

角闪闪长玢岩。斑状结构，基质为显微晶质结构。斑晶含量50%~60%，主要矿物为普通角闪石(Hb)和斜长石(Pl)，粒径0.4~2.0mm，最大可达4.0mm。普通角闪石：深绿色，自形—半自形柱状、粒状，多色性明显，干涉色为二级蓝绿，粒径0.4~2.0mm，最大可达4.0mm，含量40%~45%。斜长石：无色，半自形粒状，因绢云母化蚀变镜下显得浑浊不净，一级灰白干涉色，粒径0.6~2.0mm，含量10%~15%。基质含量40%~50%，粒径<0.2mm。主要由半自形的斜长石(含量30%~35%)以及普通角闪石(含量10%~15%)构成显微晶质结构。

二、汶上兴化寺砂金矿

兴化寺砂金矿位于济宁市汶上县城东北15km处，隶属汶上县白石乡。其大地构造位置位于华北板块（Ⅰ）鲁西隆起区（Ⅱ）鲁西南潜隆起（Ⅲ）菏泽-兖州潜断隆（Ⅳ）汶上-宁阳潜凹陷（Ⅴ）与东平凸起（Ⅴ）结合处。矿区累计查明砂金金属量1.2t，矿床规模属小型。

1. 矿区地质特征

区内地层出露泰山岩群雁翎关组角闪片岩、绿泥片岩、斜长角闪岩和第四纪冲洪积相棕黄色粉砂质黏土夹粗砂、砾石层(图5-5)。

区内构造以断裂为主，在断裂带内有不同种类的脉岩充填。区内规模较大的东西走向的断裂为兴化寺断裂，推测长度约3700m，宽度15~70m，倾向北，倾角75°~80°，断裂具多期活动。该断裂带地表具金矿化，但金含量较低。

区内中酸性岩岩脉发育，规模较小，多数充填在北西走向的断裂带内。岩脉为长英质岩脉、石英斑岩脉、闪长玢岩脉和石英脉等。

2. 矿体特征

兴化寺砂金矿包括Ⅰ号及Ⅱ号两个矿体。

Ⅰ号矿体长3200m，最大宽度850m，最小宽度400m，平均宽度580m。一般厚度在0.6~1.0m之间，最大厚度1.9m，矿体平均厚度为0.71m。矿体厚度变化系数为41%，矿体平均品位为0.597 6g/m³，部分工程品位1g/m³以上，最高达21.947g/m³，品位变化系数为129%，砂金品位很不均匀。

Ⅱ号矿体形态呈东西向的"人"字形。规模较小，矿体长度为600m，最宽处为80m，矿体平均厚度为0.78m，平均品位为0.158 4g/m³，含矿较贫。

3. 矿砂特征

矿物组合特征：矿石矿物与自然金伴生的重砂矿物中磁性矿物以磁铁矿为主；电磁性矿物以锐钛矿、钛铁矿、黑云母、石榴子石、角闪石为主；无磁性矿物以自然铅、锆石、磷灰石、榍石为主；轻矿物以石

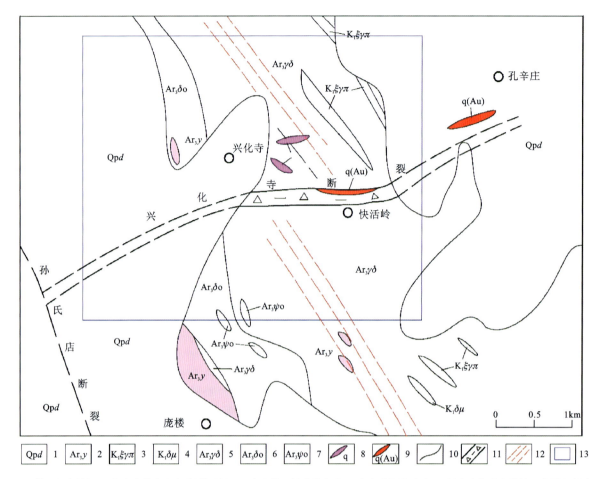

1.第四纪大站组；2.新太古代泰山岩群雁翎关组；3.中生代正长花岗斑岩；4.中生代闪长玢岩；5.新太古代片麻状黑云花岗闪长岩；
6.新太古代片麻状中粒角闪石英闪长岩；7.新太古代中粗粒变角闪石岩；8.石英脉；9.金矿脉；10.实测地质界线；11.断裂破碎带；
12.韧性剪切带；13.矿区范围。

图 5-5　兴化寺砂金矿床区域地质简图(据于学峰等,2018)

英和长石为主。

粒度特征：自然金的粒径一般在 0.2~0.6mm 之间，粒径 0.2mm 的占 70%，最大者为 6mm×3.9mm×3mm，金粒重 0.241 5g。

砂金形态多样，以粒状居多，有的呈板状、片状、枝杈状及不规则状。矿体东段砂金不规则，并可见有石英包体。砂金表面光滑程度不一，矿体西段较为光洁、质纯。

4.砂金物质来源及富集规律

新太古代泰山岩群雁翎关组主要岩性为细粒斜长角闪岩、绿泥透闪片岩、绢云母片岩、角闪变粒岩、强电气石化透闪阳起片岩等，金的初始丰度值较高，其中斜长角闪岩金的丰度值可达 $23.12×10^{-9}$，为兴化寺岩金矿的矿源层。

兴化寺断裂多期活动，断裂破碎带的东段及中段充填网状含金石英脉，中西段以构造角砾岩及花岗质碎裂岩为主，断裂带有硅化、钾化、黄铁矿化等蚀变现象。黄铁矿化硅化碎裂岩、黄铁矿化断层角砾岩是兴化寺金矿快活岭矿段的Ⅱ号和Ⅲ号矿体，矿体金平均品位为 7.56g/t 和 4.69g/t。上述含金地质体成为兴化寺砂金矿床砂金的主要来源。

矿床分布在由剥蚀残余丘陵构成的向西敞开的"圈椅"状山前堆积洼地中，处于山前间歇性水流的河谷和片流的斜坡地带。相关堆积物为残坡积、洪冲积物。砂金即赋存于靠近基岩面的松散碎屑沉积物中。矿床成因类型为残坡积-洪冲积类型。

5. 矿床系列标本简述

本次标本采自兴化寺砂金矿床底板基岩,采集标本2块,岩性分别为灰白色玉髓石英化岩、灰黄色糜棱岩化黑云斜长花岗片麻岩(表5-3),较全面地采集了兴化寺砂金矿床的围岩标本。

表5-3 兴化寺砂金矿采集标本一览表

序号	标本编号	薄片编号	标本名称	标本类型
1	XH-B1	XH-b1	灰白色玉髓石英化岩	围岩
2	XH-B2	XH-b2	灰黄色糜棱岩化黑云斜长花岗片麻岩	围岩

注:XH-B代表兴化寺砂金矿标本,XH-b代表该标本薄片编号。

6. 图版

(1)标本照片及其特征描述

XH-B1

灰白色玉髓石英化岩。岩石呈灰色—灰白色,块状构造。主要成分为石英,可见自形程度较好的乳白色石英脉发育,也可见显微晶质的烟灰色他形石英颗粒,呈无色,油脂光泽,粒径<1.0mm,部分自形晶粒径可达1.0mm左右,含量约60%。岩石表面发育晶洞,局部可见石英颗粒发生硅化或玉髓化蚀变,隐晶质玉髓含量约40%。

XH-B2

灰黄色糜棱岩化黑云斜长花岗片麻岩。岩石呈灰黄色—土黄色,糜棱结构,片麻状构造。岩石由碎斑和基质组成,碎斑主要成分为斜长石、石英、黑云母。斜长石:半自形板状,粒径小于1.0mm,含量约30%。石英:无色他形粒状,油脂光泽,粒径<1.0mm,含量约25%。黑云母:褐色鳞片状,粒径<1.0mm,含量约10%。基质主要成分为石英、斜长石及少量绢云母和黄铁矿,粒度均小于碎斑,含量35%~40%。矿物多具定向排列,发生弯曲、破碎等显微变形结构,局部可见花岗结构。

(2)标本镜下鉴定照片及特征描述

XH - b1

玉髓石英化岩。粒状变晶结构。主要成分为石英(Qz)及玉髓(Chc)，可见少量绢云母(Ser)，粒状变晶结构，局部可见不等粒粒状变晶结构。石英：可见两组晶型不同的石英发育，一为常见的他形粒状石英，石英颗粒紧密镶嵌，二为板条状自形—半自形石英颗粒，后者为硅化作用的标志；石英颗粒为无色，正低突起，一级灰白干涉色，柱状切面具平行消光；他形石英颗粒粒径多为0.1mm左右，自形—半自形石英颗粒粒径0.2～0.4mm，含量55%～60%。玉髓：浅褐色，呈显微晶质或隐晶质结构，局部可见纤维状集合体，正低突起，一级灰白干涉色，平行消光；粒径多＜0.02mm，集合体粒径可达0.1mm，含量35%～40%。绢云母：无色，细小鳞片状，常组成显微晶质鳞片状集合体，正低突起，干涉色鲜艳，多为二到三级；粒径多＜0.1mm，含量较少。

XH - b2

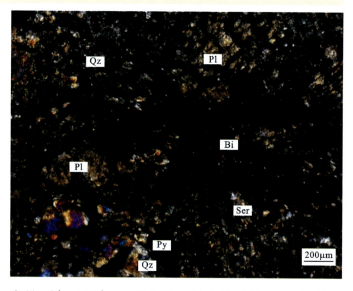

糜棱岩化黑云斜长花岗片麻岩。糜棱结构，片麻粒状变晶结构。主要由碎斑和基质组成，矿物颗粒多呈定向排列且较破碎。碎斑主要由斜长石(Pl)、石英(Qz)和黑云母(Bi)组成。斜长石：无色，半自形粒状或半自形板状，多数斜长石风化致表面浑浊呈褐色，颗粒较为破碎，未见解理；干涉色为一级灰，可见聚片双晶，也可见机械双晶；粒度0.2～0.4mm，含量25%～30%。石英：无色，正低突起，多为他形粒状，干涉色为一级灰；可见波状消光，粒度0.2～0.4mm，含量20%～25%。黑云母：多为片状，正中突起，单偏光镜下具明显的多色性，可见一组极完全解理；干涉色较为鲜艳；粒度0.2～0.6mm，含量5%～10%。基质主要为细小的石英(Qz)、斜长石(Pl)和绢云母(Ser)。石英：无色，呈细小粒状，干涉色为一级灰，含量20%～25%。斜长石：无色，呈细小粒状，未见解理；干涉色为一级灰，含量10%～15%。绢云母：无色，细小鳞片状，正低突起，干涉色鲜艳，多为二到三级，含量较少。

主要参考文献

常丽华,陈曼云,金巍,等,2006.透明矿物薄片鉴定手册[M].北京:地质出版社.

陈光远,邵伟,孙岱生,1989.胶东金矿成因矿物学与找矿矿物学[M].重庆:重庆出版社.

邓军,陈玉民,刘钦,等,2010.胶东三山岛断裂带金成矿系统与资源勘查[M].北京:地质出版社.

董树义,2008.山东沂南金矿床成因与成矿规律和成矿预测[D].北京:中国地质大学(北京).

甘延景,张旭,马昭建,等,2003.苍山县龙宝山金矿地质特征[J].山东地质,19(1):50-53.

胡华斌,毛景文,牛树银,等,2004.鲁西平邑地区磨坊沟金矿床的流体包裹体研究[J].现代地质,18(4):529-536.

纪攀,2016.胶东辽上金矿床地质特征及成因研究[D].长春:吉林大学.

纪攀,丁正江,李国华,等,2016.胶东辽上特大型金矿床地质特征[J].山东国土资源,32(6):9-13.

孔庆友,张天桢,于学峰,等,2006.山东矿床[M].济南:山东科学技术出版社.

李大兜,2020.胶莱盆地东北缘龙口-土堆金矿区矿床成因及成矿模式研究[J].现代矿业,36(9):6-11.

李国华,丁正江,宋明春,等,2017.胶东新类型金矿:辽上黄铁矿碳酸盐脉型金矿[J].地球学报,38(3):423-429.

李洪奎,2010.沂沭断裂带构造演化与金矿成矿作用研究[D].济南:山东科技大学.

李士先,刘长春,安郁宏,等,2007.胶东金矿地质[M].北京:地质出版社.

李兆龙,杨敏之,1993.胶东金矿床地质地球化学[M].天津:天津科学技术出版社.

刘殿浩,吕古贤,张丕建,等,2015.胶东三山岛断裂构造蚀变岩三维控矿规律研究与海域超大型金矿的发现[J].地学前缘,22(4):162-172.

卢静文,彭晓蕾,2010.金属矿物显微镜鉴定手册[M].北京:地质出版社.

路东尚,林吉照,郭纯毓,等,2002.招远金矿集中区地质与找矿[M].北京:地震出版社.

吕古贤,孔庆存,1993.胶东玲珑-焦家式金矿地质[M].北京:科学出版社.

马明,高继雷,2018.莱芜三岔河铁金矿床的发现及其特征[J].山东国土资源,34(10):43-48.

裴荣富,1995.中国矿床模式[M].北京:地质出版社.

邱光辉,贾学河,周雷,等,2015.山东省苍山县龙宝山地区金矿化体的发现及其意义[J].地质调查与研究(2):118-121,147.

宋明春,2008.山东省大地构造单元组成、背景和演化[J].地质调查与研究,31(3):165-175.

宋明春,崔书学,伊丕厚,等,2010.胶西北金矿集中区深部大型-超大型金矿找矿与成矿模式[M].北京:地质出版社.

宋明春,伊丕厚,崔书学,等,2013.胶东金矿"热隆-伸展"成矿理论及其找矿意义[J].山东国土资源,29(7):1-12.

宋英昕,宋明春,丁正江,等,2017.胶东金矿集区深部找矿重要进展及成矿特征[J].黄金科学技术,25(3):4-18.

孙丰月,石准立,冯本智,1995.胶东金矿地质及幔源C-H-O流体分异成岩成矿[M].长春:吉林人民出版社.

孙丽伟,2015.胶东乳山蓬家夼金矿床地质特征及矿化富集规律研究[D].长春:吉林大学.

索晓晶,刘顺好,李胜荣,等,2020.山东归来庄金矿床地质特征及成矿模型[J].世界地质,39(3):544-556.

谭俊,魏俊浩,郭玲利,等.2008.胶东郭城地区脉岩锆石 LA-ICP-MSU-Pb 定年及斑晶 EPMA 研究:对岩石圈演化的启示[J].中国科学(D辑:地球科学),38(8):913-929.

谭俊,魏俊浩,杨春福,等,2006.胶东龙口—土堆地区脉岩类岩石地球化学特征及成岩构造背景[J].地质学报,80(8):1177-1188.

王佳良,孙丰月,王力,等,2013.山东栖霞马家窑金矿床地质特征及成因探讨[J].黄金,34(6):14-20.

王金辉,张贵丽,陶有兵,等,2021.三山岛西部海域构造带发现及其地质意义[J].山东国土资源,37(5):1-8.

徐恩寿,靳毓量,朱奉三,等,1994,中国金、银、铂矿床[M]//宋叔和.中国矿床(中册).北京:地质出版社.

杨金中,2000,胶东蓬家夼式金矿床矿床成因模型与找矿模型研究[D].北京:中国科学院地质与地球物理研究所.

尹士增,陈为友,刘林,等,2001.山东平邑磨坊沟金矿床地质特征及找矿方向[J].黄金学报,3(1):11-13.

于学峰,2001.山东平邑铜石金矿田成矿系列及成矿模式[J].山东地质,17(3/4):59-64.

于学峰,2010.山东平邑归来庄矿田金矿成矿作用成矿规律与找矿方向研究[D].济南:山东科技大学.

于学峰,张天祯,李大鹏,等,2018.鲁西金矿床[M].北京:地质出版社.

张淼,2016.山东省五莲县七宝山铁氧化物-金-铜(IOCG)型矿床地质特征及矿床成因[D].长春:吉林大学.

赵宝聚,高明波,李亚东,等,2019.胶莱盆地东北缘龙口-土堆矿区金矿床成矿规律研究[J].地质学报(S01):1-11.

朱奉三,1989.中国金矿床的成因类型划分及基本特征研究[C]//关广岳.国际金矿地质与勘探学术会议论文集.沈阳:东北工学院出版社.

邹为雷,曾庆栋,李光明,等,2003.胶东发云夼金矿床地质特征及其金矿类型辨析[J].矿床地质,22(1):88-94.

内部参考资料

方长青,王在鹏,冯启伟,等,2011.山东省莱州市三山岛北部海域金矿普查报告[R].济南:山东省第一地质矿产勘查院.

冯启伟,田振环,李元庆,等,2014.山东省沂源县裕华地区金矿资源调查报告[R].济南:山东省第一地质矿产勘查院.

付世兴,戚向阳,孙树提,等,2018.山东省乳山市金青顶矿区金矿资源储量核实报告[R].济南:山东正元地质资源勘查有限责任公司.

郭瑞朋,智云宝,郝兴中,等,2013.山东省沂水县快堡地区金矿普查报告[R].济南:山东省地质调查院.

韩传盟,张鼎,宋波,等,2017.山东省沂水县龙泉站矿区金矿普查报告[R].济南:山东省第一地质矿产勘查院.

胡树庭,曹佳,付厚起,等,2009.山东省泰安市岱岳区西南峪-柳杭矿区金矿普查报告[R].济南:山东省第一地质矿产勘查院.

李大兜,乔增宝,路春霞,等,2010.山东省海阳市土堆-沙旺矿区深部及外围金矿详查报告[R].济南:山东省第一地质矿产勘查院.

李大兜,乔增宝,张来恩,等,2012.山东省海阳市土堆-沙旺矿区深部及外围金矿补充详查报告[R].济南:山东省第一地质矿产勘查院.

李大兜,赵宝聚,魏伟,等,2017.山东省海阳市龙口矿区外围金矿详查报告[R].济南:山东省第一地质矿产勘查院.

李平,2013.山东省烟台市牟平区宋家沟矿区深部及外围金矿详查报告[R].烟台:山东省第三地质矿产勘查院.

刘俊玉,高远,王峰,等,2015.山东省沂南县夏家小河地区金矿普查报告[R].日照:山东省第八地质矿产勘查院.

刘先荣,孟庆光,司乃心,等,2010.山东省临朐县寺头矿区深部及外围多金属矿详查报告[R].潍坊:山东省第四地质矿产勘查院.

马明,宋建华,刘世俊,等,2016.山东省莱芜市三岔河矿区铁金矿详查报告[R].济南:山东省第一地质矿产勘查院.

孟范宁,杨真亮,闫春明,等,2014.山东省莱州市焦家金矿资源储量核实报告[R].烟台:山东省第六地质矿产勘查院.

宁有利,王福宽,曹庆武,等,1990.山东省临朐县寺头砂金矿李季地段地质普查报告[R].济南:山东省第一地质矿产勘查院.

乔增宝,冯园园,李大兜,等,2015.山东省海阳市土堆-沙旺金矿床控矿因素研究及找矿潜力评价报告[R].济南:山东省第一地质矿产勘查院.

乔增宝,尹剑飞,赵体群,等,2014.山东省平度市旧店矿区1号脉Ⅱ矿段外围金矿详查报告[R].济南:山东省第一地质矿产勘查院.

孙玉龙,胡峰,姜瑞源,等,2018.山东省烟台市福山区杜家崖矿区外围金矿详查报告[R].烟台:山东省第三地质矿产勘查院.

万鹏,刘晓,胡伟华,等,2017.山东省烟台市牟平区邓格庄矿区深部及外围金矿详查报告[R].烟台:山东省第三地质矿产勘查院.

王永魁,姜冰,张德明,等,2015.山东省平度市旧店矿区1号脉Ⅱ矿段金矿资源储量核实报告[R].潍坊:山东省第四地质矿产勘查院.

燕军利,闵祥吉,刘其臣等,2015.山东省招远市玲珑金矿田玲珑矿区金矿资源储量核实报告[R].济南:山东正元地质资源勘查有限责任公司.

尹升,王志新,高松,等,2017.山东省烟台市牟平区辽上矿区金矿资源储量核实报告[R].烟台:山东省第三地质矿产勘查院.

于东斌,2011.山东省烟台市牟平区宋家沟矿区金矿资源储量核实报告[R].烟台:山东省第三地质矿产勘查院.

张鼎,陈珂,王荣柱,等,2020.山东省沂水县龙泉站矿区金矿普查报告[R].济南:山东省第一地质矿产勘查院.

张国权,张英梅,刘超,等,2018.山东省平邑县归来庄矿区金矿资源储量核实报告[R].济宁:山东省鲁南地质工程勘察院.

张英梅,吕长安,陈昆明,等,2013.山东省平邑县磨坊沟矿区①号矿体金矿资源储量核实报告[R].济宁:山东省鲁南地质工程勘察院.

张玉波,张春法,陈国栋,等,2013.山东省苍山县龙宝山矿床深部及外围金矿普查报告[R].济南:山东省地质科学研究院.

赵长春,窦鲁文,马路东,等,2015.山东省沂南县铜井矿区金铜矿资源储量核实报告[R].济南:山东正元地质资源勘查有限责任公司.